新编高等院校计算机科学与技术规划教材

程序设计实践

刘瑞芳　肖　波　徐雅静　　编著
　　　　许桂平　黄平牧

北京邮电大学出版社
www.buptpress.com

内 容 简 介

本书以 10 个章节的形式从不同侧面讲解了 10 个小型软件工程项目案例,从设计到实现,一步一步详细讲解,按照讲解过程进行操作即可达成项目目标。全书以 C++语言作为范例语言,在 Visual Studio 集成开发环境下进行编程实现。读者在学习 C++语言的基础上,完成一个项目即可,目标是学习分析问题、解决问题的方法,具备简单应用程序的设计、实现能力。

本书内容丰富,每章有项目拓展方向和要求,可作为电子工程、通信工程、信息工程类专业的程序设计实践课程的教材,也可供从事软件开发和应用的工程技术人员阅读和参考。

图书在版编目(CIP)数据

程序设计实践 / 刘瑞芳等编著. -- 北京:北京邮电大学出版社,2015.3(2018.3 重印)

ISBN 978-7-5635-4290-1

Ⅰ. ①程… Ⅱ. ①刘… Ⅲ. ①程序设计—教材 Ⅳ. ①TP311.1

中国版本图书馆 CIP 数据核字(2015)第 018226 号

书　　　　名:程序设计实践
著作责任者:刘瑞芳　肖波　徐雅静　许桂平　黄平牧　编著
责 任 编 辑:刘　颖
出 版 发 行:北京邮电大学出版社
社　　　　址:北京市海淀区西土城路 10 号(邮编:100876)
发 行 部:电话:010-62282185　传真:010-62283578
E-mail:publish@bupt.edu.cn
经　　　　销:各地新华书店
印　　　　刷:北京鑫丰华彩印有限公司
开　　　　本:787 mm×1 092 mm　1/16
印　　　　张:18.75
字　　　　数:486 千字
版　　　　次:2015 年 3 月第 1 版　2018 年 3 月第 2 次印刷

ISBN 978-7-5635-4290-1　　　　　　　　　　　　　　　　　　　　定　价:38.00 元

· 如有印装质量问题,请与北京邮电大学出版社发行部联系 ·

前　言

　　本书的内容涉及：模块化程序设计、面向对象的程序设计、算法设计的基本方法；图形用户接口、窗口程序设计的基本知识；软件开发过程中文档的书写；集成开发环境的使用。

　　全书的内容分 10 章，讲解了 10 个小型软件工程项目案例，针对电子工程、信息工程等专业，希望有 C++ 语言基础的读者，能够通过阅读本书把专业知识和程序设计实现结合起来，练就开发一定规模的工程项目的本领。每章以软件工程项目的形式进行讲解，有项目目标，有基础知识补充，有项目设计和实现，也有深入思考和拓展要求。本书内容全面涵盖了相关专业的各个研究方向，第 1、2 章讲解如何编写窗口程序，第 3～6 章讲解文本处理、通信协议、音频处理、图像处理，第 7 章讲解数据库应用程序，第 8～10 章讲解压缩编解码、加密解密、通信编码。

　　第 1 章和第 6 章采用 Windows API 接口实现窗口程序设计，开发了简单的绘图程序和图像处理程序。

　　第 2 章采用 Windows API 接口实现 Win32 控制台下的图形编程，编写多线程游戏程序。

　　第 3 章、第 4 章和第 7 章设计基于 MFC 对话框的应用程序，分别讨论文本处理、通信协议和数据库编程。

　　第 5 章设计基于 MFC 单文档的应用程序，实现了音频分析和处理程序。

　　第 8 章和第 9 章分别讨论压缩编解码和加密解密，以算法学习为主，以简单的控制台应用程序为实现方法。

　　第 10 章讨论通信中的编解码问题，以理解为主，以简单的控制台应用程序为实现方法。

　　全书以 C++ 语言作为范例语言，在 Visual Studio 集成开发环境下进行编程实现，但丝毫不影响其他语言的爱好者以此作为升级读本，编程实现感兴趣的项目案例。

　　本书第 1 章和第 5 章由黄平牧老师编写，第 2 章和第 9 章由徐雅静老师编写，第 3 章和第 6 章由肖波老师编写，第 4 章和第 10 章由刘瑞芳老师编写，第 7 章和第 8 章由许桂平老师编写。感谢研究生张羽同学帮助编写加密解密程序实例和完成校对工作。

　　本书的示例程序和项目程序电子版可以通过北京邮电大学出版社的网站获得。

　　由于作者水平有限，书中难免有错误和缺点。在此欢迎广大读者和同行专家多提宝贵意见和建议，对书中错误疏漏之处批评指正，可直接将意见发送至 lrf@bupt.edu.cn，作者将非常感谢。

作　者

目 录

第1章 绘图程序

本章演示如何设计、实现一个可用于简单绘图的程序 Draw。Draw 是使用 Windows API (Application Programming Interface)技术开发的。Windows API 是 Windows 系统和 Windows 应用程序间的标准程序接口,它实际上是为应用程序提供的一组标准函数(存储在 user32.dll, gdi32.dll 等.dll 文件中),利用这些函数可以调用 Windows 的系统功能,如窗口管理、图形设备接口、网络编程等。Windows API 是很多 Windows 开发语言封装的基石,剖析它就能了解到最基本的 Windows 编程技术,这对以后开发实际的 Windows 应用程序很有帮助。

Draw 在 Windows API 框架程序的基础上,定义了一组图元类,还有一个绘图类,利用这些新定义的类把 Windows API 的一些绘图功能进行了封装,可以为 Windows 应用程序提供高级绘图接口,简化用户程序的编写。

Draw 可以绘制由图元(点、线、圆、椭圆)构成的各种图形或动画,可以显示文字,可以响应菜单事件。后续可以在 Draw 的基础上,扩充其他的绘图功能。本章最终要实现的界面如图 1-1 所示,在主函数中编写简单的代码就可以实现一个钟表,如图 1-9 所示。本章涉及的知识点包括:

- 窗口程序设计;
- 绘图接口函数;
- 类的派生与多态性。

图 1-1 Draw 界面

1.1 项目分析和设计

1.1.1 需求分析

1. 功能需求

能绘制由基本图元(点、线、圆、椭圆、文字)组成的各种图形或动画,可以响应鼠标事件(菜单项)。

2. 界面要求

应用程序提供用户区供绘图使用,用户区可以显示坐标轴、原点等。

1.1.2 界面设计

在界面上可设置菜单,布置菜单项,按用户需求完成特定绘图功能,在绘图客户区可以显示坐标轴、原点等。

1.1.3 总体设计

为简化绘图应用程序的编写,Draw 在 Windows API 框架程序的基础上,定义了一组图元类,还有一个绘图类。利用这些新定义的类对 Windows API 的基本绘图功能进行了封装,目的在于为用户应用程序提供高级别的绘图接口,同时 Draw 还可以响应用户的键盘和鼠标操作,完成菜单功能、鼠标移动等。图 1-2 是软件的结构示意图。

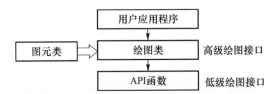

图 1-2　软件的结构

图 1-3 是 Draw 的类关系图。绘图类对 API 函数进行了封装,用户应用程序可以使用绘图类进行图形绘制,简化了编程。图元类为绘图类提供服务,它实际上是点类、线类、圆类和文本类的统称。

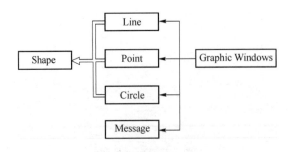

图 1-3　Draw 的类关系图

Shape 和 Line、Point、Circle 是继承关系,Shape 是基类,其他三个类为派生类;Point、

Line、Circle、Message 和 GraphicWindow 是依赖关系,GraphicWindow 依赖于其他几个类。

1.2 窗口程序基础知识

1.2.1 Windows API 基础

先介绍几个重要的概念——句柄、事件和消息,然后介绍 Windows 应用程序的基本架构,及其资源管理。

1. 句柄、事件和消息

句柄(handle)是整个 Windows 编程的基础,用于标识应用程序中不同的对象。比如一个窗口、图标、输出设备或文件,均对应着一个句柄。

单从概念上讲,句柄是指一个对象的标识,而指针是一个对象的首地址。但从实际处理的角度讲,既可以把句柄定义为指针,又可以把它定义为同类对象数组的索引。

句柄通常是一个 32 位的整数(32 位计算机系统)。

Windows 应用程序是基于事件驱动的,对于每个事件(如鼠标事件、窗口改变事件、定时器事件等),系统都将产生相应的消息。消息会被放入应用程序的消息队列中,然后应用程序将从消息队列中取出消息,最后分发给相应的窗口过程函数进行处理。所以事件和消息的概念是密切相关的,发生一个事件就会产生相应的消息,出现一个消息就意味着一个事件发生了。

从事件的角度讲,事件驱动程序的基本结构应由事件收集器、事件发送器和事件处理器组成。事件收集器收集所有发生的事件,包括来自用户的(如鼠标、键盘事件),来自硬件的(如时钟事件)和来自软件的(如操作系统、应用程序等);事件发送器将收集器收集到的事件分发到目标对象;事件处理器则完成最后的工作——具体事件的响应。

对于 Windows API 应用程序的编写者,他所能看到的是事件的分发(仅一点点)和事件的响应,而事件的响应则是编程的主要工作所在。

在 Windows 中,消息往往用一个结构体 MSG 来表示,结构体 MSG 的定义如下:

```
typedef struct tagMSG {
    HWND    hwnd;          //窗口句柄:用以检索消息的窗口句柄
    UINT    message;      //消息号:以事先定义好的消息名标识
    WPARAM  wParam;        //字参数:消息的附加信息
    LPARAM  lParam;        //长字参数:消息的附加信息
    DWORD   time;         //发送消息的时间
    POINT   pt;           //消息发送时,光标的位置
} MSG;
```

可以看出消息由三部分组成:消息号(message)、字参数(wParam)和长字参数(lParam)。消息以消息宏表示,如前缀为 WM 的消息宏表示的是窗口消息。窗口消息是最常用的 Windows 消息,主要有:

(1) 命令消息 WM_COMMAND

选择一个菜单项时,将产生这个消息。

(2) 鼠标消息

WM_LBUTTONDOWN,按鼠标左键产生的消息;

3

WM_RBUTTONDOWN,按鼠标右键产生的消息。

（3）键盘消息

WM_KEYDOWN,按下一个键时,产生的消息；

WM_CHAR,字符消息。

（4）窗口管理消息

WM_CREATE,CreateWindows 函数发出的消息；

WM_CLOSE,关闭窗口时产生此消息；

WM_DESTROY,清除窗口时,由 DestroyWindow 函数发出此消息。

（5）其他窗口消息

WM_QUIT,退出应用程序时,由 PostQuitMessage 函数发出的消息；

WM_PAINT,窗口刷新时产生的消息。

Windows 消息处理的过程如图 1-4 所示。Windows 监视着所有的设备并将输入的消息（事件）放入系统的消息队列,然后将系统消息队列中的消息复制到相应应用程序的消息队列中。应用程序的消息循环便从消息队列中检索消息并将每一个消息发送到相应的窗口过程函数。

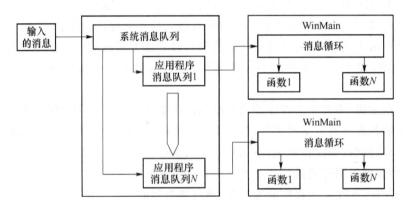

图 1-4　Windows 的消息循环

2. 基本的 Windows 应用程序

Windows 应用程序具有相对固定的基本结构,由入口函数 WinMain 和窗口过程函数等构成,WinMain 和窗口过程函数构成了 Windows 应用程序的主体。WinMain 函数中的消息循环部分,负责从应用程序消息队列中获取消息并将消息发送给相应的窗口过程函数,而窗口过程函数则决定接收一个消息时所采取的动作。

（1）WinMain 函数

WinMain 函数类似 C 语言中的 main 函数。其功能主要是完成一系列的定义和初始化工作,并产生消息循环。下面是 WinMain 函数的典型代码:

```
int APIENTRY WinMain(HINSTANCE hInstance,              //当前实例句柄
                     HINSTANCE hPrevInstance,          //前实例句柄
                     LPSTR     lpCmdLine,              //命令行参数
                     int       nShowCmd)               //指明窗口如何显示
{
MSG msg;      //声明一个保存消息的变量
WNDCLASS wndclass;
//初始化窗口类,并向操作系统注册该窗口类
```

```
if (!hPrevInstance)
    {
      wndclass.style = CS_HREDRAW | CS_VREDRAW;
      wndclass.lpfnWndProc = ccc_win_proc;                    //指定窗口函数(消息处理入口)
      wndclass.cbClsExtra = 0;
      wndclass.cbWndExtra = 0;
      wndclass.hInstance = hInstance;
      wndclass.hIcon = LoadIcon(NULL, IDI_APPLICATION);        //指定窗口类的图标
      wndclass.hCursor = LoadCursor (NULL, IDC_ARROW);         //指定窗口类的光标
      wndclass.hbrBackground = (HBRUSH)GetStockObject (WHITE_BRUSH);
//指定填充窗口背景的画刷
      wndclass.lpszMenuName = NULL;
      wndclass.lpszClassName = "CCC_WIN";  //窗口类名称

      RegisterClass (&wndclass);
    }
    //初始化窗口,生成窗口并显示更新窗口
    char title[80];
    GetModuleFileName(hInstance, title, sizeof(title));   //得到当前运行程序的全路径
    HWND hwnd = CreateWindow("CCC_WIN",
          title,
          WS_OVERLAPPEDWINDOW & ~WS_MAXIMIZEBOX,
          CW_USEDEFAULT,
          CW_USEDEFAULT,
          GetSystemMetrics(SM_CYFULLSCREEN) * 3 / 4,
          GetSystemMetrics(SM_CYFULLSCREEN) * 3 / 4,
          NULL,
          NULL,
          hInstance,
          0);   //用注册的窗口类生成窗口实例
//显示窗口
ShowWindow(hwnd, nShowCmd);
    UpdateWindow(hwnd);                         //若 Update Region 不空,则发送 WM_PAINT 消息

    while (GetMessage(&msg, NULL, 0, 0)) //消息循环,对用户操作进行响应
    {
      TranslateMessage(&msg);               //将虚拟键消息转换成字符消息,再送入消息队列
      DispatchMessage(&msg);                //分发消息,将消息队列中消息发送到窗口处理函数
    }
    return msg.wParam;
}
```

(2) 窗口过程函数

窗口过程函数是一个对每一个消息都进行处理的函数。其一般形式为带有多个分支的 switch 结构。通过把传送来的消息和系统中预定义的消息常量进行比较,从而判断消息的类型,执行不同的操作。其在应用程序中的一般形式如下:

```
LRESULT CALLBACK ccc_win_proc(HWND hwnd,
UINT message,
WPARAM wParam,
LPARAM lParam)
{
    PAINTSTRUCT ps;                              //the display's paint struct
```

```
        HDC mainwin_hdc;
        switch (message)
        {
        case WM_PAINT:                              //窗口刷新消息
            mainwin_hdc = BeginPaint(hwnd, &ps);    //置 Update Region 为空
            //ccc_win_main();                       //调用用户的绘图程序

            EndPaint(hwnd, &ps);
            break;
        case WM_DESTROY:
            PostQuitMessage(0);
            break;

        default:
        //调用默认的消息处理函数,对其他的消息进行处理
            return DefWindowProc(hwnd, message, wParam, lParam);
        }
        return 0;
}
```

【例 1-1】编写一个简单的 Windows 程序,只有基本框架代码,没有具体功能。

解　使用 Visual Studio 2005 集成开发环境,创建项目的过程如下。

第一步:建立一个新的工程。

启动 Visual Studio,选择菜单项"文件",单击"新建"→"项目",在弹出的窗口的项目类型中选择"Win32",继续选择"Win32 项目",为项目起名"Draw",如图 1-5 所示。

图 1-5　新建项目初始界面

单击"确定"后,在弹出窗口中进行应用程序设置,选择"Windows 应用程序",选中"空项目",然后单击"完成",如图 1-6 所示。

第二步:设置字符集。

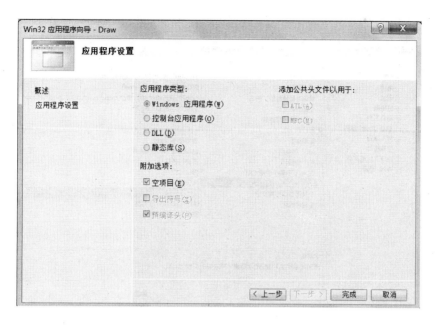

图 1-6　新建项目完成界面

在生成的解决方案名称上右击,在弹出的菜单选项中,选择"属性",如图 1-7 所示。

图 1-7　项目的属性菜单

在弹出的窗口中,选择"配置属性"→"常规",单击"字符集"右侧下拉框,选中"未设置",然后单击"确定"按钮,如图 1-8 所示。

图 1-8　设置字符集

第三步:为工程添加源文件/头文件/资源文件。

可以新建源文件,把上面 WinMain 和窗口过程函数的代码复制,也可以直接把本书附带的程序添加到工程里。要记得包含头文件。

```
# include <cstdlib>
# include "windows.h"
using namespace std;
# include "Resource.h"
```

然后就可以编译、运行了!

1.2.2　资源文件

Windows 应用程序的界面和资源文件相关。

Windows 资源可以是标准的,也可以是自定义的。标准资源中的数据描述了图标、光标、菜单、对话框、位图和加速键表等。应用程序自定义的资源,则包含任何特定应用程序需要的数据。Draw 仅涉及 Windows 标准资源,下面的例子展示了一个资源文件 fig.rc :

```
# include "resource.h"

//Menu
IDC_TEST2 MENU
BEGIN
    POPUP "&File"
    BEGIN
MENUITEM "时钟",                IDM_FIG1
        MENUITEM "Fig2",                IDM_FIG2
        MENUITEM "E&xit",               IDM_EXIT
    END
END
```

资源文件 fig.rc 定义了一个 File 菜单,它包含有三个菜单项:时钟、Fig2 和 Exit。其中的

Resource. h 是资源头文件,它给出了资源 ID 的定义,代码如下:

```
//Resource. h

# define IDM_FIG1              104
# define IDM_FIG2              105
# define IDM_EXIT              106

# define IDC_TEST2      109
```

【例 1-2】 在例 1-1 的基础上增加菜单,运行后的界面如图 1-1 所示。

工程创建过程请参考例 1-1,可以直接把本书附带的程序添加到工程里,也可以自行编辑菜单资源。源代码部分需要注意:

(1) 消息循环部分需要增加菜单命令消息处理。

```
static int menuId = 0;

    case WM_COMMAND:
        wmId    = LOWORD(wParam);
        wmEvent = HIWORD(wParam);

        switch (wmId)
        {
        case IDM_FIG1:
            menuId = IDM_FIG1;
            InvalidateRect(hwnd,NULL,TRUE);
            break;

        case IDM_FIG2:
            menuId = IDM_FIG2;
            InvalidateRect(hwnd,NULL,TRUE);
            break;

        case IDM_EXIT:
            DestroyWindow(hwnd);
            break;
        }
        break;
```

(2) 窗口类注册之前需要添加菜单资源,在 RegisterClass (&wndclass);语句之前增加下面的语句。

```
wndclass.lpszMenuName = MAKEINTRESOURCE(IDC_TEST2);
```

1.3　绘图基础知识

1.3.1　图形处理技术

当前针对 Windows 应用程序有多种图形处理技术,如 GDI、OpenGL 和 DirectX 技术等。GDI 技术多用于对于实时性要求不高的图形处理系统,而对于实时性和图像质量要求比较高的系统可采用 OpenGL 和 DirectX 技术,尤其是 DirectX 技术,它在当前游戏开发中很流行。

1. GDI 图形技术

GDI(Graphics Device Interface)是微软的 Windows 系统图形设备接口。GDI 管理 Windows 程序的所有图形输出,实现图形显示,而且与硬件无关。

GDI 支持三种图形:文本、光栅和矢量图形。在 Windows 中将文字作为文本图形进行处理。矢量图形多用于游戏,包括从简单直线、多边形到复杂曲线的各种图形。光栅图形处理对象是位图(Bitmap)、图表和光标,它是最终显示到屏幕的图形。文本图形和矢量图形显示之前都需转换为光栅图形。

GDI 提供一整套函数集,根据处理的对象也可以分为文本处理函数、光栅处理函数和矢量图形处理函数三类。

物理图形设备并不需要支持所有这三种图形,GDI 会根据设备驱动程序调整自身,以适应硬件。GDI 支持的物理图形设备包括显示屏和打印机,另外还支持位图和图元文件(Metafile)两种伪设备。

设备描述表(Device Context,DC)是 GDI 的重要部分。DC 是 GDI 创建的用来代表设备连接的数据结构,为程序与物理设备之间提供连接。DC 包含一组绘图属性设置,涵盖了从背景色、字体到位置,还有绘图模式、映像模式等诸多方面。使用任何 GDI 输出函数之前,必须为设备创建一个 DC。

2. OpenGL 技术

OpenGL 是一个与硬件无关的三维图形软件接口,可以说它基本上是一个提供 3D 图形绘制及着色功能的 API 函数库。尽管 OpenGL 也支持二维图形,但它真正的价值就在于它的快速三维图形能力。从某种角度看,OpenGL 已经成为事实上的高性能图形和交互式视景处理的标准。

OpenGL 的主要功能是在帧缓存中为二维或三维物体着色。这些物体是通过顶点序列(定义几何物体)或像素点(定义图像)来描述的。OpenGL 对这些数据进行操作,并最终转换成帧缓存中的图像数据。

OpenGL 可以绘制点、线段或多边形等图形元素。这些图元是由一个或多个顶点来定义的。一个顶点可以描述一个点,或者是线段的一个端点,又或者是多边形的一个顶点。每个顶点还包括顶点坐标、颜色、法线、纹理坐标和边界标志等附属信息。这些信息一起构造了场景中的物体模型。

物体模型的构造和场景的设置及着色需要对 OpenGL 发送命令,而 OpenGL 命令通常按接收到的顺序来执行。

命令的解释是客户/服务器方式。应用程序代码(客户端)发送命令,然后 OpenGL(服务器端)来解释和执行。这个服务器可以和客户端在同一台计算机上,也可以不在,因此 OpenGL 是一个网络透明的图形系统。

OpenGL 应用程序开发的基本方法是绘制一个场景,然后将这个场景显示在由操作系统管理的窗口内。连续地绘制并显示场景,就可以得到一段真实感极强的三维动画。利用 OpenGL 编程,要做的只是定义场景中的物体、光照和视点等参数,然后的着色操作由 OpenGL 来完成。

3. DirectX 技术

微软的 DirectX 在硬件设备和应用程序之间提供了一套完整的接口,以减小在安装和配置时的复杂程度,并且可以最大限度地发挥硬件性能,可被用于开发高质量、实时性好的应用程序。

DirectX 是基于 COM 的一套软件编程接口,它为基于 Windows 平台的应用程序提供了图像和音频组件(还有其他组件,在此略去):

(1) DirectDraw——通过直接访问显示硬件来提供高级的图像处理能力。

(2) DirectSound——提供了软硬件的低延迟声音混频和回放、硬件加速及直接访问音频设备的能力。

1.3.2　图形设备接口 GDI

GDI 实际上是一组函数,使用这些函数可以在屏幕或打印机上绘图,能够实现与设备无关的图形或文字操作。GDI 包含了一些用于绘制点、线、矩形、多边形、椭圆、位图以及文本的函数。

1. 设备描述表

Windows 提供了设备描述表(DC),用于应用程序和物理设备之间进行交互,它是 GDI 的关键元素。设备描述表总是与某种系统硬件设备相关。比如显示器设备描述表与显示设备相关,打印机设备描述表与打印设备相关,等等。设备描述表又称为设备上下文,或者设备环境。

设备描述表是一种数据结构,它包括了一个设备(如显示器和打印机)绘制属性的相关信息。所有的绘制操作通过设备描述表进行。应用程序不能直接访问设备描述表,只能由各种相关的 API 函数通过设备描述表句柄来间接访问该结构。

显示器设备描述表,一般我们简单地称其为设备描述表。它与显示设备具有一定的对应关系,在 Windows GDI 界面下,它总是与某个窗口或这窗口上的某个显示区域相关。通常意义上窗口的设备描述表,一般指的是窗口的客户区,不包括标题栏、菜单栏所占有的区域,而对于整个窗口来说,其设备描述表严格意义上来讲应该称为窗口设备描述表,它包含窗口的全部显示区域。二者的操作方法完全一致,所不同的仅仅是可操作的范围不同而已。

Windows 窗口一旦创建,它就自动地产生了与之相对应的设备描述表数据结构,用户可运用该结构,实现对窗口显示区域的 GDI 操作,如画线、写文本、绘制位图、填充等,并且所有这些操作均要通过设备描述表句柄来进行。

每一个 C++的设备环境对象都有与之对应的 Windows 设备环境,并且通过一个 32 位类型的 HDC 句柄来标识。获得设备环境是应用程序输出图形的先决条件,常用的两种方法是调用 BeginPaint 或 GetDC。

(1) 调用 BeginPaint 函数

应用程序响应 WM_PAINT 消息时,主要通过此函数来获取设备环境。形式如下:

hdc = BeginPaint(hwnd,&ps);

EndPaint(hwnd,&ps);

其中,ps 为 PAINTSTRUCT 类型,它是一种结构体类型,用于标识无效区域。该结构体如下定义:

```
typedef struct tagPAINTSTRUCT {
    HDC   hdc;                //设备环境句柄
    BOOL fErase;             //一般取真值
    RECT rcPaint;            //无效矩形标识
    BOOL fRestore;           //系统保留
    BOOL fIncUpdate;         //系统保留
```

```
        BYTE rgbReserved[32];        //系统保留
    } PAINTSTRUCT;
```
系统调用 BeginPaint 函数获取设备环境的同时,填写 ps 结构,以标识需要刷新的无效矩形区。由 BeginPaint 函数获取的设备环境,必须用 EndPaint 函数释放。

（2）调用 GetDC 函数

绘图工作并非由 WM_PAINT 消息驱动。此时调用 GetDC 函数。

```
hdc = GetDC(hwnd);
ReleaseDC(hwnd);
```

由 GetDC 函数获取的设备环境 ,必须用 ReleaseDC 函数释放。

2. 坐标系和映像模式

Windows 常用的坐标系有两种:设备坐标系和逻辑坐标系。设备坐标系又分为三种:屏幕坐标系、窗口坐标系和用户区坐标系。这三种坐标系都是以像素作为度量单位,其 x 轴正方向指向右,y 轴正方向指向下。但三种设备坐标系的原点位置不同,分别位于屏幕右上角顶点、窗口右上角顶点和窗口用户区右上角顶点。其他的坐标系统都是逻辑坐标系统。

在进行图形和文本输出时,程序通过各种属性的设定来描述图形和文本。要描述图形和文本的位置及其相对位置,就必须有角度和距离的概念。程序通过逻辑坐标的概念描述需要输出的元素。映射模式规定了在实际设备上输出时逻辑坐标和设备坐标之间的转换关系,以及坐标轴的方向。通常,逻辑坐标对应于窗口(逻辑坐标系上设定的一个区域),设备坐标对应于视口(实际输出设备上设定的一个区域);在程序中,视口的范围又常常被设定为与用户区范围相同。表 1-1 是 Windows 中的映像模式,其中,MM_TEXT 得到了普遍的应用,是默认的映像模式。

表 1-1　Windows 中的映像模式

映像模式	将一个逻辑单位映像为	坐标系设定
MM_ANISOTROPIC	系统确定	可选
MM_HIENGLISH	英寸	y 向上,x 向右
MM_HIMETRIC	毫米	y 向上,x 向右
MM_ISOTROPIC	系统确定	可选,但 x 轴和 y 轴的单位比例为 1:1
MM_LOENGLISH	英寸	y 向上,x 向右
MM_LOMETRIC	毫米	y 向上,x 向右
MM_TEXT	一个像素	y 向下,x 向右
MM_TWIPS	英寸	y 向上,x 向右

应用程序可获取设备环境的当前映像模式,并可根据需要设置映像模式,相关的函数如下:

```
SetMapMode(hdc,nMapMode);
GetMapMode(hdc);
```
其中,hdc 为一个 HDC 句柄,nMapMode 设定某一种映像模式。

窗口区域的定义由 SetWindowExtEx 函数完成,函数原型如下:

```
BOOL SetWindowExtEx(
        HDC hdc,
        int nHeignt,        //以逻辑坐标表示的新窗口区域高度
        int nWidth,         //以逻辑坐标表示的新窗口区域宽度
```

```
        LPSIZE lpSize        //为保存函数调用前视口区域尺寸的 Size 结构地址
);
```

视口区域的定义由 SetViewportExtEx 函数完成,函数原型如下:

```
        BOOL SetViewportExtEx(
HDC hdc,       //指向设备描述表的句柄
int nXExtent,  //指定观察口以设备单位为单位的水平轴的范围
int nYExtent,  //指定观察口以设备单位为单位的垂直轴的范围
LPSIZE lpSize  //指向 Size 结构的指针,先前的视口范围存放在此结构中
);
```

该函数用指定的值来设置指定设备环境坐标的 x 轴、y 轴范围。

可通过调用函数 SetWindowOrgEx 和 SetViewportOrgEx 来设定窗口和视口的原点。两函数只有在映像模式为 MM_ANISOTROPIC 和 MM_ISOTROPIC 时才有意义。在建立了窗口、视口以及映像模式的概念后,就可以在窗口上绘制相应的图形。

3. 绘图工具和相关函数

画笔和画刷是最重要的绘图工具,而选用绘图工具进行绘图操作的一般步骤是:

① 获得设备环境句柄;

② 获得绘图工具;

③ 在设备环境中选择绘图工具;

④ 调用输出函数进行输出;

⑤ 在设备环境中选择原来的绘图工具,并删除新的绘图工具。

Windows 定义了许多系统绘图工具,它们都可以通过 GetStockObject 函数来获得其句柄,然后以该句柄为参数值重新设定设备描述表。

GetStockObject 函数的原型定义如下:

```
HGDIOBJ GetStockObject(
int fnObject  //ft 代表系统定义对象的常量值
);
```

其中 fnObject 参数通过不同的取值向系统申请不同的绘图工具句柄,其取值如表 1-2 所示。

表 1-2 GetStockObject 函数 fnObject 参数的取值

BLACK_BRUSH	黑色画刷
GRAY_ BRUSH	灰色画刷
NULL BKUSH	空画刷
WHITE BRUSH	白色画刷
BLACK_PEN	黑色画笔
WHITE_PEN	白色画笔
ANSI_FIXED_FONT	系统字体
DEVICE DEFAULT FONT	设备字体(依赖于硬件设备)
DEFAULT_GUI_FONT	图形用户接口默认字体
OEM_FLXED_FONT	OEM 依赖字体
SYSTEM FONT	系统默认字体
DEFAULT_PALETTE	默认调色板

通过 GetStockObject 函数获得系统绘图工具后，还要调用 SelectObject 函数将所获得绘图工具的句柄选入设备描述表。SelectObject 函数原型定义如下：

```
HGDIOBJ SelectObject(
        HDC hdc,                    //设备描述表句柄
        HGDIOBJ hgdiobj,            //绘图工具句柄
);
```

调用以上两个函数后，程序才能使用绘图命令进行绘图。在绘图过程结束后，通常应调用 DeleteObject 函数将所获得的绘图工具删除。DeleteObject 函数的原型定义如下：

```
    BOOL DeleteObject(
        HGDIOBJ hObject,            //绘图工具句柄
    );
```

（1）画笔

画笔用于绘制各种类型的线，具有三种属性：宽度、颜色和风格。Windows 定义的系统画笔有以下三种：BLACK_PEN，WHITE_PEN 和 NULL_PEN。

NULL_PEN 能够绘制没有边缘的图形，即当选用 NULL_PEN 绘图时，程序用当前设备描述表的画刷填充图形的内部，但图形的边框并不绘出。如果系统定义的画笔不能满足要求，还可以自定义画笔。自定义画笔时可以使用 CreatePen 函数来实现，该函数的原型定义如下：

```
HPEN CreatePen(
        int fnPenStyle,            //风格
        int nWidth,                //宽度
        COLORREF crColor           //颜色
    );
```

其中，fnPenStyle 的取值如表 1-3 所示。

表 1-3　画笔 fnPenStyle 参数的取值

PS_SOLID	实线
PS_DASH	间断线
PS_DOT	虚线
PS_DASHDOT	点画线
PS_DASHDOTPS_DASHDOTDOT	双点画线

crColor 参数是 COLORRE 结构体变量，可以通过宏定义 RGB 设定绘图工具的颜色。RGB 宏接收三个 0～255 之间的整数作为参数，这三个参数分别表示红、绿、蓝三种颜色的亮度，最后获得的颜色是这三种颜色的组合值。

（2）画刷

画刷是以 8×8 像素表示的位图。在使用画刷时，该位图将在水平和垂直区域上重复，直到封闭区域内部被填满为止。但封闭区域必须由基本的椭圆绘图函数或多边形绘图画函数产生。

Windows 中包含了七种系统定义的画刷，可以通过 GetStockObject 函数获得相应画刷的句柄。通过调用 CreateBrushIndirect 函数创建自己的画刷，该函数的原型定义如下：

```
    HBRUSH CreateBrushIndirect(
CONST LOGRUSH * lplb                //描述画刷属性的结构体
    );
```

LOGBRUSH 结构定义如下：

```
typedef struct tagLOGBRUSH{
UINT lbStyle;                          //风格
COLORREF lbColor;                      //颜色
LONG lbHatch;                          //填充模式
}LOGBRUSH;
```

4. 基本图形绘制

基本图形包括点、直线、弧线和圆等,它们是构成所有复杂图形的基础。API 提供了专门绘制这些基本图形的函数。

(1) 画点

画点可以通过 SetPixel 函数实现,该函数的原型定义如下:

```
COLORREF SetPixel (
        HDC hdc,                       //设备描述表句柄
        int X,
        int Y,
        COLORREF crColor               //颜色
);
```

【**例 1-3**】在屏幕上画若干个点,并显示一个文本。

```
void DrawPixels(HWND hwnd,HDC hdc )
{
    //获得客户区域
    RECT r;
    GetClientRect(hwnd, &r);

    //设置映像模式
    SetMapMode (hdc, MM_ISOTROPIC);

    //设置窗口坐标范围
    SetWindowExtEx(hdc, 100, 100, NULL);
    //设置视口坐标范围
    SetViewportExtEx(hdc, r.right, r.bottom, NULL);
    //客户区背景为黑色
    FillRect(hdc, &r, (HBRUSH)GetStockObject(BLACK_BRUSH));
    //输出一个文本
    TextOut(hdc,50, 50, TEXT("TEST"), lstrlen(TEXT("TEST")));
    //画 20 个点
    for(int i = 0; i<20; i++ )
        SetPixelV( hdc,20 + i,20 + i, RGB(255,255,255));
}
```

说明:DrawPixels 函数是对 WM_PAINT 消息的响应。在例 1-1 的基础上添加该函数并在消息处理时调用它。

```
case WM_PAINT:
    hdc = BeginPaint(hwnd, &ps);
    DrawPixels (hwnd, hdc);
  EndPaint(hwnd, &ps);
```

运行结果如图 1-9 所示。

(2) 画直线

绘制直线常用的命令是 MoveToEx 函数和 LineTo 函数。MoveToEx 函数的作用是设定绘制直线的当前点,该函数的原型定义如下:

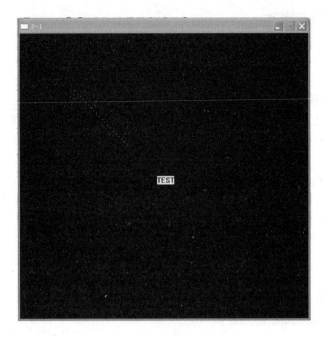

图 1-9　例 1-3 运行结果

```
BOOL MoveToEx(
    HDC hdc,                        //设备描述表句柄
    int X,                          //新当前点 X 坐标
    int Y,                          //新当前点 Y 坐标
    LPPOINT lpPoint                 //指向原当前点的指针
);
```

LineTo 函数是绘制连接两个点的直线,其中初始点为当前点,结束点由函数的参数给出。当前点由 MoveToEx 函数确定,或者由上一个 LineTo 函数确定。也就是说,如果使用了一个 MoveToEx 函数移动到点 A,或已经使用过一次 LineTo 从某点绘制一条直线到点 A,那么下一个 LineTo 所绘制的直线将以 A 点为起始点。LineTo 函数的原型定义如下:

```
BOOL LineTo(
HDC hdc,                        //设备描述表句柄
int nXEnd,                      //直线末端 X 坐标
int nYEnd,                      //直线末端 Y 坐标
    );
```

【例 1-4】绘制三角形。

```
class Point
{
public:
    Point(double x1 = 0.0, double y1 = 0.0) { x = x1; y = y1; }
    double get_x() const { return x; }
    double get_y() const { return y; }
private:
    double x,y;
};
void DrawTriangle(HWND hwnd,HDC hdc)
{
    //获得客户区域
```

16

```
    RECT r；
    GetClientRect(hwnd, &r)；

    //设置映像模式
SetMapMode (hdc, MM_ISOTROPIC)；
    //设置窗口坐标范围
    SetWindowExtEx(hdc, 100, 100, NULL)；
    //设置视口坐标范围
    SetViewportExtEx(hdc, r.right, r.bottom, NULL)；
    //绘制三角形
    Point p[] = {Point(10,10),Point(10,19),Point(22,19)}；
    MoveToEx( hdc, p[0].get_x(), p[0].get_y(), NULL)；
    for( int i = 0；i<3；i++ )
    {   if( i == 2)
        {   LineTo( hdc, p[0].get_x(), p[0].get_y() )；
            continue；
        }
    LineTo( hdc, p[i + 1].get_x(), p[i + 1].get_y())；
    }
}
```

说明：DrawTriangle 函数是对 WM_PAINT 消息的响应。在例 1-1 的基础上添加该函数并在消息处理时调用它。

```
case WM_PAINT：
    hdc = BeginPaint(hwnd, &ps)；
    DrawTriangle(hwnd,hdc)；
    EndPaint(hwnd, &ps)；
    break；
```

运行结果如图 1-10 所示。

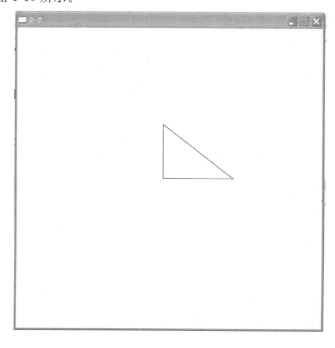

图 1-10　例 1-4 运行结果

（3）绘制弧线

绘制弧线是利用 Arc 函数实现，它能绘制出一段椭圆弧线，该函数原型定义如下：

```
BOOL Arc(
    HDC hdc,                //设备描述表句柄
    int nLeftRect,          //椭圆的外接矩形的左上角 X 坐标
    int nTopRect,           //椭圆的外接矩形的左上角 Y 坐标
    int nRightRect,         //椭圆的外接矩形的右下角 X 坐标
    int nBottomRect,        //椭圆的外接矩形的右下角 Y 坐标
    int nXStartArc,         //弧线起点 X 坐标
    int nYStartArc,         //弧线起点 Y 坐标
    int nXEndArc,           //弧线终点 X 坐标
    int nYEndArc            //弧线终点 Y 坐标
);
```

【例 1-5】绘制两组原点对称的弧线。

```
void DrawArc(HWND hwnd,HDC hdc)
{
    //获得客户区域
    RECT r;
    GetClientRect(hwnd, &r);

    //设置映像模式
    SetMapMode (hdc, MM_ISOTROPIC);

    //设置窗口坐标范围
    SetWindowExtEx(hdc, 400, 300, NULL);

    //设置视口坐标范围
    SetViewportExtEx(hdc, r.right, r.bottom, NULL);

    int x1,x2 = 350,y1 = 50,y2 = 250;
    for(x1 = 50; x1<200; x1 += 5)
    {
        Arc(hdc, x1, y1, 200, 150, 200, 150, 50, 150);
        Arc(hdc, 200, 150, x2, y2, 200, 150, 350, 150);
        y1 = y1 + 3, x2 = x2 - 5, y2 = y2 - 3;
    }
}
```

说明：DrawArc 函数是对 WM_PAINT 消息的响应。在例 1-1 的基础上添加该函数并在消息处理时调用它。

```
case WM_PAINT:
    hdc = BeginPaint(hwnd, &ps);
    DrawArc (hwnd,hdc);
    EndPaint(hwnd, &ps);
    break;
```

运行结果如图 1-11 所示。

（4）绘制常见的几何图形

利用 Windows API 函数可以绘制几种常见的几何图形，如表 1-4 所示。

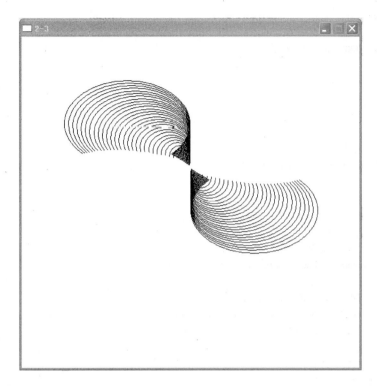

图 1-11　例 1-5 运行结果

表 1-4　Windows 中绘制几何图形的常用函数

Rectangle(HDC hdc, int nLeftRect, int nTopRect, int nRightRect, int nBottomRect);	绘制矩形
Ellipse(HDC hdc, int nLeftRect, int nTopRect, int nRightRect, int nBottomRect);	绘制椭圆
RoundRect(HDC hdc, int nLeftRect, int nTopRect, int nRightRect, int nBottomRect, int nWidth, int nHeight);	绘制圆角矩形
Chord(HDC hdc, int nLeftRect, int nTopRect, int nRightRect, int nBottomRect, int nXStart, int nYStart, int nXEnd, int nYEnd);	绘制椭圆圆周上的弧线,并用直线连接弧线的端点
Pie(HDC hdc, int nLeftRect, int nTopRect, int nRightRect, int nBottomRect, int nXStart, int nYStart, int nXEnd, int nYEnd);	绘制饼图
Polygon(HDC hdc, CONST POINT * lpPoints, int nCount);	绘制多边形

（5）绘制几何曲线

屏幕上的所有曲线都是由连续的短直线构成的,实现几何曲线绘制的最基本方法就是通过曲线的公式求出曲线上的点,再依次连接各点形成曲线。当然,所取的点越密集,计算点的数量越多,曲线就越接近真实曲线。

【例 1-6】绘制余弦曲线。

```
#define POINT_NUM 1000
#define DOUBLE_PI 2 * 3.1415926
struct Point{
```

```
        int x,y;
};
void DrawCos(HWND hwnd,HDC hdc)
{
        //获得客户区域
        RECT r;
        GetClientRect(hwnd, &r);

        //设置映像模式
        SetMapMode (hdc, MM_ANISOTROPIC);

        //设置窗口坐标范围
        SetWindowExtEx(hdc, 1000, 1000, NULL);

        //设置视口坐标范围
        SetViewportExtEx(hdc, r.right, r.bottom, NULL);

        MoveToEx(hdc, 0, 1000/2, NULL);
        SelectObject(hdc, CreatePen(PS_SOLID,1,RGB(0,255,0)));
        LineTo( hdc, 1000, 1000/2 );        //坐标轴

        Point pt[POINT_NUM];
        for( int i = 0; i<POINT_NUM; i++ )
        {
            pt[i].x = i * 1000 / POINT_NUM;
            pt[i].y = (int)(1000/2 * (1 - cos(DOUBLE_PI * i/ POINT_NUM )));
        }

        SelectObject(hdc, CreatePen(PS_SOLID,1,RGB(0,0,255)));

        MoveToEx(hdc, pt[0].x, pt[0].y, NULL);
        for(int i = 1;i<POINT_NUM;i++)  //余弦曲线
            LineTo( hdc, pt[i].x, pt[i].y );
}
```

说明:DrawCos 函数是对 WM_PAINT 消息的响应。在例 1-1 的基础上添加该函数并在消息处理时调用它。

```
case WM_PAINT:
    hdc = BeginPaint(hwnd, &ps);
    DrawCos (hwnd,hdc);
    EndPaint(hwnd, &ps);
break;
```

运行结果如图 1-12 所示。

5. 图形填充

图形填充实际操作的步骤如下:

(1) 通过 LOGBRUSH 结构定义一个逻辑画刷,并设定逻辑画刷的属性值;

(2) 调用 CreateBrushIndirect 函数,用逻辑画刷生成一个画刷实体;

(3) 将生成的画刷选入设备描述表;

(4) 调用绘图函数画图。

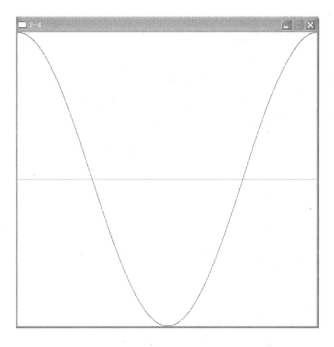

图 1-12 例 1-6 运行结果

1.4 绘图程序 Draw 的实现

项目设计阶段已经设计完成了 Draw 的类关系图,如图 1-3 所示。

Shape 和 Line、Point、Circle 是继承关系,Shape 是基类,其余为派生类;Point、Line、Circle、Message 和 GraphicWindow 是依赖关系,GraphicWindow 依赖于其他几个类。

1.4.1 基本图元类

基本图元类,包括 Point 类、Line 类、Circle 类和 Message 类。Point 类、Line 类、Circle 类有一个共同的基类 Shape 类,Shape 类有纯虚函数,是抽象类。

1. Shape 类

```
class Shape
{
public:
    virtual void move(double dx, double dy) = 0;
    virtual void SetColor(COLORREF mColor) = 0;
};
```

Shape 类是抽象类,作为基类,它仅定义了 Point 类、Line 类、Circle 类的接口情况,即移动和设置颜色,而两种操作的具体实现代码均出现在它的各派生类中。

2. 点类 Point

点类 Point 用于描述一个点,Point 定义如下:

```
class Point:public Shape
{
public:
```

```cpp
        Point(){ x = 0.0, y = 0.0; }
        Point(double x1, double y1) { x = x1; y = y1; }
        double get_x() const { return x; }
        double get_y() const { return y; }
        COLORREF get_color() const { return color; }

        virtual void move(double dx, double dy) { x += dx;   y += dy; }
        virtual void SetColor(COLORREF mColor) { color = mColor; }

    private:
        double x;
        double y;
        COLORREF color;
};
```

3. 线类 Line

线类 Line 用于描述一条线,Line 定义如下:

```cpp
class Line:public Shape
{
public:
        Line() { }
        Line(Point p1, Point p2) { from = p1; to = p2; }
        Point get_start() const { return from; }
        Point get_end() const { return to; }
        COLORREF get_color() const { return color; }

        virtual void move(double dx, double dy);
        virtual void SetColor(COLORREF mColor) { color = mColor; }
    private:
        Point from;
        Point to;
        COLORREF color;
};
void Line::move(double dx, double dy)
{
        from.move(dx, dy);
        to.move(dx, dy);
}
```

4. 圆类 Circle

圆类 Circle 用于描述一个圆,Circle 定义如下:

```cpp
class Circle:public Shape
{
public:
        Circle(){ radius = 0.0; }
        Circle(Point p, double r) { center = p; radius = r; }
        Point get_center() const { return center; }
        double get_radius() const { return radius; }
        COLORREF get_color() const { return color; }

        virtual void move(double dx, double dy) { center.move(dx, dy); }
        virtual void SetColor(COLORREF mColor) { color = mColor; }
    private:
```

```
    Point center;
    double radius;
    COLORREF color;
};
```

5. 文本信息类 Message

类 Message 用于描述一个文本串及其所处位置,Message 的定义如下:

```
class Message
{
public:
    Message() { }
    Message(Point s, double x);
    Message(Point s, const string& m) { start = s; text = m; }
    Point get_start() const { return start; }
    string get_text() const { return text; }
    void move(double dx, double dy) { start.move(dx, dy); }
private:
    Point start;
    string text;
};
Message::Message(Point s, double x)
{
    start = s;
    char buf[20];
    sprintf(buf, "%g", x);
    text = buf;
}
```

1.4.2 绘图类

1. 绘图类定义

绘图类 GraphicWindow,用于描述绘图行为,GraphicWindow 定义如下:

```
class GraphicWindow
{
public:

GraphicWindow()
: _user_xmin(-10), _user_xmax(10), _user_ymin(10), _user_ymax(-10)
    {
    }

//设置窗口坐标
    void coord(double xmin, double ymin, double xmax, double ymax)
{  _user_xmin = xmin, _user_xmax = xmax;
_user_ymin = ymin, _user_ymax = ymax;
    }

//清除窗口
    void clear();

    //显示一个点
    GraphicWindow& operator<<(Point p);
```

```
    //显示一个圆
    GraphicWindow& operator<<(Circle c);

    //显示一条线
    GraphicWindow& operator<<(Line s);

    //显示一个文本串
    GraphicWindow& operator<<(Message t);

    //打开一个窗口
    void open(HWND hwnd, HDC mainwin_hdc);

private:

    //逻辑到设备 x 坐标转换
    int user_to_disp_x(double x) const;

//逻辑到设备 y 坐标转换
    int user_to_disp_y(double y) const;

    //设备到逻辑 x 坐标转换
    double disp_to_user_x(int x) const;

    //设备到逻辑 y 坐标转换
    double disp_to_user_y(int y) const;

//画一个点
    void point(double x, double y, COLORREF mColor);

    //画一条线
    void line( double xfrom, double yfrom, double xto, double yto, COLORREF mColor);

    //画一个椭圆
    void ellipse(double x, double y, double ra, double rb, COLORREF mColor);

//图形方式输出一个文本串
    void text(string t, double x, double y);

    //逻辑坐标
    double _user_xmin, _user_xmax, _user_ymin, _user_ymax;

    //设备坐标(像素为单位)
    int _disp_xmax, _disp_ymax;
    //设备环境句柄
    HDC _hdc;
};
```

2. 绘图类实现

(1) 打开窗口

该函数主要完成 GDI 设备环境的初始化工作。

```
void GraphicWindow::open(HWND hwnd, HDC mainwin_hdc)
```

```cpp
{
    RECT rect;

    //获取窗口客户区域大小
    GetClientRect(hwnd, &rect);
    _disp_xmax = rect.right - 1;
    _disp_ymax = rect.bottom - 1;

    _hdc = mainwin_hdc;

    LOGBRUSH logBrush;
    logBrush.lbStyle = BS_HATCHED;
    logBrush.lbColor = RGB(0, 192, 192);
    logBrush.lbHatch = HS_CROSS;

    //选择画刷、画笔、字体到主窗口设备环境
    SelectObject(_hdc, GetStockObject(BLACK_BRUSH));
    //SelectObject(_hdc, CreateBrushIndirect(&logBrush));
    SelectObject(_hdc, GetStockObject(BLACK_PEN));
    SelectObject(_hdc, GetStockObject(SYSTEM_FONT));

    clear();
}
```

（2）窗口设置和清除

清除窗口客户区域和相关显示内存。

```cpp
void GraphicWindow::clear()
{
    //白色背景色
    COLORREF color = RGB(255, 255, 255);

    //创建实心画刷(实际就是用于填充图形内部区域的位图)
    HBRUSH brush = CreateSolidBrush(color);

    //选择画刷到设备环境
    HBRUSH saved_brush = (HBRUSH)SelectObject(_hdc, brush);

    //用选入设备环境中的刷子绘制给定的矩形区域
    PatBlt(_hdc, 0, 0, _disp_xmax, _disp_ymax, PATCOPY);

    //恢复原来画刷
    SelectObject(_hdc, saved_brush);

    //删除实心画刷
    DeleteObject(brush);
}
```

（3）逻辑、设备坐标的转换

```cpp
int GraphicWindow::user_to_disp_x(double x) const
{
    return (int)((x - _user_xmin) * _disp_xmax / (_user_xmax - _user_xmin));
}
```

```cpp
int GraphicWindow::user_to_disp_y(double y) const
{
    return (int)((y - _user_ymin) * _disp_ymax / (_user_ymax - _user_ymin));
}

double GraphicWindow::disp_to_user_x(int x) const
{
    return (double)x * (_user_xmax - _user_xmin) / _disp_xmax + _user_xmin;
}

double GraphicWindow::disp_to_user_y(int y) const
{
    return (double)y * (_user_ymax - _user_ymin) / _disp_ymax + _user_ymin;
}
```

（4）绘制图元：点、线、椭圆和消息串

画点：

```cpp
void GraphicWindow::point(double x, double y, COLORREF mColor)
{
    const int POINT_RADIUS = 3;
    int disp_x = user_to_disp_x(x);
    int disp_y = user_to_disp_y(y);

SelectObject(_hdc, CreatePen(PS_SOLID,1,mColor));

    //画点：小圆圈
    Ellipse(_hdc, disp_x - POINT_RADIUS, disp_y - POINT_RADIUS,
        disp_x + POINT_RADIUS, disp_y + POINT_RADIUS);
}
```

画线：

```cpp
void GraphicWindow::line(double xfrom, double yfrom, double xto, double yto, COLORREF mColor))
{
SelectObject(_hdc, CreatePen(PS_SOLID,1,mColor));
//将绘图位置移动到某个具体点
    MoveToEx(_hdc, user_to_disp_x(xfrom), user_to_disp_y(yfrom), 0);

    //画线
    LineTo(_hdc,user_to_disp_x(xto), user_to_disp_y(yto));
}
```

画椭圆：

```cpp
void GraphicWindow::ellipse(double x, double y, double ra, double rb, COLORREF mColor))
{
    SelectObject(_hdc, CreatePen(PS_SOLID,1,mColor));

//画椭圆（中心为限定矩形的中心,用当前的画刷填充椭圆）
    Ellipse(_hdc, user_to_disp_x(x - ra), user_to_disp_y(y - rb),
        user_to_disp_x(x + ra),user_to_disp_y(y + rb));
}

void GraphicWindow::text(string s, double x, double y)
{
    const char * t = s.c_str();
```

```
    //设置显示输出方式:透明输出(文字背景不改变)
    SetBkMode(_hdc, TRANSPARENT);

//输出字符串到指定位置
    TextOut(_hdc, user_to_disp_x(x), user_to_disp_y(y), t, lstrlen(t));
}
```

(5) 运算符"<<"重载

```
GraphicWindow& GraphicWindow::operator<<(Point p)
{
    point(p.get_x(), p.get_y());
    return *this;
}


GraphicWindow& GraphicWindow::operator<<(Circle c)
{
ellipse(c.get_center().get_x(),c.get_center().get_y(),c.get_radius(),c.get_radius());
    return *this;
}


GraphicWindow& GraphicWindow::operator<<(Line s)
{
    line(s.get_start().get_x(), s.get_start().get_y(),
s.get_end().get_x(),s.get_end().get_y());
    return *this;
}


GraphicWindow& GraphicWindow::operator<<(Message t)
{
    text(t.get_text(), t.get_start().get_x(), t.get_start().get_y());
    return *this;
}
```

1.4.3 事件响应

对于事件(消息)的处理和响应主要是在 WinMain 函数和窗口过程函数 ccc_win_proc 中完成,在 1.2 节中对此已做过介绍。但示例程序 Draw 中的 WinMain 和 ccc_win_proc 添加了对菜单事件的响应,定时器的响应等。消息处理和相应的相关代码如下:

```
    int PASCAL WinMain(HINSTANCE hInstance, HINSTANCE hPrevInstance,
        LPSTR, int nShowCmd)
{
    MSG msg;
    WNDCLASS wndclass;

    if (!hPrevInstance)
    {  ……
        //增加了菜单
        wndclass.lpszMenuName = MAKEINTRESOURCE(IDC_TEST2);
        RegisterClass (&wndclass);
    }
    ……
```

```
    //消息循环和处理
    while (GetMessage(&msg, NULL, 0, 0))
    {
        TranslateMessage(&msg);
        DispatchMessage(&msg);
    }
    return msg.wParam;
}


long FAR PASCAL ccc_win_proc(HWND hwnd, UINT message, UINT wParam, LONG lParam)
{
    static int menuId = 0;
    PAINTSTRUCT ps;    //the display's paint struct
    HDC mainwin_hdc;

    int wmId, wmEvent;
    switch (message)
    {
case WM_CREATE:
        SetTimer(hwnd,1,1000,NULL);
        break;

case WM_TIMER:
        InvalidateRect(hwnd,NULL,TRUE);
        break;
    case WM_COMMAND:   //处理菜单消息
        wmId    = LOWORD(wParam);
        wmEvent = HIWORD(wParam);

        //Parse the menu selections:
        switch (wmId)
        {
        case IDM_FIG1:
            menuId = IDM_FIG1;
            InvalidateRect(hwnd,NULL,TRUE);

            break;
        case IDM_FIG2:
            menuId = IDM_FIG2;
            InvalidateRect(hwnd,NULL,TRUE);

            break;
        case IDM_EXIT:
            DestroyWindow(hwnd);
            break;
        }
        break;
    case WM_PAINT:  //处理绘图消息
        mainwin_hdc = BeginPaint(hwnd, &ps);
        if (menuId)
        {
            cwin.open(hwnd, mainwin_hdc);
```

```
            switch(menuId)
            {
            case IDM_FIG1:
                mclock(); //绘制时钟
                break;
                case IDM_FIG2:
                    ; //其他绘图程序
                }
            }

            EndPaint(hwnd, &ps);
            break;
        case WM_DESTROY: //关闭程序消息
KillTimer(hwnd,1);
PostQuitMessage(0);
            break;
    default:
        return DefWindowProc(hwnd, message, wParam, lParam);
    }
    return 0;
}
```

1.4.4　钟表例子

【例1-7】下面的例子是绘制一个能够实时走动的时钟:表盘是黑色的,时针为红色,分针为绿色,秒针为黄色,表盘上的时钟点为白色。

```
# include ˝ctime˝
# include ˝cmath˝
# include ˝cstdlib˝
# include ˝Resource.h˝
# include ˝ccc_shap.h˝
# include ˝ccc_msw.h˝

# define PI 3.1415926
GraphicWindow cwin;


void mclock()
{
    Shape * pShape;

    cwin<<Message(Point(-2,7),˝会走动的时钟˝);

    /* 画表盘 */
    int radius = 6;
    Point org(0,0);

    pShape = &org;
    pShape->SetColor(RGB(255,255,255)); //白色
    cwin<<org;
```

```cpp
    Circle clkPlate(org,radius);
    pShape = &clkPlate;
    pShape - >SetColor(RGB(0,0,255));    //蓝色
    cwin<<clkPlate;

    double x,y,x_s,y_s,x_m,y_m,x_h,y_h;
    int i;
    for(i = 0;i<12;i + + )
    {
        x = 0.9 * radius * sin(PI * i/6);
        y = 0.9 * radius * cos(PI * i/6);

        Point mPoint(x,y);
        pShape = &mPoint;
        pShape - >SetColor((RGB(255,255,255)));
        cwin<<mPoint;
    }

    / *  画表针 * /
    struct tm local;
    time_t t;

    //获取系统日历时间
    t = time(NULL);

    //将日历时间转化为本地时间
    localtime_s(&local,&t);

    x_s = 0.89 * radius * sin(PI * (local.tm_sec)/30);
    y_s = 0.89 * radius * cos(PI * (local.tm_sec)/30);

    x_m = 0.7 * radius * sin(PI * (local.tm_min)/30);
    y_m = 0.7 * radius * cos(PI * (local.tm_min)/30);

    x_h = 0.5 * radius * sin(PI * (local.tm_hour)/6);
    y_h = 0.5 * radius * cos(PI * (local.tm_hour)/6);

    Point hEnd(x_h,y_h),mEnd(x_m,y_m),sEnd(x_s,y_s);
    Line hLine(org,hEnd),mLine(org,mEnd),sLine(org,sEnd);

    hLine.SetColor((RGB(255,0,0)));    //红色
    mLine.SetColor((RGB(0,255,0)));    //绿色
    sLine.SetColor((RGB(255,255,0)));    //黄色
    cwin<<hLine<<mLine<<sLine<<org;
}
```

程序运行结果如图 1-13 所示。

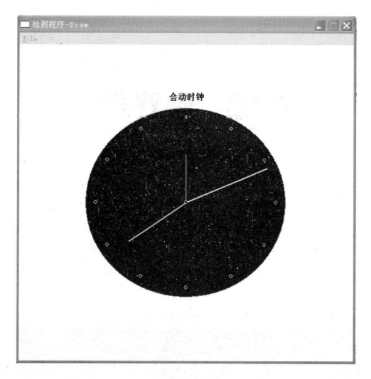

图 1-13　时钟程序运行图

深入思考

1. 在例 1～7 的基础上，如何给第二个菜单项增加绘图功能？
2. 绘图类中，哪些是跟图元类相关的，哪些跟 GDI 相关，两种方式各有什么优势？
3. 在主程序中使用图元类时，多态性是如何体现的？
4. 扩充图元类。
5. 扩充绘图类。
6. 界面程序设计方法有哪些？这些方法对绘图的支持情况如何？与本章内容作对比。

第2章　游戏程序

本章在控制台下设计并实现一个俄罗斯方块的游戏。由于文本界面的控制台应用程序开发是深入学习 C++、掌握交互系统的实现方法的最简单的一种手段。因此,本章从文本界面开发的基础知识着手,从一般控制步骤、控制台窗口操作、文本(字符)控制、滚动和移动光标、键盘和鼠标等几个方面讨论控制台窗口界面的编程控制方法;然后讨论文字闪烁、移动等编程技巧;最后,将上述技术和方法进行封装和设计,完成一个俄罗斯方块游戏的实现,如图 2-1 所示。

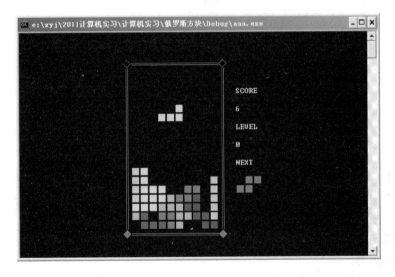

图 2-1　游戏界面

由于 Microsoft 本身的独特优势,本章的开发环境为 Visual Studio 2005 集成开发环境,工程类型为 Win32 Console Application。基于本章的知识和内容也可以完成贪吃蛇、推箱子、扫雷、打飞机等游戏的实现。涉及的知识点包括:

- 控制台图形界面;
- 多线程编程。

2.1　理论基础

2.1.1　相关数据结构

本案例深入研究了 Windows 控制台的相关操作和应用,需要使用的相关数据类型和 API

全部包含在库文件 ＜windows.h＞中,该库文件主要用来描述 Windows 环境下常用的数据结构、宏和其他数据类型。

（1）通用数据类型

HANDLE:句柄,无符号的整型数,作为窗口的唯一标识 ID。

BOOL:逻辑,具体是 typedef int BOOL。

BYTE:字节,具体是 typedef unsigned char BYTE。

WORD:字,具体是 typedef unsigned short WORD。

DWORD:双字,具体是 typedef unsigned long DWORD。

（2）颜色标识

用来控制 Windows 控制台的前景色和背景色,描述颜色的数据类型是 WORD,Windows 控制台目前仅支持以下 8 种前景色(普通和高亮)和 8 种背景色,分别定义如下:

① 前景色

红色:FOREGROUNT_RED

绿色:FOREGROUND_GREEN

蓝色:FOREGROUND_BLUE

黄色:FOREGROUND_RED｜FOREGROUND_GREEN

青色:FOREGROUND_BLUE｜FOREGROUND_GREEN

紫色:FOREGROUND_BLUE｜FOREGROUND_RED

白色:FOREGROUND_RED｜FOREGROUND_BLUE｜FOREGROUND_GREEN

黑色:默认 0

高亮显示:FOREGROUND_INTENSITY

② 背景色

红色:BACKGROUND_RED

绿色:BACKGROUND_GREEN

蓝色:BACKGROUND_BLUE

黄色:BACKGROUND_RED｜BACKGROUND _GREEN

青色:BACKGROUND _BLUE｜BACKGROUND _GREEN

紫色:BACKGROUND _BLUE｜BACKGROUND _RED

白色:BACKGROUND _RED｜BACKGROUND _BLUE｜BACKGROUND _GRE

黑色:默认 0

高亮显示:BACKGROUND_INTENSITY

2.1.2　通用的系统函数

该类函数大都来自库文件＜conio.h＞,该文件包括控制台的键盘输入输出操作。常用的系统函数如下所示。

kbhit():检测是否有按键按下,系统函数直接调用。

getch():获取按键的值,但不在屏幕回显,系统函数直接调用。

getche():获取按键的值,但在屏幕回显,系统函数直接调用。

Sleep(DWORD n):使程序休眠 n 毫秒,系统函数直接调用。

srand(unsigned int seed):随机数的种子函数。

rand():产生伪随机数序列。

2.1.3 控制台相关的 API

控制台相关的 API 全部包含在头文件<windows.h>中,因此使用下列函数之前,需要添加如下代码:

＃include <windows.h>

（1）窗口初始化 API

函数原型:HANDLE GetStdHandle(DWORD nStdHandle);

GetStdHandle 是一个 Windows API 函数。它用于从一个特定的标准设备（标准输入 STD_INPUT_HANDLE、标准输出 STD_OUTPUT_HANDLE 或标准错误 STD_ERROR_HANDLE)中取得一个句柄。

例如:HANDLE hOut = GetStdHandle(STD_OUTPUT_HANDLE);

（2）关闭窗口 API

函数原型:BOOL CloseHandle(DWORD nStdHandle);

CloseHandle 关闭一个内核对象,其中包括文件、文件映射、进程、线程、安全和同步对象等。

（3）窗口属性获取/设置 API

GetConsoleScreenBufferInfo()：获取控制台窗口信息

GetConsoleTitle()：获取控制台窗口标题

ScrollConsoleScreenBuffer()：在缓冲区中移动数据块

SetConsoleScreenBufferSize()：更改指定缓冲区大小

SetConsoleTitle()：设置控制台窗口标题

SetConsoleWindowInfo()：设置控制台窗口信息

窗口属性需要使用的结构体包括:

CONSOLE_SCREEN_BUFFER_INFO:控制台窗口信息,具体如下:

```
typedef struct _CONSOLE_SCREEN_BUFFER_INFO {
        COORD dwSize;                              //缓冲区大小
        COORD dwCursorPosition;                    //当前光标位置
        WORD wAttributes;                          //字符属性
        SMALL_RECT srWindow;                       //当前窗口显示的大小和位置
        COORD dwMaximumWindowSize;                 //最大的窗口缓冲区大小
} CONSOLE_SCREEN_BUFFER_INFO ;
```

【例 2-1】设置窗口的标题、窗口缓冲区和窗口位置。

```
void main()
{
        HANDLE hOut;
        hOut = GetStdHandle(STD_OUTPUT_HANDLE);       //获取标准输出设备句柄
        CONSOLE_SCREEN_BUFFER_INFO bInfo;             //窗口缓冲区信息
        GetConsoleScreenBufferInfo(hOut, &bInfo );    //获取窗口缓冲区信息
        SetConsoleTitle("控制台窗口操作");              //设置窗口标题
        COORD size = {80, 25};
        SetConsoleScreenBufferSize(hOut,size);        //重新设置缓冲区大小
        SMALL_RECT rc = {10,10, 80 - 1, 25 - 1};
        SetConsoleWindowInfo(hOut,true ,&rc);         //重置窗口位置和大小
        CloseHandle(hOut);                            //关闭标准输出设备句柄
```

```
}
```

（4）文本属性相关 API

```
函数原型:BOOL FillConsoleOutputAttribute(          //填充字符属性
        HANDLE hConsoleOutput,                   //句柄
        WORD wAttribute,                         //文本属性
        DWORD nLength,                           //个数
        COORD dwWriteCoord,                      //开始位置
        LPDWORD lpNumberOfAttrsWritten           //返回填充的个数
        );
函数原型:BOOL WriteConsoleOutputAttribute(         //在指定位置处写属性
        HANDLE hConsoleOutput,                   //句柄
        CONST WORD * lpAttribute,                //属性
        DWORD nLength,                           //个数
        COORD dwWriteCoord,                      //起始位置
        LPDWORD lpNumberOfAttrsWritten           //已写个数
        );
函数原型: HANDLE  SetConsoleTextAttribute (        //设置文本颜色
                    HANDLE  handle ,             //句柄
                    WORD  wColor);
```
其中前两个函数涉及窗口的坐标,使用 COORD 结构体,具体如下:
```
        typedef struct _COORD {
                    SHORT X;
                    SHORT Y;
        } COORD;
```

（5）文本输出相关 API

```
函数原型:BOOL FillConsoleOutputCharacter(          //填充指定数据的字符
        HANDLE hConsoleOutput,                   //句柄
        TCHAR cCharacter,                        //字符
        DWORD nLength,                           //字符个数
        COORD dwWriteCoord,                      //起始位置
        LPDWORD lpNumberOfCharsWritte;           //已写个数
        );
函数原型:BOOL WriteConsole(                         //在当前光标位置处插入指定数量的字符
        HANDLE hConsoleOutput,                   //句柄
        CONST VOID * lpBuffer,                   //字符串
        DWORD nNumberOfCharsToWrite,             //字符个数
        LPDWORD lpNumberOfCharsWritten,          //已写个数
        LPVOID lpReserved                        //保留
        );
函数原型:BOOL WriteConsoleOutputCharacter(         //在指定位置处插入指定数量的字符
        HANDLE hConsoleOutput,                   //句柄
        LPCTSTR lpCharacter,                     //字符串
        DWORD nLength,                           //字符个数
        COORD dwWriteCoord,                      //起始位置
        LPDWORD lpNumberOfCharsWritten           //已写个数
        );
```

【例 2-2】画一个带阴影的窗口,并显示指定的文字。

```
unsigned long num_written = 0;
void main()
{
    HANDLE hOut = GetStdHandle(STD_OUTPUT_HANDLE);          //获取标准输出设备句柄
```

```
    char * str = "Display a shadow Window!";
    WORD att0 = BACKGROUND_INTENSITY;                        //阴影属性
    WORD att1 = FOREGROUND_RED |FOREGROUND_GREEN
                |FOREGROUND_BLUE | FOREGROUND_INTENSITY
                |BACKGROUND_RED | BACKGROUND_BLUE;           //文本属性
    COORD posShadow = {9,9},posText = {8,8};
    for (int i = 0; i<5; i++)                                //设置阴影然后填充
    {
        FillConsoleOutputAttribute(hOut, att0, 30, posShadow, &num_written);
        FillConsoleOutputAttribute(hOut, att1,30, posText, &num_written);
        posShadow.Y++;
        posText.Y++;
    }
    posText.X = 9;
    posText.Y = 10;
①WriteConsoleOutputCharacter(hOut, str, strlen(str), posText,  &num_written);//写文本
    CloseHandle(hOut);                                       //关闭标准输出设备句柄
}
```

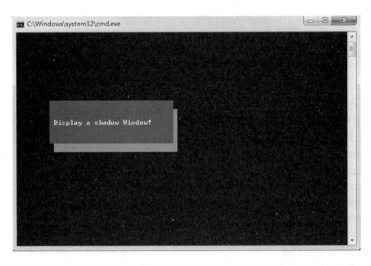

图 2-2　运行结果

（6）移动和滚动操作 API

ScrollConsoleScreenBuffer 是实现文本区滚动和移动的 API 函数。它可以将指定的一块文本区域移动到另一个区域，被移空的那块区域由指定字符填充。函数原型如下：

```
BOOL ScrollConsoleScreenBuffer(
    HANDLE hConsoleOutput,                              //句柄
    CONST SMALL_RECT * lpScrollRectangle,              //要滚动或移动的区域
    CONST SMALL_RECT * lpClipRectangle,                //裁剪区域
    COORD dwDestinationOrigin,                          //新的位置
    CONST CHAR_INFO * lpFill                            //填充字符
);
```

（7）光标操作 API

控制台窗口中的光标反映了文本插入的当前位置，通过 SetConsoleCursorPosition 函数可以改变这个"当前"位置，这样就能控制字符（串）输出。事实上，光标本身的大小和显示或隐藏也可以通过相应的 API 函数进行设定。例如：

```
BOOL SetConsoleCursorInfo(                              //设置光标信息
    HANDLE hConsoleOutput,                              //句柄
    CONST CONSOLE_CURSOR_INFO * lpConsoleCursorInfo     //光标信息
);
BOOL GetConsoleCursorInfo(                              //获取光标信息
    HANDLE hConsoleOutput,                              //句柄
    PCONSOLE_CURSOR_INFO lpConsoleCursorInfo            //返回光标信息
);
```

这两个函数都与 CONSOLE_CURSOR_INFO 结构体类型有关,其定义如下:

```
typedef struct _CONSOLE_CURSOR_INFO {
        DWORD dwSize;                                   //光标百分比大小,范围为1~100;
        BOOL bVisible;                                  //是否可见
} CONSOLE_CURSOR_INFO, * PCONSOLE_CURSOR_INFO;
```

（8）键盘操作相关 API

键盘事件通常有字符事件和按键事件,这些事件所附带的信息构成了键盘信息。它是通过 API 函数 ReadConsoleInput 来获取的。

```
函数原型:BOOL ReadConsoleInput(
        HANDLE hConsoleInput,                           //输入设备句柄
        PINPUT_RECORD lpBuffer,                         //返回数据记录
        DWORD nLength,                                  //要读取的记录数
        LPDWORD lpNumberOfEventsRead                    //返回已读取的记录数
        );
```

其中,INPUT_RECORD 定义如下:

```
typedef struct _INPUT_RECORD {
WORD EventType;                                         //事件类型
union {
    KEY_EVENT_RECORD KeyEvent;
    MOUSE_EVENT_RECORD MouseEvent;
    WINDOW_BUFFER_SIZE_RECORD WindowBufferSizeEvent;
    MENU_EVENT_RECORD MenuEvent;
    FOCUS_EVENT_RECORD FocusEvent;
    } Event;
} INPUT_RECORD;
```

与键盘事件相关的记录结构 KEY_EVENT_RECORD 定义如下:

```
typedef struct _KEY_EVENT_RECORD {
BOOL bKeyDown;                                          //TRUE 表示键按下,FALSE 表示键释放
WORD wRepeatCount;                                      //按键次数
WORD wVirtualKeyCode;                                   //虚拟键代码
WORD wVirtualScanCode;                                  //虚拟键扫描码
union {
    WCHAR UnicodeChar;                                  //宽字符
    CHAR AsciiChar;                                     //ASCII 字符
    } uChar;                                            //字符
    DWORD dwControlKeyState;                            //控制键状态
} KEY_EVENT_RECORD;
```

众所周知,键盘上每一个键都对应着一个唯一的扫描码,可以作为键值,但它依赖于具体设备。因此,在应用程序中,使用的往往是与具体设备无关的虚拟键代码,最常用的虚拟键代码已被定义在库文件<Winuser.h>中。例如,VK_SHIFT 表示"Shift"键,VK_F1 表示功能键"F1"等。上述结构定义中,dwControlKeyState 用来表示控制键状态,如表 2-1 所示。

表 2-1　控制键状态

键值	说明
CAPSLOCK_ON	CAPS LOCK 灯亮
ENHANCED_KEY	按下扩展键
LEFT_ALT_PRESSED	按下左"Alt"键
LEFT_CTRL_PRESSED	按下左"Ctrl"键
NUMLOCK_ON	NUM LOCK 灯亮
RIGHT_ALT_PRESSED	按下"右 Alt"键
RIGHT_CTRL_PRESSED	按下"右 Ctrl"键
SCROLLLOCK_ON	SCROLL LOCK 灯亮
SHIFT_PRESSED	按下"Shift"键

（9）读取鼠标信息操作

与读取键盘信息方法相似，鼠标信息也是通过 ReadConsoleInput 来获取的，其 MOUSE_EVENT_RECORD 具有下列定义：

```
typedef struct _MOUSE_EVENT_RECORD {
        COORD dwMousePosition;                          //当前鼠标位置
        DWORD dwButtonState;                            //鼠标按钮状态
        DWORD dwControlKeyState;                        //键盘控制键状态
        DWORD dwEventFlags;                             //事件状态
    } MOUSE_EVENT_RECORD;
```

其中，dwButtonState 反映了用户按下鼠标按钮的情况，常用的是 FROM_LEFT_1ST_BUTTON_PRESSED(左键)、RIGHTMOST_BUTTON_PRESSED（右键）。而 dwEventFlags 表示鼠标的事件，如 DOUBLE_CLICK(双击)、MOUSE_MOVED(移动)和 MOUSE_WHEELED(滚轮滚动，只适用于 Windows 2000/XP)。dwControlKeyState 的含义同表 2-1。

2.1.4　编程技巧

（1）闪烁效果

基本原理：文字在屏幕上闪烁是反复写和擦除文字，造成的视觉停留现象。编程中可以按照下面的步骤达到闪烁的效果。

步骤 1：写一遍文字。

步骤 2：延时 200 ms。

步骤 3：擦除。

步骤 4：延时 100 ms。

反复以上 4 个步骤，则文字不断闪烁。

【例 2-3】在例 2-2 的基础上，将标记①的一句代码，由例 2-3 的代码替换，则文字闪烁。

```
char * sEmpty ="                    ";                //与 str 等长的空字符串
while(1)
    {
    //写文本
    WriteConsoleOutputCharacter(hOut, str, strlen(str), posText, &num_written);
    Sleep(200);                                        //延时 200 ms
```

```
                                                //擦除
    WriteConsoleOutputCharacter(hOut, sEmpty strlen(sEmpty), posText, &num_written);
        Sleep(100);                                        //延时 100 ms
    }
```

（2）移动效果

基本原理：文字在屏幕上移动是反复移动位置写和擦除文字，造成的视觉停留现象。编程中可以按照下面的步骤达到移动的效果：

步骤 1：写一遍文字。

步骤 2：延时 200 ms。

步骤 3：擦除。

步骤 4：改变坐标位置。

反复以上 4 个步骤，则文字不断移动。

【例 2-4】在例 2-2 的基础上，将标记①的一句代码，由例 2-4 的代码替换，则文字不断移动。

```
char * sEmpty = "                            ";        //与 str 等长的空字符串
int len = strlen(str1);
while(1)
{
    WriteConsoleOutputCharacter(hOut, str1, len, posText, &num_written);   //写文本
    Sleep(200);
    WriteConsoleOutputCharacter(hOut, sEmpty, len, posText, &num_written);  //擦除
    posText.X ++ ;                          //显示文字的位置后移
    len -- ;                                //显示文字的长度减 1
    if (len == 0)                           //当全部文字移出窗口，则重新开始
    {
        posText.X = 9;
        len = strlen(str1);
    }
}
```

运行结果如图 2-3 所示。

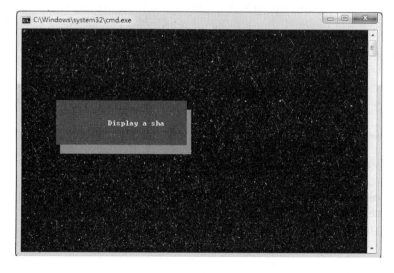

图 2-3　文字移动运行结果

（3）鼠标控制

控制台程序也可以由鼠标进行控制，可以获取鼠标的位置，并根据鼠标的操作进行响应。

【例 2-5】鼠标左键在屏幕任意位置按下，则显示一个字符"A"。

编程步骤如下：

步骤 1：初始化控制台（输入和输出）。

步骤 2：获取鼠标信息。

步骤 3：判断鼠标的信息，获取鼠标的位置。

步骤 4：在窗口下方显示坐标信息。

步骤 5：若是鼠标左键按下，则显示"A"。

具体演示代码如下：

```
unsigned long num_written = 0;
void DispMousePos(COORD pos);                          //在第 24 行显示鼠标位置
void main()
{
     HANDLE hOut = GetStdHandle(STD_OUTPUT_HANDLE);    //获取标准输出设备句柄
     HANDLE hIn = GetStdHandle(STD_INPUT_HANDLE);      //获取标准输入设备句柄
     INPUT_RECORD mouseRec;
     DWORD state = 0, res;
     COORD pos = {0, 0};
     while(1)                                          //循环
     {
         ReadConsoleInput(hIn, &mouseRec, 1, &res);
         if (mouseRec.EventType == MOUSE_EVENT)
         {
           if (mouseRec.Event.MouseEvent.dwEventFlags == DOUBLE_CLICK)
              break;                                   //双击鼠标退出循环
           pos = mouseRec.Event.MouseEvent.dwMousePosition;
           DispMousePos(pos);
           if ( mouseRec.Event.MouseEvent.dwButtonState ==
              FROM_LEFT_1ST_BUTTON_PRESSED)
                 FillConsoleOutputCharacter(hOut, 'A', 1, pos, &num_written);
         }
     }
     pos.X = pos.Y = 0;
     SetConsoleCursorPosition(hOut, pos);              //设置光标位置
     CloseHandle(hOut);                                //关闭标准输出设备句柄
     CloseHandle(hIn);                                 //关闭标准输入设备句柄
}
void DispMousePos(COORD pos)                           //在第 24 行显示鼠标位置
{
     CONSOLE_SCREEN_BUFFER_INFO bInfo;
     GetConsoleScreenBufferInfo( hOut, &bInfo );
     COORD home = {0, 24};                             //设置显示鼠标位置的坐标
     WORD att0 = BACKGROUND_INTENSITY ;
     FillConsoleOutputAttribute(hOut, att0, bInfo.dwSize.X, home, &num_written);
     FillConsoleOutputCharacter(hOut, ' ', bInfo.dwSize.X, home, &num_written);
     char s[20];
     sprintf(s,"X = %2lu, Y = %2lu",pos.X, pos.Y);
     SetConsoleTextAttribute(hOut, att0);
```

```
        SetConsoleCursorPosition(hOut, home);
        WriteConsole(hOut, s, strlen(s), NULL, NULL);
        SetConsoleTextAttribute(hOut, bInfo.wAttributes);              //恢复原来的属性
        SetConsoleCursorPosition(hOut, bInfo.dwCursorPosition);        //恢复原来的光标位置
}
```

运行结果如图 2-4 所示。

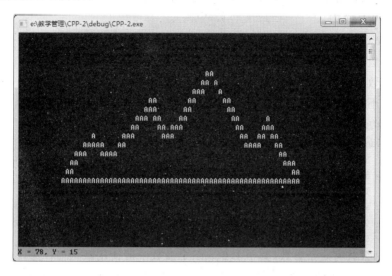

图 2-4　鼠标控制程序运行结果

2.1.5　多线程编程

（1）首先介绍一下进程和线程的概念

进程是装入内存中即将执行的程序，可以包含一个或多个运行在它的上下文环境内的线程。在操作系统技术中，进程和线程的出现提高了系统的并行性，从而使应用程序更有效地利用系统资源，多线程的应用程序也就应运而生了。

在 Windows 系统中，每一个进程可以同时执行多个线程，这意味着一个程序可以同时完成多个任务。当进程使用多个线程时，需要采取适当的措施来保持线程间的同步。例如，在与用户交互的同时进行后台计算或通信。

一个程序可以同时运行多个线程，每个线程执行程序代码中的一组语句。进程就是应用程序的实例。每个进程都有自己私有的虚拟地址空间。每个进程都有一个主线程但可以建立另外的线程，进程中的各个线程是并行执行的，每个线程占用 CPU 的时间由系统来划分。线程可以看成是操作系统分配 CPU 时间的基本实体，系统不停地在各个线程之间进行切换。

（2）线程的种类

线程分为用户界面线程和工作者线程两种。用户界面线程拥有自己的消息循环来处理界面消息，可以与用户进行交互，一般用于 MFC 程序，这里不再赘述。工作者线程一般用来完成后台工作。比如后台计算、打印以及串行通信等任务，它的特点是当需要一些耗时的操作时，可以使其在后台运行；同时主线程方便地接收用户的输入信息而不必等到这些操作完成。

使用工作者线程需要 4 个步骤：

① 线程处理函数

可以用以下方法建立一个工作者线程处理函数的框架。

```
DWORD WINAPI ThreadFunc( LPVOID lpParam )
{
    函数体；
}
```

其中，函数名：ThreadFunc，可以由用户自定义。

参数：LPVOID lpParam；不能改变（LPVOID 相当于 void ∗ ）。

调用约定：WINAPI。

返回值：DWORD；不能改变（DWORD 相当于 unsigned int）。

函数体：一般根据用户需要来编写和主函数并行执行的内容。

说明：该函数由线程启动函数执行，执行完毕，线程自动结束。若由其他函数调用，则和普通函数一样，起不到同步执行的效果。

② 线程启动函数

```
HANDLE hThread = CreateThread(
            NULL,                          //default security attributes
            0,                             //use default stack size
            ThreadFunc,                    //thread function
            &dwThrdParam,                  //argument to thread function
            0,                             //use default creation flags
            &dwThreadId);                  //returns the thread identifier
```

线程启动函数共有 6 个参数，其中 1、2、5 三个参数一般使用默认值。第 3 个参数 ThreadFunc 是用户编写的线程处理函数的函数名；第 4 个参数 &dwThrdParam 是线程处理函数的参数；第 6 个参数 &dwThreadId 是输出参数，返回线程 ID。该函数是非阻塞函数，一般由主线程调用，调用后 ThreadFunc 线程处理函数和主函数同时并行运行。

③ 关闭线程

程序运行结束后，可以使用 CloseHandle 函数来安全关闭线程，并清理线程使用的资源。

```
void CloseHandle(HANDLE hThread );
```

其中，参数 hThread 就是线程启动函数的返回值。

④ 线程同步

线程同步最为普遍的用途是确保多线程对共享资源的互斥访问。由于多线程对资源的访问可能是同时的，那么当一个资源被多个线程同时写或同时读时，则无法保证资源的最终状态。因此需要使用线程同步技术来避免同一资源同时被多个线程访问。

线程同步一般使用以下四种方式进行控制：临界区（Critical Section）、互斥量（Mutex）、信号量（Semaphore）和事件（Event）。它们的区别如下。

a. 临界区：通过对多线程的串行化来访问公共资源或一段代码，速度快，适合控制数据访问。在任意时刻只允许一个线程对共享资源进行访问，如果有多个线程试图访问公共资源，那么在有一个线程进入后，其他试图访问公共资源的线程将被挂起，并一直等到进入临界区的线程离开，临界区在被释放后，其他线程才可以抢占。

临界区包含三个操作原语：

InitializeCriticalSection(CRITICAL_SECTION)；

EnterCriticalSection()进入临界区；

LeaveCriticalSection()离开临界区。

b. 互斥量：采用互斥对象机制。只有拥有互斥对象的线程才有访问公共资源的权限，因为互斥对象只有一个，所以能保证公共资源不会同时被多个线程访问。互斥不仅能实现同一应用程序的公共资源安全共享,还能实现不同应用程序的公共资源安全共享。

互斥量包含的几个操作原语:

CreateMutex() 创建一个互斥量;

OpenMutex() 打开一个互斥量;

ReleaseMutex() 释放互斥量;

WaitForMultipleObjects() 等待互斥量对象。

c. 信号量:它允许多个线程在同一时刻访问同一资源,但是需要限制在同一时刻访问此资源的最大线程数目。

信号量包含的几个操作原语:

CreateSemaphore()创建一个信号量;

OpenSemaphore() 打开一个信号量;

ReleaseSemaphore() 释放信号量;

WaitForSingleObject() 等待信号量。

d. 事件:通过通知操作的方式来保持线程的同步,还可以方便实现对多个线程的优先级比较的操作。

事件包含的几个操作原语:

CreateEvent() 创建一个事件;

OpenEvent() 打开一个事件;

SetEvent() 设置事件;

WaitForSingleObject() 等待一个事件;

WaitForMultipleObjects() 等待多个事件。

【例2-6】编写一个具有1个主线程和1个子线程的多线程的程序,使用临界区来保证共享资源同一时间只能被一个线程控制。本例中的共享资源是全局变量testNumber。

```cpp
# include <iostream>
using namespace std;
# include <windows.h>
DWORD WINAPI WriteThread(LPVOID lpParam);          //线程处理函数
CRITICAL_SECTION cs;                                //临界区变量
int testNumber;
void main()
{
    InitializeCriticalSection(&cs);                 //初始化临界区变量
    DWORD dwThreadId;
    HANDLE hThread = CreateThread( NULL, 0,  WriteThread, NULL, 0, &dwThreadId);
    while(1)
    {
        EnterCriticalSection(&cs);
        cout<<testNumber<<endl;
        LeaveCriticalSection(&cs);
        Sleep(1000);
    }
}
DWORD WINAPI WriteThread( LPVOID lpParam )
{
    while (1)
```

```
    {
        EnterCriticalSection(&cs);
        testNumber++;
        LeaveCriticalSection(&cs);
        Sleep(230);
    }
}
```
运行结果如图 2-5 所示。

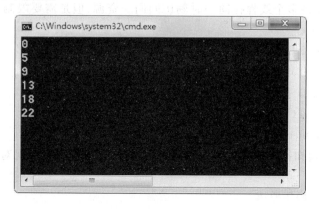

图 2-5　例 2-6 的运行结果

2.2　俄罗斯方块游戏的设计和实现

2.2.1　需求分析

根据控制台编程的相关知识,实现"俄罗斯方块"的游戏。这是一款桌面游戏,最终将要完成的效果如图 2-1 所示,中间是工作区,也是游戏的主体;右边是记录当前游戏的级别和分数。游戏开始后,通过键盘上的上、下、左、右键来控制方块的旋转、下移、左移、右移。

俄罗斯方块是一个大家都非常熟悉的游戏,对游戏功能进行分类,将功能划分成基本功能、辅助功能、扩展功能进行分析。

基本功能:

(1) 初始化;

(2) 判断方块能否向下、向左、向右移动;

(3) 显示各种不同形状的方块;

(4) 各种不同形状的方块的翻转;

(5) 方块满一行后要能够删除该行。

辅助功能:

(1) 记录分数;

(2) 游戏分级;

(3) 暂存游戏;

(4) 配乐;

(5) 保存最高游戏纪录;

(6) 界面色彩更加丰富；

(7) 游戏空间大小可变。

扩展功能：

(1) 双人俄罗斯方块；

(2) 网络对战俄罗斯方块。

上述功能列表仅仅是给出一个提示，还有很多更好的辅助功能和扩展功能等着读者去创新，功能越完善，越强大，则游戏就越受人喜爱。

2.2.2 系统设计

俄罗斯方块游戏的设计思路要遵循 MVC 设计模式，该模式是一种使用 Model-View-Controller（模型-视图-控制器）设计创建应用程序的模式。

- Model（模型）：表示应用程序的数据的存取。
- View（视图）：显示界面，根据 Model 提供的不同数据，显示不同的界面。
- Controller（控制器）：处理用户界面的交互，以及向模型发送更新数据。

MVC 分层有助于管理复杂的应用程序，这样可以在一段时间内专门关注一个方面。例如，可以在不依赖业务逻辑的情况下专注于视图设计。同时也让应用程序的测试更加容易。MVC 分层的同时也简化了分组开发。不同的开发人员可同时开发视图、控制器逻辑和业务逻辑。

对于俄罗斯方块游戏来说，需要的设计步骤如下：

(1) 设计 Model。即工作区和方块的存储结构用来方便地存取数据。

(2) 设计 View。即如何根据数据显示不同的界面。

(3) 设计 Controller。即如何用键盘控制数据的变化。

2.2.3 详细设计

首先进行基本功能的程序设计。任何程序运行都需要数据的支撑，或者说程序是根据数据来运行的。所以首先设计数据的存储方式。

1. 工作区数据存储

俄罗斯方块游戏中可划分出一个工作区，在这个区域内方块根据操作进行移动和翻转。不妨用一个两位数组来保存工作区中每个位置点的信息。本例中游戏工作区的大小是 12×20，由常量 MAPX 和 MAPY 表示。

```
#define MAPX  12
#define MAPY  20
int gMap[MAPX ][ MAPY ] = {0}
```

数组 gMap 表示当前工作区的数据。当工作区中没有任何方块时，gMap 中的每一个位置的值为 0；当工作区中有不再移动的方块时，gMap 中有方块填充的位置值为 1～7，1～7 分别代表 7 种不同颜色和形状的方块，若某一位置的值不是 0，则表示该位置已经放置了一个相应形状的方块。

2. 方块数据存储

俄罗斯方块有各种不同的形状，基本形状有 7 种，每一种形状采用 4×4 的数组来存储，如图 2-6 所示，分别使用三维数组来存储，其中图 2-6(a)～(g)是数组 b 表示的 7 种形状的显示，

图 2-6(h)是对应图(a)的数组赋值。

```
int b[7][4][4]={   {{1},{1,1,1}},
                   {{0,2},{2,2,2}},
                   {{3,3},{0,3,3}},
                   {{0,0,4},{4,4,4}},
                   {{0,5,5},{5,5}},
                   {{6,6,6,6}},
                   {{7,7},{7,7}}
                };
```

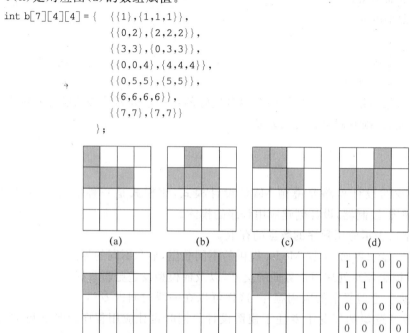

图 2-6　7 种形状的方块示意图

3. 键盘控制相关键值

本例中涉及键盘控制,实际中,若使用功能键,则每按下一次,会发送两个 ASCII 码,第一个 ASCII 码标志功能区;第二个 ASCII 码标志是该功能区的哪一个按键。以本例使用的功能键中的上、下、左、右 4 键为例,其功能区 ASCII 码均为 224,键值的 ASCII 码分别如下:

```
#define KEY_UP        72      //上
#define KEY_DOWN      80      //下
#define KEY_LEFT      75      //左
#define KEY_RIGHT     77      //右
```

俄罗斯方块游戏在运行过程中,使用按键进行控制,因此需要按键控制不能有屏幕回显,不能阻塞(即程序不能停下来等待按键),因此需要使用库文件<conio.h>中的 kbhit()和 getch()两个 API 来实现。

- kbhit():检测是否有按键按下,有,则返回 true;没有,则返回 false,非阻塞函数。
- getch():获取按键的值,但不在屏幕回显。

此外,还需要使用一个延时 API 函数 Sleep(DWORD n),该函数使程序休眠 n 毫秒。本例控制游戏的方式为:每隔 8 ms 调用 kbhit()函数检测键盘一次,若有按键按下,则调用 getch()获取键值对方块进行相应的处理;若无按键按下,则俄罗斯方块按照定时器自动下落。

4. 模块设计和流程

按照面向过程的程序设计思想,自顶向下逐步求精的方法,首先需要根据基本功能进行模块划分,设计程序流程,就是如何有效地组织这些基本功能模块,使之成为一个整体,俄罗斯方块游戏的基本的运行模式就是根据用户的按键,显示、翻转、移动不同的方块,因此其流程结构如图 2-7 所示。

根据该流程,本案例主要划分成如下几个模块。

(1) 初始化模块:完成初始界面的显示,以及数据的初始化。该函数封装了 GetStdHandle()控制台 API。

(2) 基本的显示函数:在指定位置显示指定颜色的字符串。

```
BOOL textout(HANDLE hOut,          //控制台句柄
        int x, int y,              //显示坐标
        WORD wColors[],            //显示颜色
        int nColors,               //颜色数量
        LPTSTR lpszString );       //显示的字符内容
```

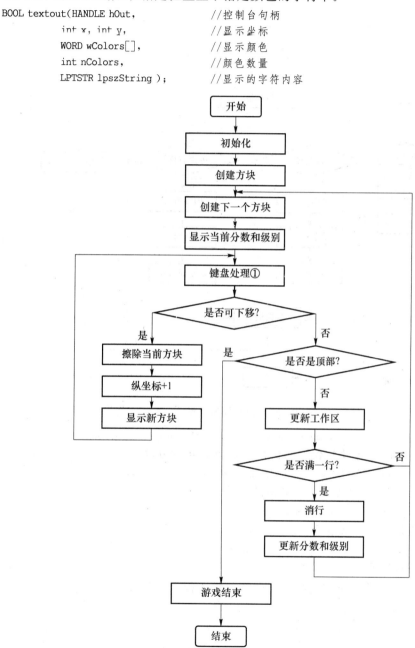

图 2-7　系统主流程

(3) 方块的显示和擦除:完成在指定位置显示/擦除指定颜色、形状的方块。

- 方块显示:在 x、y 坐标位置显示长和宽为 w 和 h,颜色为 wColors 的方块,方块形状由数组 a 表示。

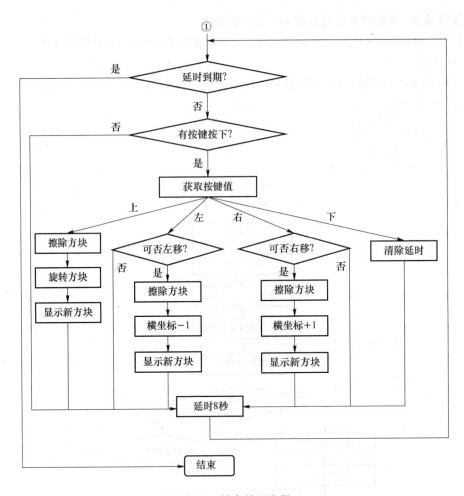

图 2-8　键盘处理流程

void DrawBlocks(int a[],int w,int h,int x,int y, WORD wColors[],int nColors);

- 方块擦除:擦除 x、y 坐标位置的长和宽为 w 和 h 的方块,方块形状由数组 a 表示。

void ClearSquare(int a[], int w, int h, int x, int y);

(4)方块旋转:完成每种方块 4 个方向的旋转。

void Turn(int a[][4],int w, int h, int * x,int y);

(5)判断方块是否能够下落。

bool IsAvailable(int a[],int x,int y,int w,int h);

(6)方块满一行后消行。

参数说明:消除工作区 row 位置的一行,然后将该行之上的方块下移。其中数组 m 表示工作区。

void DeleteLine(int m[][MAPW],int row);　　　　　　　//消除一行

(7)游戏结束。

void GameOver();

由流程图 2-7 可知,当用户没有按键时,系统自动随机产生下一个方块,方块自动按照一定的时间间隔下移,一直到无法下移为止,然后重复产生下一个方块。如此反复,直到方块到顶,游戏结束。若方块下落后,正好一行满了,则必须要消行,并且更新分数。

由流程图 2-8 可知,当用户有键盘操作时,则根据按键的内容进行旋转、左右移动、直接下移

的操作。其中,比较关键的算法是旋转算法,用来计算如何将各种不同的方块旋转 4 个方向。

2.2.4 游戏实现

该游戏的代码分成 3 部分:系统数据部分、系统模块化函数实现部分和 main() 函数的实现。下面分别加以说明。

(1) 设置游戏使用的库文件和所有数据

```
# include <conio.h>                                  //库文件
# include <stdlib.h>
# include <windows.h>
# include <time.h>

# define KEY_UP        72                            //按键 ASCII 码:上
# define KEY_DOWN      80                            //下
# define KEY_LEFT      75                            //左
# define KEY_RIGHT     77                            //右
# define KEY_ESC        27                           //"Esc"键
# define MAPW          12                            //地图的宽度
# define MAPH          20                            //地图的高度

HANDLE handle;                                       //窗口句柄
int b[7][4][4] = {  {{1},{1,1,1}},                   //7 种不同形状的方块
                    {{0,2},{2,2,2}},
                    {{3,3},{0,3,3}},
                    {{0,0,4},{4,4,4}},
                    {{0,5,5},{5,5}},
                    {{6,6,6,6}},
                    {{7,7},{7,7}}   };
//7 种颜色
WORD SQUARE_COLOR[7]  = { FOREGROUND_RED|FOREGROUND_INTENSITY,
                    FOREGROUND_GREEN|FOREGROUND_INTENSITY,
                    FOREGROUND_BLUE|FOREGROUND_INTENSITY,
    FOREGROUND_RED|FOREGROUND_GREEN|FOREGROUND_INTENSITY,
    FOREGROUND_RED|FOREGROUND_BLUE|FOREGROUND_INTENSITY,
    FOREGROUND_GREEN|FOREGROUND_BLUE|FOREGROUND_INTENSITY,
    FOREGROUND_RED|FOREGROUND_GREEN|FOREGROUND_BLUE|FOREGROUND_INTENSITY   };

int map[MAPH][MAPW] = {0};                           //保存工作区的区域
int dx = 24 ;                                        //初始化屏幕时起始 x 坐标
int dy = 3;                                          //起始 y 坐标

void Init();                                         //初始化工作
void Turn(int a[][4],int w,int h,int * x,int y);     //方块转动
bool IsAvailable(int a[],int x,int y,int w,int h);   //判定是否能放下
void DrawBlocks(int a[],int w,int h,int x,int y,WORD wColors[],int nColors);//显示方块和边界
void ClearSquare(int a[],int w,int h,int x,int y);   //清除方块
void GameOver();                                     //游戏结束
void DeleteLine(int m[][MAPW],int row);              //消除一行
```

(2) 初始化函数 void Init() 的实现

该函数中工作区 map 中的元素值 -1 代表上下边界;-2 代表左右边界;-3 代表四个角。

```
HANDLE Init()
{
    handle = GetStdHandle(STD_OUTPUT_HANDLE);
    srand(time(NULL));
    for(int i = 0;i<20;i++)                                    //初始化工作区边界
    {
        map[i][0] = -2;  map[i][11] = -2;
    }
    for(int i = 0;i<12;i++)
    {
        map[0][i] = -1;  map[19][i] = -1;
    }
    map[0][0] = -3;  map[0][11] = -3;  map[19][0] = -3;  map[19][11] = -3;

    //初始化屏幕右边的信息显示区
    WORD wColors[1] = {FOREGROUND_RED|
                        FOREGROUND_GREEN|FOREGROUND_INTENSITY};
    textout(handle,26 + dx,3 + dy,wColors,1,"SCORE");
    textout(handle,26 + dx,7 + dy,wColors,1,"LEVEL");
    textout(handle,26 + dx,11 + dy,wColors,1,"NEXT");

    wColors[0] = FOREGROUND_RED|FOREGROUND_BLUE|FOREGROUND_INTENSITY;
    DrawBlocks(&map[0][0],12,20,0,0,wColors,1);
    textout(handle,dx,dy,wColors,1,"◇=============◇");

    wColors[0] = FOREGROUND_RED|
                    FOREGROUND_GREEN|FOREGROUND_INTENSITY;
    textout(handle,dx - 16,dy,wColors,1,"按任意键开始");
    int ch = _getch();
    textout(handle,dx - 16,dy,wColors,1,"                ");
}
```

(3) 基本显示函数 textout()的实现

为了方便快捷地编程,我们可以将参数较多,使用较为复杂的 API 进行封装,封装成一个简单函数 textout(),该函数封装了控制台输出的两个 API:WriteConsoleOutputCharacter()和 WriteConsoleOutputAttribute(),因此只需要指定坐标、颜色和内容,即可显示我们需要的效果。

```
BOOL textout(HANDLE hOutput,int x,int y,WORD wColors[],int nColors,LPTSTR lpszString)
{
    DWORD cWritten;
    COORD coord = {x,y};
    //设置输出字符
    BOOL fSuccess = WriteConsoleOutputCharacter(
                hOutput, lpszString, lstrlen(lpszString), coord,    &cWritten);
    if (!fSuccess)  cout<<"error:WriteConsoleOutputCharacter"<<endl;
    for (;fSuccess && coord.X < lstrlen(lpszString) + x; coord.X += nColors)
    {
        //设置每一个字符的属性
        fSuccess = WriteConsoleOutputAttribute(
                hOutput, wColors, nColors, coord, &cWritten);
```

```
            }
        if (!fSuccess)    cout<<"error:WriteConsoleOutputAttribute"<<endl;
        return 0;
}
```

注意:该函数将被显示方块、擦除方快、消行函数反复调用,以表现良好的用户交互界面。

(4) 显示方块和边界算法 DrawBlocks()

根据 4×4 二维数组存储的方块形状显示方块,其基本思想遍历该数组的每一个元素,若元素值不是 0,则显示一个基本方块"■",否则不显示。此外,该函数还将整个俄罗斯方块游戏的边界进行显示,展示出良好的用户交互界面。

显示方块算法 DrawBlocks 说明如下。

① 输入参数:a 是二维 4×4 数组一维化表示,表示要显示的方块;

　　　　　　w 和 h 代表二维数组的宽和高,$w=h=4$;

　　　　　　x 和 y 表示方块左上角所在工作区的位置;

　　　　　　wColors[]和 nColors 表示要显示的方块颜色和颜色数目。

② 输出结果:无。

③ 算法代码如下:

```
void DrawBlocks(int a[],int w,int h,int x,int y,WORD wColors[],int nColors)
{
    int temp; //-1 左右边界;-2 上下边界;-3 四个角;1~7 代表不同颜色的方块
    for(int i = 0;i<h;i++)
        for(int j = 0;j<w;j++)
            if((temp = a[i * w + j])&&y + i>0)
            {
                if(temp == -3)
                    textout(handle,2 * (x + j) + dx,y + i + dy,wColors,nColors,"◆");
                else if(temp == -2)
                    textout(handle,2 * (x + j) + dx,y + i + dy,wColors,nColors,"‖");
                else if(temp == -1)
                    textout(handle,2 * (x + j) + dx,y + i + dy,wColors,nColors,"═");
                else if(temp>= 1)
                    textout(handle,2 * (x + j) + dx,y + i + dy,wColors,nColors,"■");
            }
}
```

该函数实现中,x 和 y 代表方块左上角距离工作区左上角的相对位置,d_x 和 d_y 为用户自定义的工作区左上角的实际坐标位置。由于"■"是中文字符,每一个字符占据 2 个字节,所以横坐标 x 的值乘 2 表示。

(5) 擦除方块 ClearSquare()的实现

擦除方块的算法和显示方块相同,区别是擦除方块是不输出"■"的,而只是输出" "即两个空格。ClearSquare()函数实现如下。

① 输入参数:a 是二维 4×4 数组一维化表示,表示要显示的方块;

　　　　　　w 和 h 代表二维数组的宽和高,$w=h=4$;

　　　　　　x 和 y 表示方块左上角所在工作区的位置。

② 输出结果:无。

③ 算法代码如下:

```
void ClearSquare(int a[], int w, int h, int x, int y)
```

```
{
    WORD wColors[1] = {0};
    for(int i = 0;i<h;i++)
            for(int j = 0;j<w;j++)
                if(a[i*w+j]>0)
                    textout(handle,2*(x+j)+dx,y+i+dy,wColors,nColors,"  ");
}
```

（6）旋转算法 Turn()的实现

根据 7 种形状的方块的特点，每一种方块进行一次向右翻转后，相当于每个有效点的坐标进行 90°旋转，为了旋转后尽量占据 4×4 方块的左上部分，所以按照从后向前的顺序进行旋转。比如倒数第一行的 1、2、3、4 列，翻转后坐标变成第 1 列的第 1、2、3、4 行；倒数第二行的 1、2、3、4 列，翻转后坐标变成第 2 列的第 1、2、3、4 行；依此类推。

例如，原有方块形状如图 2-9(a)所示，依次旋转后如图 2-9(b)、(c)、(d)所示，其数据变化如图 2-9(e)、(f)、(g)、(h)所示。

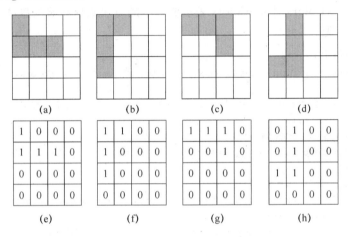

图 2-9　旋转示意图

旋转算法 Turn 说明如下。

① 输入参数：a 是二维 4×4 数组，表示原有方块；

　　　　　　　w 和 h 代表二维数组的宽和高，$w=h=4$；

　　　　　　　x 和 y 表示旋转前方块所在工作区的位置。

② 输出结果：函数执行完毕后，数组 a 中保存旋转后的方块。

③ 算法代码如下：

```
void Turn (int a[][4], int w, int h, int *x, int y)
{
    int b[4][4] = {0};              //保存旋转后的方块
    int sign = 0;
    int line = 0;
    for (int  i = h-1;  i>= 0; i--)    //按行从下向上扫描
    {
        for(int  j = 0; j < w; j++)    //按列从左向右扫描
            if(a[i][j])                //如果有有效点,则进行 90°旋转,即行列对调
            {
                b[j][line] = a[i][j];    sign = 1;
            }
```

```
        if(sign)                    //判断当前列是否有方块
        {
            line++;  sign = 0;
        }
    }
    for(int  i = 0; i<4; i++)
        if (IsAvailable(b[0], * x - i, y, w, h))    //判断旋转后方块是否能够放置
        {
            * x -= i;
            for(int k = 0;k<h;k++)       //将方块 b 复制到方块 a 中
                for(int j = 0;j<w;j++)
                    a[k][j] = b[k][j];
            break;
        }
}
```

（7）判断方块是否可移动算法 IsAvailable() 的实现

判断方块是否可移动,本质就是判断方块在工作区的下一个位置上,是否存在其他方块。若存在,则不能移动,返回 false；否则,方块可以移动到下一位置,返回 true。

判断方块是否可移动的算法 IsAvailable 说明如下。

① 输入参数：a 是二维 4×4 数组,表示要显示的方块；

　　　　　　w 和 h 代表二维数组的宽和高,$w=h=4$；

　　　　　　x 和 y 表示方块的下一个在工作区的位置。

② 输出结果：true 可移动,false 不能移动。

③ 算法代码如下：

```
bool IsAvailable(int a[],int x,int y,int w,int h)
{
    for(int i = y; i<y + h; i++)
        for(int j = x; j<x + w; j++)
            if(map[i][j] && a[w * (i - y) + j - x])
                return false;
    return true;
}
```

说明:该函数实现中,工作区使用 map 全局二维数组表示。

（8）方块满一行后消行 DeleteLine() 的实现

① 输入参数:m 是工作区的二维数组,row 是要删除的行号。

② 输出结果:无

③ 算法代码如下：

```
void DeleteLine(int m[][MAPW],int row)
{
    WORD wColors[1] = {FOREGROUND_RED|
                    FOREGROUND_GREEN|FOREGROUND_INTENSITY};
    textout(handle,2 + dx,row + dy,wColors,1,"￣￣￣￣￣￣￣￣￣￣￣￣");
    _sleep(100);
    for(int i = row;i>1;i--)
    {
        ClearSquare(&m[i][1],MAPW - 2,1,1,i);
        for(int j = 1;j<MAPW - 1;j++)
        {
```

```
                m[i][j] = m[i - 1][j];
                if (m[i][j] == 0)  wColors[0] = 0;
                else  wColors[0] = SQUARE_COLOR[m[i][j] - 1];
                DrawBlocks(&m[i][j],1,1,j,i,wColors,1);
            }
        }
        for(int i = 1;i<MAPW - 1;i + + )   m[1][i] = 0;
}
```

（9）游戏结束 GameOver() 的实现

```
void GameOver()
{
        WORD wColors[1] = {FOREGROUND_RED|
                        FOREGROUND_GREEN|FOREGROUND_INTENSITY};
        textout(handle,7 + dx,10 + dy,wColors,1,"GAME OVER");
        exit(EXIT_SUCCESS);
}
```

（10）程序的主函数 main() 的实现

主函数控制着整个游戏的流程,初始化,随机选择方块,显示分数,根据用户按键选择不同的操作,消行判断等,都是由主函数控制和完成。因此,该函数是本游戏中最复杂的一个函数。

具体实现如下:

```
int main()
{
        Init();
        int score = 0;                          //初始化分数
        int level = 0;                          //初始化游戏级别
        int Num = rand() % 7 ;                  //创建第一个方块编号
        int nextNum = Num;                      //保存下一个方块编号
        int blank;                              //记录每个方块起始位置
        int x = 0,y = 0;                        //记录游戏开始的相对坐标
        int a[4][4] = {0};                      //临时使用用来保存当前方块
        while(1)                                //游戏开始
        {
            for(int i = 0;i<4;i + + )           //复制方块
                for(int j = 0;j<4;j + + )
                    if(a[i][j] = b[nextNum][i][j])
                        blank = i;
            y = 1 - blank;
            x = 4;

            //创建下一个方块
            Num = nextNum;
            ClearSquare(b[Num][0],4,4,13,13);
            nextNum = rand() % 7 ;
            WORD wColors[1] = { SQUARE_COLOR[nextNum] };
            DrawBlocks(b[nextNum][0],4,4,13,13,wColors,1);
            wColors[0] = SQUARE_COLOR[Num] ;
            DrawBlocks(&a[0][0],4,4,x,y,wColors,1);

            //显示分数信息
            char string[5];
```

```c
            wColors[0] = FOREGROUND_RED|
                        FOREGROUND_GREEN|FOREGROUND_INTENSITY;
    textout(handle,26 + dx,5 + dy,wColors,1,itoa(score,string,10));
    textout(handle,26 + dx,9 + dy,wColors,1,itoa(level,string,10));
    int max_delay = 100 - 10 * level;               //计算不同游戏级别的下落时间间隔

    while(1)                                         //根据用户操作控制游戏主流程
    {
        int delay = 0;                              //延迟量
        while(delay<max_delay)
        {
            if(_kbhit())                            //用 if 避免按住键使方块卡住
            {
                int key = _getch();
                switch (key)
                {
                 case KEY_UP :{
                            ClearSquare(&a[0][0],4,4,x,y);
                            Turn(a,4,4,&x,y);
                            wColors[0] = SQUARE_COLOR[Num];
                            DrawBlocks(&a[0][0],4,4,x,y,wColors,1);
                      }
                        break;
                    case KEY_DOWN:   delay = max_delay;
                                    break;
                    case KEY_LEFT:   {
                        if(IsAvailable(&a[0][0],x - 1,y,4,4))
                        {
                            ClearSquare(&a[0][0],4,4,x,y);
                            x -- ;
                            wColors[0] = SQUARE_COLOR[Num];
                            DrawBlocks(&a[0][0],4,4,x,y,wColors,1);
                        }
                    }
                    break;
                    case KEY_RIGHT:   {
                    if(IsAvailable(&a[0][0],x + 1,y,4,4))
                        {
                            ClearSquare(&a[0][0],4,4,x,y);
                            x ++ ;
                            wColors[0] = SQUARE_COLOR[Num];
                            DrawBlocks(&a[0][0],4,4,x,y,wColors,1);
                        }
                    }
                    break;
                    case KEY_ESC:   exit(EXIT_SUCCESS);
                                    break;
                }
            }
        _sleep(8);delay ++ ;
    }
    if(IsAvailable(&a[0][0],x,y + 1,4,4))            //是否能下移
```

```
        {
            ClearSquare(&a[0][0],4,4,x,y);
            y ++ ;
            wColors[0] = SQUARE_COLOR[Num];
            DrawBlocks(&a[0][0],4,4,x,y,wColors,1);
        }
        else
        {
            if(y< = 1) GameOver();                        //是否结束
                for(int i = 0;i<4;i ++ )                  //放下方块,更新工作区
                    for(int j = 0;j<4;j ++ )
                        if(a[i][j]&&((i + y)<MAPH - 1)&&((j + x)<MAPW - 1))
                            map[i + y][j + x] = a[i][j];
                int full,k = 0;
                for(int i = y;i<min(y + 4,MAPH - 1);i ++ )
                {
                    full = 1;
                    for(int j = 1;j<11;j ++ )   if(!map[i][j]) full = 0;
                    if(full)                              //消掉一行
                    {
                        DeleteLine(map,i);
                        k ++ ;
                        score = score + k;
                        level = min(score/30,9);
                        max_delay = 100 - 10 * level;
                    }
                }
                break;
        }
    }
    return EXIT_SUCCESS;
}
```

【例 2-7】 实现俄罗斯方块游戏软件。

解　按照 2.2.4 小节介绍的模块实现方法编写代码,运行效果如图 2-1 所示。

深入思考

用多线程实现一个双人俄罗斯方块的桌面游戏,要求的基本功能如下:
① 能够同时两个人进行俄罗斯方块的对战;
② 每个俄罗斯方块具备基本的旋转、左移、右移和下落操作;
③ 当其中一个俄罗斯方块消掉一行时,另一个俄罗斯方块将增加一行;
④ 能够调节方块的下落速度;
⑤ 能够保存玩家的分数;
⑥ 其他能够增加游戏完整性和游戏兴趣度的功能。

第3章 中文机械分词

在对中文文本进行信息处理时,常常需要应用中文分词(Chinese Word Segmentation)技术。所谓中文分词,是指将一个汉字序列切分成一个一个单独的词。中文分词是自然语言处理、文本挖掘等研究领域的基础。对于输入的一段中文,成功地进行中文分词,使计算机确认哪些是词,哪些不是词,便可将中文文本转换为由词构成的向量,从而进一步抽取特征,实现文本自动分析处理。

中文分词有多种方法,如基于统计的方法、基于字符串匹配的方法等。其中基于字符串匹配的分词方法是最简单的,该方法又称为机械分词方法,或基于词典的分词方法。它按照一定的策略将待分析的汉字串与一个"充分大的"中文词典中的词条进行匹配,若在词典中找到某个字符串,则匹配成功(识别出一个词)。按照扫描方向的不同,串匹配方法可以是正向匹配、逆向匹配或双向匹配;按照不同长度优先匹配的情况,可以分为最大(最长)匹配和最小(最短)匹配;按照是否与词性标注过程相结合,又可以分为单纯分词方法和分词与标注相结合的一体化方法。无论以上哪种方法,判断一个汉字串是否是词典中的词是必需的。

本程序用基于 MFC(Microsoft Foundation Class)的对话框应用程序实现一个基于词典的正向最大匹配分词程序,是深入学习 C++、数据结构等知识的练习程序,其中涉及很多数据结构的设计技巧。本程序从一般程序的设计和软件工程角度出发,循序渐进,逐步完成一个可以在自然语言处理领域使用的中文机械分词程序。虽然中文分词技术有很多更有效的处理方法,但机械分词技术是一个基本的方法。

本章在论述程序开发过程中,也会论述一些使用 MFC 对话框开发应用程序的技巧和例程,使读者了解简单的 MFC 程序开发流程。涉及的知识点包括:

- MFC 对话框编程;
- 文件操作;
- 中文字符处理;
- 查找技术;
- 散列表设计。

3.1 项目分析和设计

3.1.1 需求分析

1. 功能需求

程序运行后,自动加载中文词库文件到内存。

用户单击文件选择按钮,可选择一个中文 txt 文本文件,在文本框中显示文本内容。

用户也可以直接在该文本框中手动输入一个中文句子。

用户单击"分词"按钮,程序对该文本框中的中文文本进行机械分词,分词结果展示到程序界面中的另一个文本框中。

用户单击"关闭"按钮,程序退出。

2. 界面要求

应用程序界面有两个文本提示内容,分别提示加载的中文词库单词的数量和打开文件的路径。

应用程序界面提供两个文本框,用于文本的输入和分词结果的输出。

应用程序提供三个按钮用于文件的选择、分词操作以及程序退出操作。

3.1.2 界面设计

分词程序界面如图 3-1 所示。

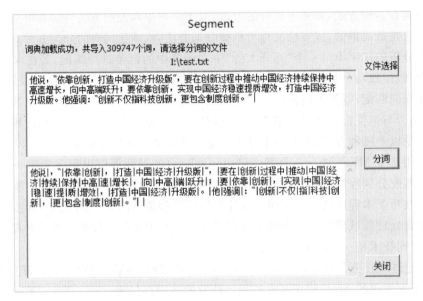

图 3-1　分词程序界面

3.1.3 总体设计

分词应用程序基用 MFC 对话框程序类型进行编写。在 MFC 对话框程序框架的基础上,增加若干控件对象,以及自定义分词类,完成整个程序。由于采用 MFC,所以像各种显示信息、响应用户的键盘和鼠标操作等均由 MFC 框架完成,用户无须为这些基本的操作编写消息及映射代码,只需增加对应的接口操作代码即可。图 3-2 是软件的结构示意图。

图 3-3 是分词程序的类关系图。MFC 对话框类 CSegmentDlg 由 MFC 程序向导(Wizard)自动生成,是 MFC 已有的 CDialog 类的派生来,用户将在自动生成的 CSegmentDlg 类基础上增加若干成员函数,实现程序的最终功能。CWordSegment 类是用户定义的用于分词的类,该类需要使用 CHash 类,该类完成散列查找操作的各种处理,其中在构建散列表时需要读取词典文件,因此 CHash 类还需要 CGetWord 类提供服务。CGetWord 类完成从词典文件中读取每

个中文词的功能。

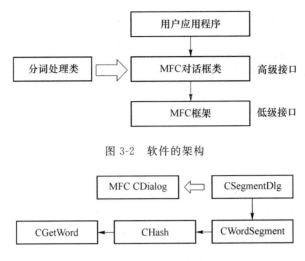

图 3-2　软件的架构

图 3-3　分词程序的类关系图

CSegmentDlg 类和 MFC 定义的 CDialog 类是继承关系，MFC CDialog 是基类，CSegmentDlg 类为派生类；CSegmentDlg 类中包含完成分词功能的 CWordSegment 类对象作为其对象数据成员。CWordSegment 类包含完成散列处理的 CHash 类对象作为其对象数据成员。CHash 类的成员函数中，又用到 CGetWord 类对象完成从词库文件中读取词的操作。

3.2　分词基础

3.2.1　分词技术概述

将中文文本句子或段落中的词分割开来，是分词技术的目的。例如如下语句：

"在对中文文本进行信息处理时，常常需要应用中文分词(Chinese Word Segmentation)技术"

对其进行分词后，结果为：

"|在|对|中文|文本|进行|信息|处理|时|，常常|需要|应用|中文|分词|(Chinese Word Segmentation)|技术|"

分词过程中，对于文本的中英文标点、数字等字符不作处理，只与前后的中文使用间隔符隔开即可。

本分词程序采用简单的基于词典的机械分词方法。为了加快程序运行速度，在开始运行时，可以先加载词库到内存中，并构建散列表。在分词时，从待分文本中取出一个子串，查看子串是否在散列表中存在。若存在，则说明该子串是一个词，否则，说明不是词典中的词。然后再取其他子串，依此进行判断。

因此，分词处理的主要步骤如下：

（1）打开词库文件。词库文件可以是简单的文本文件，图 3-4 给出了词库样例。

（2）针对词构建散列表。

（3）打开待分词文件，读取文件内容。

（4）顺序取出各个不同长度的子串，判断是否为词。

（5）将分隔符加入到文件内容中，作为分词结果。

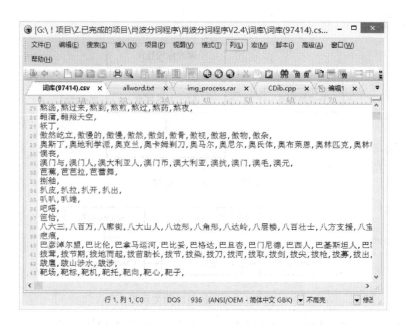

图 3-4　词库样例

以上处理过程中,步骤(4)中子串的选择方法有多种,在这里选择采用可变滑动窗口的后向最大匹配处理方法。假定子串最大字符数为 N,则首先滑动窗口长度为 N,起始位置为1,则待分词文本在滑动窗口中的子串为待分词文本的 $1\sim N$ 个字符,判断是否是词。如果是词,则滑动窗口向左移动,起始位置到 $N+1$,继续判断。如果不是词,则修改滑动窗口的大小为 $N-1$,位置不变,继续判断窗口中的子串是否为词。滑动窗口最小为2个字符。假设当前滑动窗口起始位置为 p,长度为 n,一旦判断滑动窗口的子串为词,则进行后续字符串的判别,将其滑动到 $p+n$,窗口长度改为 N。

下面给出一个简单的例子,假定 $N=6$。对串"在对中文文本进行信息处理时"进行处理。设 p 为窗口的起始指针,n 为当前窗口长度,初始时 p 为1,n 为6。

(1) $p=1,n=6$,窗口内容:"在对中文文本",非词。窗口变小。

(2) $p=1,n=5$,窗口内容:"在对中文文",非词。窗口变小。

(3) $p=1,n=4$,窗口内容:"在对中文",非词。窗口变小。

(4) $p=1,n=3$,窗口内容:"在对中",非词。窗口变小。

(5) $p=1,n=2$,窗口内容:"在对",非词。说明第一个字"在"应单独分割,窗口滑动,长度变为6。

(6) $p=2,n=6$,窗口内容:"对中文文本进",非词。窗口变小。

(7) $p=2,n=5$,窗口内容:"对中文文本",非词。窗口变小。

(8) $p=2,n=4$,窗口内容:"对中文文",非词。窗口变小。

(9) $p=2,n=3$,窗口内容:"对中文",非词。窗口变小。

(10) $p=2,n=2$,窗口内容:"对中",非词。说明第一个字"对"应单独分割,窗口滑动,长度变为6。

(11) $p=3,n=6$,窗口内容:"中文文本进行",非词。窗口变小。

(12) $p=3,n=5$,窗口内容:"中文文本进",非词。窗口变小。

(13) $p=3,n=4$,窗口内容:"中文文本",非词。窗口变小。

（14）$p=3$，$n=3$，窗口内容："中文文"，非词。窗口变小。

（15）$p=3$，$n=2$，窗口内容："中文"，是词。窗口滑动 2 个位置，长度变为 6。

（16）$p=5$，$n=6$，窗口内容："文本进行信息"，非词。窗口变小。

（17）$p=5$，$n=5$，窗口内容："文本进行信"，非词。窗口变小。

（18）$p=5$，$n=4$，窗口内容："文本进行"，非词。窗口变小。

（19）$p=5$，$n=3$，窗口内容："文本进"，非词。窗口变小。

（20）$p=5$，$n=2$，窗口内容："文本"，是词。窗口滑动 2 个位置，长度变为 6。

（21）依此类推。

除了上述的后向最大匹配方式外，还有后向最小匹配方式、前向最大匹配方式、前向最小匹配方式、混合最大匹配等多种方法，不同的方法可能导致分词的结果不同。

3.2.2　词散列表构建设计

我们知道，采用散列技术进行查找，效率是最高的。因此，如何将词典中的词放到一个散列表中是提高查找速度的关键。由于查找的关键字就是词语本身，因此需要设计合理的散列函数。

简化起见，假定词典中的所有汉字都是 GB 2312—80 一级字库，而一级字库的汉字共有 3 755 个，其编码具有一定的规则：

- 每个汉字占两个字节；
- 第一个字节（高字节）的值大于或等于 176；
- 第二个字节（低字节）的值大于或等于 161，小于 255。

因此每个汉字编码的二进制形式为"1××××××××1××××××××"，每个字节的最高位为 1。由此可设计如下散列函数：

$$H(汉字编码)=(汉字编码高字节-176)\times 94+(汉字编码低字节-161)$$

若采用该散列函数，则一级字库的汉字放到长度为 3 755 的散列表中刚好地址是唯一的，得到的散列地址为 0～3 754，既不会有冲突，也不会有空余。例如，一级汉字的第一个汉字"啊"，编码为 0xB0A1，计算散列地址 $H($"啊"$)=(0xB0-176)\times 94+(0xA1-161)=0$；最后一个汉字"座"，编码为 0xD7F9，计算散列地址 $H($"座"$)=(0xD7-176)\times 94+(0xF9-161)=3$ 754。

由于每个词都有第一个汉字，因此可以将其作为散列函数的关键字。所有以同一个汉字开头的词都会被散列到同一个地址，从而造成了冲突。解决冲突也比较简单，例如，可采用"拉链法"，将所有以同一个汉字开头的词构成一个链表。

首先，我们要设计散列表每个单元的结构，结构包含两个部分：一个是关键字，即词语的开头汉字；另一个是所有以此汉字开头的所有词语构成的单链表。结构如图 3-5 所示。

图 3-5　散列表单元结构

该结构中，cchar 表示开头汉字，next 表示词语链表的头指针。对于单链表的每个结点，设计结构如图 3-6 所示。

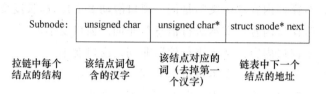

图 3-6　词语链表结点结构

每个结点存放一个词,但该词的第一个汉字不需要在结点中存放,因为在散列表的单元结构中已经包含。除了存放词语外,该结点还包含了另外一些信息,如该词语的汉字数目,即为几字词语,后继结点的位置等信息。

这样整个词库的结构便为拉链结构。链表共计有 3 755 个,每个链表的长度根据词语的多少不同而有长有短。整个结构如图 3-7 所示。

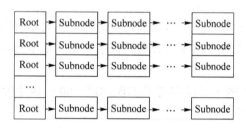

图 3-7　词库结构

这种方法是一种比较简单的中文词散列方法,图 3-8 给出这种散列方法的示意图。

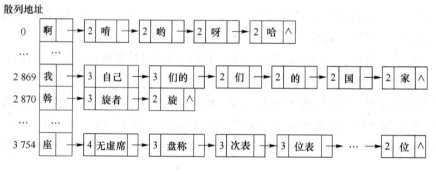

图 3-8　散列示意图

3.2.3　散列函数设计

采用前面论述的方法构造的散列表非常小,但每个链表相对较长,在查找链表时只能顺序查找,因此查找速度较慢。因此,我们需要一种更好的中文词散列表构造方法。

通常,散列表越长,关键字在表中的分布越均匀,则冲突越少、匹配速度越快。考虑到一般的中文词典包含的中文词有 20 万~60 万不等,如果期望尽可能每个词都散列到一个唯一的地址空间中,以 60 万为例,并设装填因子为 0.6,则散列表长度设计为 100 万,约为 1M。

下面分析一下如此长度的散链表的空间复杂度。设散列表每个表头结点占 6 个字节,依然采用拉链法建立散列表,链表中每个单元存放一个词信息,包含有 3 个域:

- 汉字个数；
- 该词包含的汉字信息；
- 下一个同义词结点地址。

在存储时，汉字个数占有 1 个字节；该词包含的汉字信息为一个内存地址，占用 4 个字节；汉字信息因词的长度不同而不同，假设每个词平均有 3 个汉字，则占 6 个字节；下一个同义词结点地址占 4 个字节。因此每个结点占 11 个字节。整个散列表总共的存储空间如下：

$$1\,000\,000 \times 6 + 600\,000 \times 15 \approx 15 \text{ MB}$$

在当前的计算环境下申请这样大小的空间是完全可以接受的。

接下来将研究如何设计散列函数，将各个词存放到这个散列表中。显然，散列表长度为 1M，因此可用 20 个比特表示每个地址。而对于二字词，共有 4 个字节，考虑到每个字节的最高比特均为 1，因此实际只计 28 个比特即可，因此可考虑从这 28 个比特中抽取 20 个比特作为散列地址。而对于三字词或更高字词，所有汉字所占比特数更多，但仍然只需抽取 20 个比特。

抽取 20 个比特的方法可以有多种，这里只举一种处理方法，在本程序中也采用了这种方法。对于含有 n 个汉字的词，共有 $2n$ 个字节，去掉每个字节的最高位，共有 $14n$ 个比特，可将这些比特按每 20 个分为一组。若不足 20，在后面补"0"，构成 20 个比特。然后将各组进行异或运算，最后得到的运算结果作为散列地址。例如，对于四字词，共有 56 个比特，可分为 3 组进行异或运算，如图 3-9 所示。

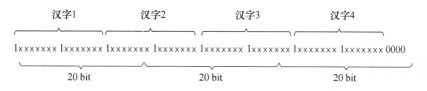

图 3-9　四字词分组示意

在实际应用中，使用该方法对 31 万个中文词构造长度为 1M 的散列表，一共产生了大约 26 万个不同的散列地址，也就是说大约有 5 万个词在构造散列地址时产生了冲突，最长的链表也只有 7 个词，即最坏情况是比较 7 次可以查找到一个词，而平均比较次数仅为 1.21 次。

设散列处理类名为 CHash，该散列地址计算算法由该类的 GetWordAddr 函数完成，下面给出其算法实现：

```
int bitlen[] = {7,7,6,1,7,7,5,2,7,7,4,3,7,7,3,4,7,7,2,5,7,7,1,6,7,7};
int wpos[] = {0,0,0,6,0,0,0,5,0,0,0,4,0,0,0,3,0,0,0,2,0,0,0,1,0,0};

void CHash::putByte(int & group, int gpos, unsigned char word, int wpos, int bitlen)
{
    int temp = (word & (0x7f>> wpos)) >> (7-wpos-bitlen);
    temp <<= 20-gpos-bitlen;
    group |= temp;
}
unsigned int CHash::GetWordAddr(unsigned char * word,int slen)  //slen 应大于等于 4,表示字节数
{ //按教材,bit 处理
    int address = 0;
    int bytenumber = 0;
    int n = slen / 2;                                    //汉字个数
```

```
        if (n>10) n = 10;
        int calnumber = 14 * n;
        int p = bytenumber;
        int gpos = 0;
        for (int i = 0; i<calnumber; i += 20){
            int group = 0;
            gpos = 0;
            for (int j = 0; j<3; j++){
                putByte(group,gpos,word[bytenumber], wpos[p], bitlen[p]);
                gpos += bitlen[p];
                bytenumber++;
                if (bytenumber>=slen)
                    return address^group;
                p++;
            }
            if (bitlen[p-1]==7){
                putByte(group,gpos,word[bytenumber], wpos[p], bitlen[p]);
                gpos += bitlen[p];
                p++;
            }
            else
                bytenumber--;
            address ^= group;
        }
        return address;
    }
```

3.2.4 散列处理类设计

通过前面的分析,下面给出散列处理类的定义及相关数据结构和成员函数的实现。

1. 散列表中拉链结点与表头的定义

拉链结点定义如下:

```
typedef struct snode{
    unsigned char number;          //该词占用的字节数,即中文汉字个数*2。
    unsigned char * cchar;         //该词占用 number 个字节
    struct snode * next;           //下个结点的位置
}Subnode;                          //8byte
```

表头结点定义如下:

```
typedef struct {
    unsigned short int number;     //该地址下所有词的数目
    Subnode * next;                //表头地址
}Root;                             //6 byte,共计 ROOTNUM 个元素
```

2. 散列处理类的定义

散列处理类为 CHash,主要的接口为 DictAppendTxt 函数和 find 函数。DictAppendTxt 函数负责将词库文件导入到散列表,find 函数负责判断一个字串是否为词。

CHash 类的定义如下:

```
class CHash
{
public:
```

```
        CHash(void);
        ～CHash(void);
        //向词库散列表添加新词,参数为文本词典文件名
        int DictAppendTxt(char * orig_txt_file);
        bool find(unsigned char * txt,int wordbyte);
private:
        void CHash::putByte(int & group,int gpos,unsigned char word, int wpos, int bitlen);
        unsigned int CHash::GetWordAddr(unsigned char * word,int slen);
        void DictRelease();                    //释放内存中的词库表,由析构函数调用

        void InsertNode(Subnode *   p ,unsigned char * hz, int n);
        void InsertNode(Root *   p ,unsigned char * hz, int n);
        Root * root;                   //词库散列表地址
        int m_DictNum;                 //词库中词的数量
};
```

3. 散列处理类构造函数与析构函数的定义

构造函数完成空散列表的构建,散列地址由 20 个比特构成,因此散列表地址数量为 $2^{20} =$ 1 048 576 个。代码如下:

```
#define ROOTNUM    1048576

CHash::CHash(void)
{
    m_DictNum = 0;
    root = new Root [ROOTNUM];          //共计 K 个单元,1.5 MB
    if (!root){
        throw "内存不足,无法为 Root 开辟空间!";
    }
    memset (root,0,ROOTNUM * sizeof (Root));
}
```

析构函数完成散列表的释放。

```
CHash::～CHash(void)
{
    DictRelease();
}

void CHash::DictRelease()
{
    if (root){
        for (int i = 0;i<ROOTNUM;i++){
            Subnode * p = root[i].next;
            while (p){
                root[i].next = p->next;
                delete [] p->cchar ;
                delete p;
                p = root[i].next;
            }
        }
        delete [] root;
    }
}
```

4. 散列处理类添加词库文件的设计

CHash 类中的 DictAppendTxt 函数完成将文本文件中的所有词添加到内存中的散列表中。函数参数为文件名,添加方法同一般的拉链法构建散列表方法相同。

```cpp
//添加文本文件中的所有词到内存中的哈希表
int CHash::DictAppendTxt(char * orig_txt_file)
{
    if (!root){
        throw "原始词库未加载,不能追加词库!";
    }
    //打开文件
    CGetWord a(orig_txt_file);
    if (!a.good()) {
        throw "原始词典文件不能打开,可能是路径设置错误!";
    }

    //取每个词添加到 Hash 表中
    unsigned char hz[20] = {0};
    int i = 0;                          //用于记录词的数量
    int offset = 0;
    int num = 0;
    int bad = 0;
    while (a.GetNextWord(hz)) {
        i++;
        int wordbyte =   strlen((char *) hz);
        if (wordbyte< 4)    {bad++;continue;}

        //get the address
        unsigned int cursor = GetWordAddr(hz,wordbyte);
        if (cursor> = ROOTNUM){bad++;continue;}

        //拉链中长度短的词靠前,长度长的词靠后,进行中间插入操作
        Subnode * p, * q;
        p = root[cursor].next;           //此时 p 肯定不为空
        int found = 0;
        while (p){
            if (wordbyte > p->number ||
                (wordbyte == p->number &&
                memcmp(p->cchar , hz , wordbyte) < 0 ))
            {//p 小,p 需要向后移动
                    q = p, p = p->next;
            }
            else if (wordbyte == p->number && !memcmp(p->cchar , hz , wordbyte ))
            {//有重复
                found = 1;
                break;
            }
            else {
                //其他情况,拉链中肯定没有该词
                break;
            }
        }
```

```
        if (!found) {//未找到重复词,需要添加该结点
            if (p == root[cursor].next)
                InsertNode(&root[cursor] , hz, wordbyte);
            else
                InsertNode(q , hz, wordbyte);
            root[cursor].number ++ ;
            num ++ ;
        }
    }
    return num;
}
```

该函数中调用了两次 InsertNode 函数,该函数完成长度为 wordbyte 的字串 hz 插入到散列表中的指定位置。两次调用参数不同,因此需设计两个同名函数进行重载,定义如下:

```
//在 Root 的 next 位置上插入新结点
void CHash::InsertNode(Root *  p ,unsigned char * hz, int n)
{
    Subnode * s = new Subnode;
    s->cchar = new unsigned char [n];
    memcpy(s->cchar, hz, n);
    s->number = n;
    s->next = p->next;
    p->next = s;
}


//在 p 的位置后插入新结点
void CHash::InsertNode(Subnode *  p ,unsigned char * hz, int n)
{
    Subnode * s = new Subnode;
    s->cchar = new unsigned char [n];
    memcpy(s->cchar, hz, n);
    s->number = n;
    s->next = p->next;
    p->next  = s;
}
```

DictAppendTxt 函数通过 CGetWord 类的对象 *a* 来打开词库文件,并读取文件中的每个词。关于 CGetWord 类的设计在后面的内容中论述。

5. 散列处理类判断字串是否为词

输入指定长度的字串,find 函数完成检测该串是否为词,若是词,则返回 true,否则,返回 false。

```
bool CHash::find(unsigned char * txt,int wordbyte)
{
    unsigned int cursor = GetWordAddr(txt,wordbyte);
    Subnode * p = root[cursor].next;
    while (p){
        if (p->number == wordbyte &&
            !memcmp(txt,p->cchar,p->number)) {
                //找到
                return true;
        }
        else if (p->number < wordbyte ||
```

```
                (p->number   == wordbyte &&
                memcmp(txt,p->cchar,p->number )>0 )){
                    //需要继续向后移动
                    p=p->next;
            }
            else{///未找到
                return false;
            }
        }
        return false;
    }
```

3.2.5　词库文件处理类设计

在 CHash 类中,利用 CGetWord 类完成对词库文件中每个词的读取。该类设计如下:

```
#include "fstream"
using namespace std;
class CGetWord
{
    public:
     bool good();
     CGetWord(string filename);
     virtual ~CGetWord();
     bool GetNextWord(unsigned char * word);
    private:
     ifstream a;
};
```

该类的各个成员函数的实现比较简单,代码如下:

```
CGetWord::CGetWord(string filename)
{
    std::locale::global(std::locale(""));
    a.open (filename.c_str () );
}


CGetWord::~CGetWord()
{
    a.close();
}
bool CGetWord::GetNextWord( unsigned char * word)
{
    word[0] = 0;
    unsigned char hz[50] = {0};
    int offset = a.tellg();
    a.read ((char *)hz,50);           //取 50 个字节的文本串
    if (!a.good()) return 0;
    int n = strlen((char *)hz);

    //得到第一个汉字出现的位置
        int begin;
        int j = 0;
        while(hz[j]<0x80 ){               //不是汉字
```

```
            if(j<n)
                j++;
            else
                break;
        }
        if (j>=n){                     //取出的文本串都没有汉字
            offset += n - 1;
            a.seekg(offset);
            return 1;
        }
        begin = j;                     //记录汉字开始出现的位置
        //得到汉字串最后一个汉字的位置
        while(hz[j]>=0x80 ){           //若是汉字
            if(j<n)
                j += 2;
            else
                break;
        }
        end = j - 1;
        int
        //取词的长度
        int wordlength = (end + 1 - begin)/2;    //该词的长度
        if (wordlength<2||wordlength>100){
            offset += end + 1;
            a.seekg(offset);
            return 1;
        }

        //取词的内容
        memcpy(word,hz + begin,wordlength * 2);
        word[wordlength * 2] = 0;
        offset += end + 1;
        a.seekg(offset);
        return 1;
}

bool CGetWord::good()
{
    return a.good();
}
```

3.3 后向最大匹配分词算法设计

3.3.1 分词类设计

分词类 CWordSegment 完成后向分词操作,该类中设置 CHash 类的对象 m_hash 作为该类的对象成员。该类的设计如下:

```
# include "string"
# include "hash.h"
```

```
class CWordSegment
{
public:
    //构造函数,构建存储词的空词库散列表
    CWordSegment(void);
    //后向分词操作
    void SegBkWords(string &text, string &segresult, int maxword = 6);
    //向词库散列表添加新词,参数为文本词典文件名
    int DictAppendTxt(char * orig_txt_file);
private:
    int SegBkDetectIt(unsigned char * s, int maxword);
    CHash m_hash;
};
```

该类的构造函数主要完成对象成员 m_hash 的初始化,代码如下:

```
//构造函数,构建存储词的空词库散列表
CWordSegment::CWordSegment():m_hash()
{
}
```

DictAppendTxt 完成词库文件的加载,实际上是通过对象成员 m_hash 调用自己的接口完成。代码如下:

```
//向词库散列表添加新词,参数为文本词典文件名
int CWordSegment::DictAppendTxt(char * orig_txt_file)
{
    return m_hash.DictAppendTxt(orig_txt_file);
}
```

3.3.2　分词算法设计

分词算法采用后向最大匹配方法,处理的思路已经在 3.2.1 小节进行介绍。其代码如下:

```
//对正文后向分词
void CWordSegment::SegBkWords(string & origtext, string & segresult, int maxword)
{
    int i = 0;
    int len = origtext.size ();
    const char * text = origtext.c_str();
    int offset;
    while (i<len){
        if ( offset = SegBkDetectIt((unsigned char * )text + i, maxword))
        {
            char word[100] = {0};
            strncpy_s(word, text + i, offset);
            segresult += word;
            segresult += "|";
        }
        else
            break;
        i += offset;
    }
}
```

该函数中,调用 SegBkDetectIt 函数,得到下一个字串构成词或英文字串等字串的字节

数,并赋值给 offset。若为单个汉字,则 offset 为 2。SegBkDetectIt 函数定义如下:

```
//后向查找匹配
int CWordSegment::SegBkDetectIt(unsigned char * s,int maxword)
{
    //不是汉字,则查找到最后一个非汉字,将偏移量返回
    int kk = 0;
    while (s[kk]<0x80) kk ++;

    if (kk)  return kk;

    //是汉字标点符号,则查找到最后一个汉字标点符号,偏移量返回
    kk = 0;
    int pos = GetItem(s[kk],s[kk + 1]);
    while (s[kk]> = 0x80 && (pos<0 || pos >3754)) {
        kk += 2;
        pos = GetItem(s[kk],s[kk + 1]);
    }
    if (kk) return kk;

    //是汉字,往后找 maxword 个,若遇非汉字停止
    //从最大 maxword 开始匹配,成功则返回偏移量,否则返回 2
    kk = 0;
    int wordbyte = 0;
    while (kk < = maxword * 2 && s[kk]> = 0x80 && pos> = 0 && pos < = 3754){
        kk += 2;
        pos = GetItem(s[kk],s[kk + 1]);
    }
    if (kk>maxword * 2 ) { //找到 maxword 个汉字
        wordbyte = maxword * 2 ;
    }
    else{ //找到 kk/2 个汉字
        wordbyte = kk;
    }

    unsigned char txt[100];
    memcpy(txt,s,wordbyte);
    while(wordbyte>2){
        if (m_hash.find(txt,wordbyte)){
            return wordbyte;
        }
        wordbyte -= 2 ;
    }
    //未找到
    return 2;
}
```

该函数调用了 GetItem,判断 2 个字节的字在 GB 2312—80 中一级字库中的位置。正常位置为 0～3 754。若不在此范围,说明该字可能是两个其他字符或一级字库之外的符号。GetItem 定义如下:

```
unsigned short int GetItem(unsigned char char1,unsigned char char2)
{
    return (char1-176) * 94 + char2-161;;
}
```

3.4　基于 MFC 对话框的分词程序实现

3.4.1　建立工程

MFC 对话框程序首先通过 Visual Studio 新建项目的向导（Wizard）自动产生。在 Visual Studio 2008 环境下，选择"文件"→"新建"→"项目"，如图 3-10 所示，开发环境出现新建项目向导，如图 3-11 所示。

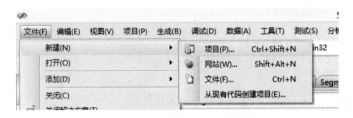

图 3-10　新建项目

图 3-11　"新建项目"向导

在出现的新建项目向导对话框中，选择项目类型为"MFC"，右侧模板中出现多个 MFC 模块类型，选择"MFC 应用程序"。在对话框的底部，填写新建项目的名称为"Segment"，选择项目在磁盘中的存储位置，图中设置为"E：\"，其他选择默认，单击"确定"按钮。出现 Segment 项目的 MFC 应用程序向导对话框，如图 3-12 所示。

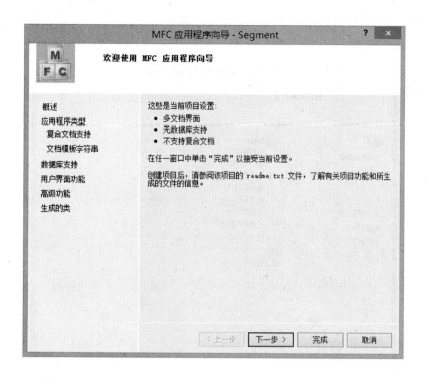

图 3-12　Segment 项目的 MFC 应用程序向导对话框(一)

单击"下一步",向导对话框要求用户选择应用程序类型,如图 3-13 所示。单击"基于对话框",其他使用默认值即可。

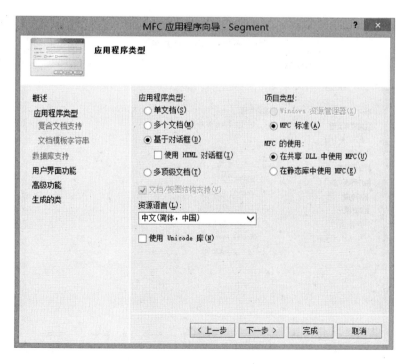

图 3-13　Segment 项目的 MFC 应用程序向导对话框(二)

单击"下一步",向导对话框要求用户选择用户界面功能,如图 3-14 所示。在主框架样式中可以选择不同的样式。

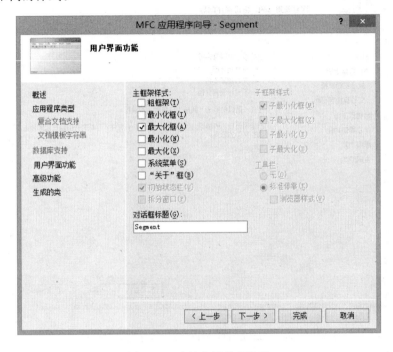

图 3-14　选择应用程序类型

单击"下一步",向导对话框要求用户选择一些高级功能,如图 3-15 所示。在本例中不选择任何高级功能。

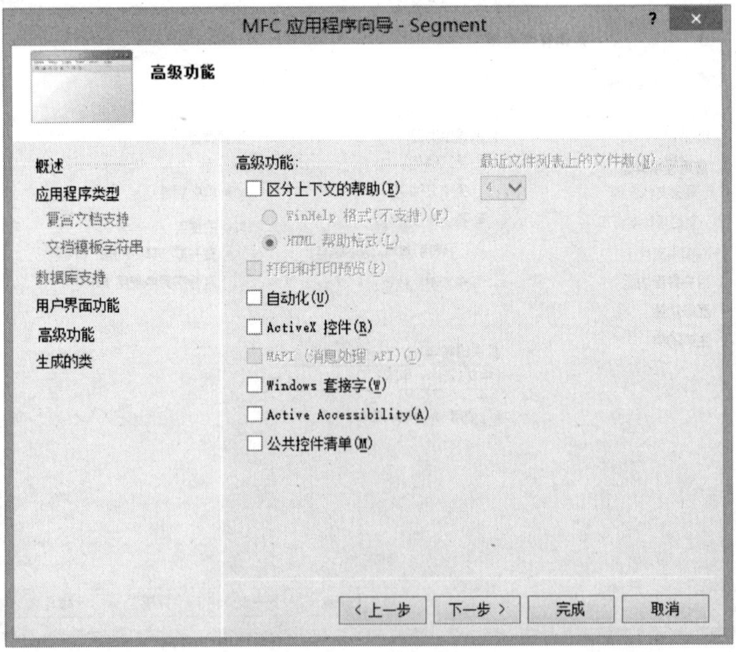

图 3-15　选择高级

单击"下一步",向导对话框提示用户可修改本项目程序所用到的类名称等信息,如图 3-16 所示。通常不需要修改。

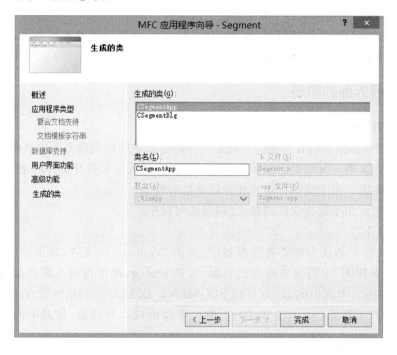

图 3-16　修改本项目程序所用到的类名称等信息

单击"完成",向导对话框关闭,此时该项目所对应的基本的源文件(cpp 文件和 h 文件等)已经生成。Visual Studio 开发环境下已经将该项目设置为当前项目,如图 3-17 所示。

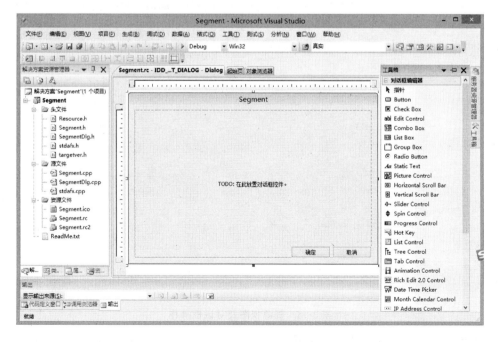

图 3-17　项目程序建立完成

分析一下由向导自动生成的文件,项目名称对应的 CSegmentApp 类的定义在 Segment.h

文件中,类中成员函数的实现在 Segment.cpp 文件中,对话框类 CSegmentDlg 类是 MFC 的 CDialog 类的派生类,该类的定义和成员函数的实现分别在 SegmentDlg.h 和 SegmentDlg. cpp 文件中。其他的文件包括若干头文件及资源文件。

目前 CSegmentDlg 类比较简单,程序后续的开发主要是对该类进行改进,增加若干处理函数和界面的初始化处理,使其达到程序要完成的功能。

3.4.2 对话框界面的实现

1. 添加所有控件

首先需要在界面中添加各个控件。在 3.1 节的分析中已经明确界面中共包括:

- 两个静态文本。分别提示加载的中文词库单词的数量和打开文件的路径。
- 两个文本框。用于文本的输入和分词结果的输出。
- 三个按钮。用于选择文件路径、分词和关闭程序。

具体操作如下:

(1) 在图 3-17 的解决方案资源管理器中,双击 Segment.rc 文件,或单击底部的"资源视图",右侧的"资源视图"中将出现所有的资源,展开 Dialog,即可得到本程序所对应的对话框 ID,如图 3-18 所示。本例中的 ID 为 IDD_SEGMENT_DIALOG,其值通常在 resource.h 文件中自动确定,用户无须关心。双击该 ID,主窗口中会出现本对话框,将其中的所有控件全部删除。

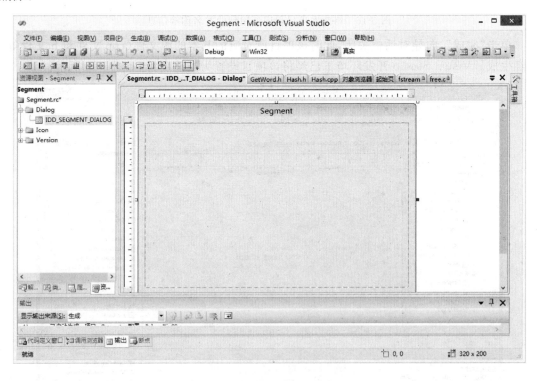

图 3-18　资源视图及对话框操作

(2) 单击图 3-19 右侧的"工具箱"按钮,或工具栏上的 ✖ 图标,则右侧出现工具箱窗口,用户可选择相应的控件拖曳到对话框中。

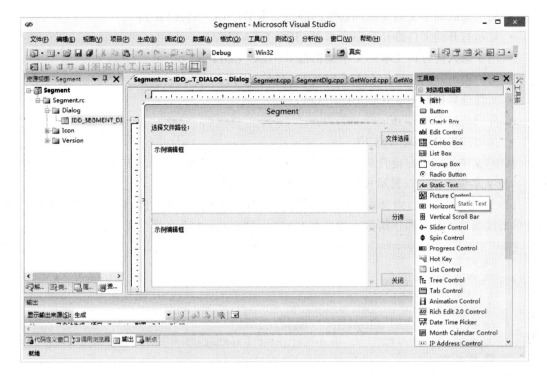

图 3-19　将工具箱中的控件拖曳到对话框中

加入的每一个控件都有默认的 ID 与其对应,但为了后续开发的方便,在此重新设置每个控件的 ID。设置方法如下:

(1) 右击相应的控件,出现快捷菜单,选择"属性",则控件的属性对话框弹出,如图 3-20所示。

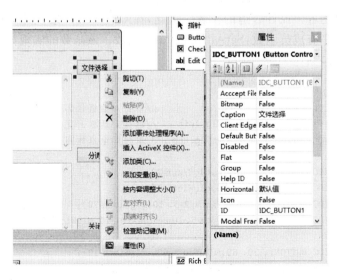

图 3-20　打开控件属性对话框

(2) 在属性对话框,可修改空间的各种属性,在这里修改了相应的 ID 值和 Caption 值。ID 值唯一标识一个控件,Caption 值标示控件上显示的内容。

本例中,各个控件的 ID 值分别为:

- 提示加载的中文词库单词数量的静态文本 ID:IDC_STATIC1；
- 显示打开的文件路径静态文本 ID:IDC_STATIC2；
- 用于输入待分词文本的文本编辑框 ID:IDC_EDIT1；
- 用户输出分词结果的文本编辑框 ID:IDC_EDIT2；
- 文件选择按钮 ID：IDC_BUTTON1；
- 分词按钮 ID:IDOK；
- 关闭按钮 ID:IDCANCEL。

其中，文本编辑框在设置属性时，还修改了 Multiline 属性为 True，Vertical Scroll 属性为 True，使文本编辑框可以显示多行数据，并可以垂直滚动。

（3）双击每个按钮，则会在 SegmentDlg 类中自动生成单击按钮后触发的操作函数。同时，单击按钮的消息与操作函数的对应在 SegmentDlg.cpp 中会自动生成。如：

```
BEGIN_MESSAGE_MAP(CSegmentDlg, CDialog)
    ON_WM_PAINT()
    ON_WM_QUERYDRAGICON()
    //}}AFX_MSG_MAP
    ON_BN_CLICKED(IDC_BUTTON1, &CSegmentDlg::OnBnClickedFileChoice)
    ON_BN_CLICKED(IDOK, &CSegmentDlg::OnBnClickedOk)
    ON_BN_CLICKED(IDCANCEL, &CSegmentDlg::OnBnClickedCancel)
    ON_WM_SIZE()
END_MESSAGE_MAP()
```

通过以上自动生成的代码可知，单击 ID 为 IDC_BUTTON1 的按钮，会触发 CSegment-Dlg：OnBnClickedFileChoice 函数，单击 ID 为 IDOK 的按钮，会触发 CSegmentDlg：OnBn-ClickedOk 函数。当然，开发者也可以修改对应的 ID 和函数，自行完成映射关系。

2．界面设计

当程序运行时，希望各个控件通过代码确定位置，这样的好处是当窗口大小变化时，依然可以通过代码计算出各个控件合适的位置。为此，在 CSegmentDlg 类中，加入设置对话框中各个控件的位置的私有成员函数：SetAllItemsPos()函数。该函数的实现如下：

```
void CSegmentDlg::SetAllItemsPos()
{
    CRect  rcDlg;
    GetClientRect(rcDlg);                  //取得对话框的客户区坐标
    int dlgWidth = rcDlg.right - rcDlg.left ;  //取得对话框的宽度
    int dlgHeight = rcDlg.bottom - rcDlg.top ; //取得对话框的高度

    SetItemPos(IDC_STATIC1,10,30,10,dlgWidth-70);
    SetItemPos(IDC_STATIC2,30,50,10,dlgWidth-70);
    SetItemPos(IDC_EDIT1,  50,dlgHeight/2-5, 10,dlgWidth-70);
    SetItemPos(IDC_EDIT2, dlgHeight/2 + 5,dlgHeight-10, 10,dlgWidth-70);

    SetItemPos(IDC_BUTTON1, 30, 60, dlgWidth-60, dlgWidth-10);
    SetItemPos(IDOK, dlgHeight/2-15,dlgHeight/2 + 15, dlgWidth-60, dlgWidth-10);
    SetItemPos(IDCANCEL, dlgHeight-40,dlgHeight-10, dlgWidth-60, dlgWidth-10);
    InvalidateRect(NULL,TRUE);
}
```

该函数调用另一个成员函数 SetItemPos 函数，完成 ID 为 id 的控件的摆放。该函数如下定义：

```
void CSegmentDlg::SetItemPos(UINT id, int top, int bottom, int left, int right)
{
    CWnd * p = (CWnd * )GetDlgItem(id);        //获得控件指针赋给父类指针变量
    CRect   rc;

    p->GetWindowRect(rc);                      //取得控件的屏幕坐标
    ScreenToClient(rc);                        //将控件的屏幕坐标转化为相对于对话框客户区的相对坐标
    rc.top  = top;                             //设置控件的新坐标
    rc.bottom = bottom;
    rc.left = left;
    rc.right = right;
    p->MoveWindow(rc);                         //调整控件位置
}
```

当程序启动时,界面及各个控件首先要完成各自的初始化等操作,这些操作都是由 MFC 自动完成的,不需要编程者关心。程序启动时后续的各种操作通常都在 OnInitDialog 函数中完成。该函数在自动生成 CSegmentDlg 类时已经产生。因此,接下来要做的是进行各个控件的布局,直接放到该函数中。

```
BOOL CSegmentDlg::OnInitDialog()
{
    ......
    SetAllItemsPos();                          //设置对话框中各个控件的位置
    return TRUE;                               //除非将焦点设置到控件,否则返回 TRUE
}
```

当界面大小变化时,同样需要调用 SetAllItemsPos()函数。允许对话框大小被改动,需要在 OnInitDialog()函数中添加一条语句:

```
ModifyStyle(0, WS_SIZEBOX);
```

如下所示:

```
BOOL CSegmentDlg::OnInitDialog()
{
    ......
    //TODO: 在此添加额外的初始化代码
    SetAllItemsPos();                          //设置对话框中各个控件的位置
    ModifyStyle(0, WS_SIZEBOX);
    return TRUE;                               //除非将焦点设置到控件,否则返回 TRUE
}
```

当对话框大小变化时如何自动调整布局呢? 这就需要 WM_SIZE 消息,当对话框大小变化时系统会自动发出该消息,因此只需要编写 WM_SIZE 消息对应的函数即可。具体操作如下:

(1) 在资源视图中,选中对话框,右击,选择"属性",弹出对话框属性,如图 3-21 所示。

(2) 单击对话框属性窗口上方的 按钮,出现对话框消息与函数的映射,如图 3-22 所示。

(3) 找到 WM_SIZE 消息,后面增加对应的消息处理函数。这里函数名设置为 OnSize()。此时,在 CSegmentDlg 类中会自动产生消息映射,以及 OnSize 函数的函数体。由于对话框生成后会自动执行 OnSize 函数,而各个控件有可能还没有生成,不能进行布局。因此,在设置 CSegmentDlg 类增加 bool 型成员变量 m_show,构造函数中初始化为 false,在 OnInitDialog() 函数中修改为 true,代码如下:

图 3-21　对话框属性窗口

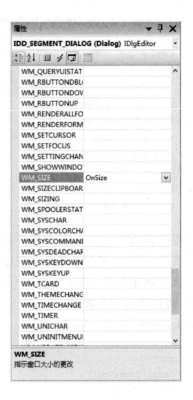

图 3-22　消息映射函数添加

```
BOOL CSegmentDlg::OnInitDialog()
{
    ......
    //TODO：在此添加额外的初始化代码
    SetAllItemsPos();                    //设置对话框中各个控件的位置
    ModifyStyle(0, WS_SIZEBOX);
    m_show = true;
    return TRUE;                         //除非将焦点设置到控件,否则返回 TRUE
}
```

OnSize 函数代码如下：

```
void CSegmentDlg::OnSize(UINT nType, int cx, int cy)
{
    CDialog::OnSize(nType, cx, cy);
    if (m_show){
        SetAllItemsPos();
    }
}
```

3．词库加载

程序运行时,需要自动完成词库加载功能,通过分词处理类将词库加载到内存中的散列表中。因此,可在 CSegmentDlg 类中增加 CWordSegment 类对象 m_ws 作为 CSegmentDlg 类的成员,由 m_ws 完成词库加载功能。

该操作可以放在 OnInitDialog()函数中,具体代码如下：

```
BOOL CSegmentDlg::OnInitDialog()
{
```

```
    ……
    //TODO：在此添加额外的初始化代码
    SetAllItemsPos();                          //设置对话框中各个控件的位置
    ModifyStyle(0, WS_SIZEBOX);
    m_show = true;
    char dict_name[300] = {0};
    GetModuleFileName(NULL,dict_name,300);
    int i = strlen(dict_name) - 1;
    while (dict_name[i]! = '\\')   i-- ;
    dict_name[i + 1] = 0;
    strcat_s(dict_name,"dict.txt");
    try{
        int n = m_ws.DictAppendTxt(dict_name);
        char info[100];
        sprintf_s(info,"词典加载成功,共导入 %d 个词,请选择分词的文件",n);
        SetDlgItemText(IDC_STATIC1, info);
    }
    catch(char * s)
    {
        string p = dict_name;
        p += " ";
        p += s;
        AfxMessageBox(p.c_str ());
    }
    return TRUE;                               //除非将焦点设置到控件,否则返回 TRUE
}
```

4. 文件选择

用户单击"文件选择"按钮后,将调用文件打开对话框,用户选择文件后,程序读取文件内容,并显示到文本编辑框中,具体代码如下:

```
int OpenFileDlg(char * szFile , HWND hwnd)
{
    OPENFILENAME   ofn;                        //通用对话框结构

    //初始化结构体

    ZeroMemory(&ofn, sizeof(ofn));
    ofn.lStructSize =      sizeof(ofn);
    ofn.hwndOwner   =      hwnd;
    ofn.lpstrFile   =      szFile;

    //    将 lpstrFile 设置为空字符串
    ofn.lpstrFile[0]   =    ('\0');
    ofn.nMaxFile    =    256;
    ofn.lpstrFilter   = ("txt file(txt)\0 * .txt\0All\0 * . * \0");
    ofn.nFilterIndex   =    1;
    ofn.lpstrFileTitle   =    NULL;
    ofn.nMaxFileTitle   =    0;
    ofn.lpstrInitialDir   =    NULL;
    ofn.Flags    =    OFN_PATHMUSTEXIST | OFN_FILEMUSTEXIST;
```

```
    //    显示打开文件对话框
    if    (GetOpenFileName(&ofn) == TRUE)
        return 0;
    else
    {
        int err = CommDlgExtendedError();
        return -1;
    }
}


void CSegmentDlg::OnBnClickedFileChoice()
{
    std::locale::global(std::locale(""));
    char filename[256];
    if (OpenFileDlg(filename,NULL)) return;
    SetDlgItemText(IDC_STATIC2,filename);
    std::ifstream ifs(filename,std::ios::binary);
    if (ifs.bad()) throw "file open failed.";
    ifs.seekg(0,std::ios::end);              //文件指针指向文件末尾
    int size = ifs.tellg();                  //得到文件大小
    ifs.seekg (0,std::ios::beg);             //文件指针指向文件头

    char * content = new char [size+1];
    content[size] = 0;
    ifs.read (content,size);
    ifs.close ();
    SetDlgItemText(IDC_EDIT1, content);
    delete [] content;
}
```

5. 分词操作

用户单击"分词"按钮,相应的消息处理函数完成分词功能,具体代码如下:

```
void CSegmentDlg::OnBnClickedOk()
{
    char content[2001] = {0};
    GetDlgItemText(IDC_EDIT1, content,2000);
    string s = content;
    string r;
    try{
        m_ws.SegBkWords(s,r);
    }
    catch(char * s)
    {
        AfxMessageBox(s);
    }
    SetDlgItemText(IDC_EDIT2, r.c_str ());
}
```

【例 3-1】中文机械分词程序。

解   工程创建过程按照本章 3.4.1 小节进行,然后添加代码,最终界面如图 3-1 所示。

深入思考

1. 成语搜索程序的设计与实现

试编写可以帮助用户查找成语的程序。用户往往只记得成语中的一两个字,将字输入程序中,程序会自动到词库中查找相关的成语,并最终将所有符合条件的候选词语返回给用户。程序中使用的词库结构在前面章节已介绍。

成语搜索程序界面如图 3-23 所示。

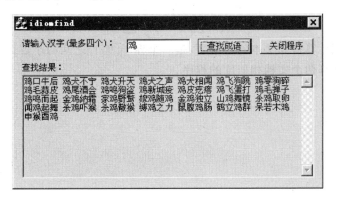

图 3-23　成语搜索程序界面

用户也可以输入多个汉字,查找条件可以使用"or",如图 3-24 所示。

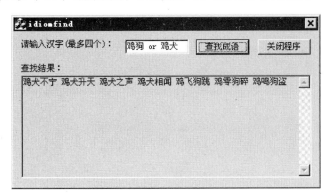

图 3-24　成语搜索程序举例

2. 文档相似度判别程序的设计与实现

文档相似度判别程序要求用户将两个文档的内容写入到编辑框中,然后计算两个内容的相似度,程序执行的中间结果,如分词结果等一并显示出来。

每个文本的特征可以通过基于词频的方法计算。经过对文本的分词,得到文本的特征矢量,并利用每个词出现的频数作为它的权值。通过对两个特征矢量的点积,得到这些文本内容的相似度 S'。

具体过程如下:假设文本 T 经过分词后,信息转化为特征向量 $c=[w_1,w_2,\cdots,w_n]$,w_i 表示特征词。假设文本 T_1 的特征词为 $c_1=[w_{11},w_{12},\cdots,w_{1n}]$,文本 T_2 的特征向量为 $c_2=[w_{21},w_{22},\cdots,w_{2m}]$,$c_1$ 和 c_2 的长度 m 和 n 分别为文本 T_1 和文本 T_2 的特征词个数。令 $c=c_1\cup$

c_2，即 c 表示 c_1 与 c_2 的所有特征词，$c=[w_1,w_2,\cdots,w_p]$，p 表示 c 中特征词的个数。文本 T_1 和文本 T_2 的特征向量都可以用等长且长为 p 的向量来表示。

每个特征词的权值根据该词在文本中出现的次数来定义。

这样两个文本就转化成为两个权值向量。

$$\boldsymbol{V}_1=[w_{11},w_{12},w_{13},\cdots,w_{1n}]$$
$$\boldsymbol{V}_2=[w_{21},w_{22},w_{23},\cdots,w_{2n}]$$

相似度 S' 由两个权值向量 $\boldsymbol{V}_1$ 和 $\boldsymbol{V}_2$ 之间的夹角的余弦来计算。

$$S'=\frac{\sum_{i=1}^{p}w_{1i}\times w_{2i}}{\sqrt{\left(\sum_{i=1}^{p}w_{1i}^2\right)\left(\sum_{i=1}^{p}w_{2i}^2\right)}}$$

根据以上相似计算得到文本的相似度，是一个界于 $[0,1]$ 之间的小数。

试编写一个计算两个文档相似度的程序。

第4章 简单通信协议

计算机网络协议是为计算机网络进行数据交换建立的规则、标准或约定。在计算机网络中要做到有条不紊地交换数据，就必须遵守一些事先约定好的规则。这些规则明确规定了所交换的数据的格式以及相关的同步问题。为了简化网络设计的复杂性，通信协议采用分层的结构，各层协议之间既相互独立又相互高效地协调工作。国际标准化组织 ISO 制定的 OSI 开放系统参考模型采用了七个层次的体系结构，是目前分层最详细完备的网络协议标准，然而由于其采用了过于复杂的分层结构，这在一定程度上又加大了标准化的难度，因此现在的互联网络使用的是五层标准。

本章的学习目标是通过动手操作，可以从最初理解通信协议的抽象概念，逐步过渡到可以使用协议，按照协议编程实现所需功能，并进一步能够设计简单的协议。

首先，理解通信协议的基本概念，利用抓包工具软件，分析协议的数据和控制信息的结构与格式，理解控制信息的含义和动作，以及相应功能的事件实现顺序。

然后，以 Simple Mail Transfer Protocol（SMTP）协议为例，在理解通信协议的基础上编程实现协议，编写简单的邮件客户端程序。

最后，自行设计简单的应用层协议，设计网络聊天协议，并实现网络聊天室应用软件。

涉及的知识点包括：

- 抓包软件的使用和互联网协议分析；
- Socket 编程；
- SMTP 协议；
- MFC 对话框编程。

4.1 项目分析和设计

4.1.1 需求分析

在理解互联网协议和 Socket 的基础上，自行设计简单的应用层协议，设计并编程实现网络聊天软件。如果采用不对等的 Client/Server 结构，需要分别编写客户端程序和服务器程序，其基本功能有：

（1）客户端呼叫服务器并登录；

（2）互发聊天信息；

（3）断开连接。

4.1.2 界面设计

网络聊天软件客户端界面如图 4-1 所示,网络聊天软件服务器端界面如图 4-2 所示。

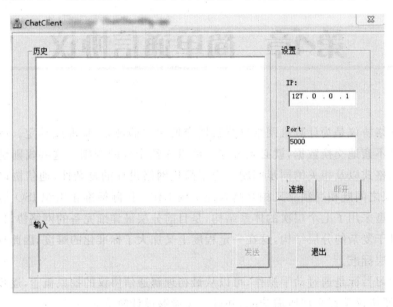

图 4-1 网络聊天软件客户端界面

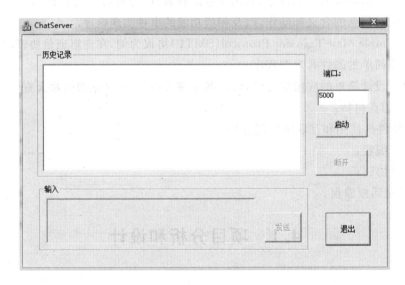

图 4-2 网络聊天软件服务器端界面

4.2 通信协议基础知识

4.2.1 基本概念

计算机网络中用于规定信息的格式以及如何发送和接收信息的一套规则称为网络协议

(Network Protocol)或通信协议(Communication Protocol)。计算机网络是一个由多个同型或异型的计算机系统及终端通过通信线路连接起来相互通信、实现资源共享的系统。为了实现计算机间的相互通信,必须对整个通信过程的各个环节制定规则或约定,包括传送信息采用哪种数据交换方式、采用什么样的数据格式来表示数据信息和控制信息、若传输出错则采用哪种差错控制方式、收发双方选用哪种同步方式等,这些都是由计算机网络协议制定的。

例如,网络中一个微机用户和一个大型主机的操作员进行通信,由于这两个数据终端所用字符集不同,因此操作员所输入的命令彼此不认识。为了能进行通信,规定每个终端都要将各自字符集中的字符先变换为标准字符集的字符后,才进入网络传送,到达目的终端之后,再变换为该终端字符集的字符。当然,对于不相容终端,除了需变换字符集字符外还有其他特性,如显示格式、行长、行数、屏幕滚动方式等也需作相应的变换。

在计算机网络中,两个相互通信的实体处在不同的地理位置,其上的两个进程相互通信,需要通过交换信息来协调它们的动作和达到同步,而信息的交换必须按照预先共同约定好的过程进行。

一个网络协议至少包括三要素:

① 语法(Syntax)。用来规定信息格式;数据及控制信息的格式、编码及信号电平等。

② 语义(Semantics)。用来说明通信双方应当怎么做;用于协调与差错处理的控制信息。

③ 时序(Timing Sequence)。详细说明事件的先后顺序;速度匹配和排序等。

TCP/IP 协议族是 Internet 事实上的工业标准,其体系结构可分为五层。各层作用如下:

① 应用层。支持各种不同的网络应用,运行在不同主机上的进程使用应用层协议进行通信。

② 传输层。为应用程序提供不同质量的服务,TCP 协议是有连接的传输,UDP 协议是无连接的传输。

③ 网络层。将数据封装成 IP 协议所需的数据包,并选择合适的发送路径,根据接收方 IP 地址将数据发送到接收方。

④ 链路层:负责将 IP 数据报封装成合适在物理网络上传输的帧格式并传输,或将从物理网络接收到的帧解封,取出 IP 数据报交给网络层。

⑤ 物理层:负责将比特流在结点间传输,即负责物理传输。该层的协议既与链路有关也与传输介质有关。

计算机网络协议有很多种,按照用途可以把网络协议划分为以下几类:

① 网络层协议。包括 IP 协议、ICMP 协议、ARP 协议、RARP 协议。

② 传输层协议。包括 TCP 协议、UDP 协议。

③ 应用层协议。包括 FTP、Telnet、SMTP、HTTP、RIP、NFS、DNS。

【例 4-1】使用抓包软件 Wireshark 截取网络通信中的数据包并进行分析。

解 抓包软件 Wireshark(前称 Ethereal)是一个免费的网络数据包分析软件。安装该软件并运行,可以截取到当前局域网上正在传送的数据包,软件会提供尽可能详细的数据包信息。

网络管理员使用 Wireshark 来检测网络问题,网络安全工程师使用 Wireshark 来检查资讯安全相关问题,开发者使用 Wireshark 来为新的通信协议除错,普通使用者使用 Wireshark 来学习网络协议的相关知识。

Wireshark 不是入侵检测软件(Intrusion Detection Software,IDS)。对于网络上的异常

流量行为,Wireshark 不会产生警示或是任何提示。然而,仔细分析 Wireshark 截取的封包能够帮助使用者对网络行为有更清楚的了解。Wireshark 不会对网络封包产生内容的修改——它只会反映出目前流通的封包信息。Wireshark 本身也不会送出封包至网络上。

（1）UDP 数据包分析

UDP 协议是面向无连接的传输层协议,利用 Wireshark 抓包,过滤出 UDP 数据包,选取其中任意一个包进行分析,如图 4-3 所示,这里选择第 447 号数据包进行分析。

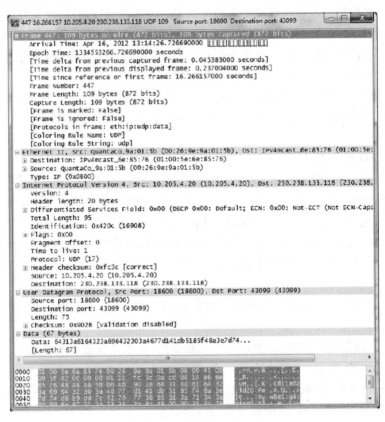

图 4-3　Wireshark 抓取的 UDP 数据包示例

从图 4-3 可以看出协议的五层,每层的包信息。分析这些数据包,表 4-1 中列出了主要的信息。

表 4-1　一个 UDP 数据包的信息

帧编号	447	帧大小	109 Byte
捕获日期	Apr 16,2012	帧装载协议	UDP
目的 IP 地址	IPv4mcastCo_6e:85:76	源 IP 地址	00:26:9e:0a:5b
IP 协议版本	4	IP 包总长度	95 Byte
IP 包头长度	20 Byte	区分服务字段	0x00
标识	0x420c	分段偏移量	0
生存时间	1	校检和	0xfc3c
UDP 源端口号	18600	UDP 目标端口号	43099
UDP 报文长度	75 Byte	UDP 数据长度	67 Byte

（2）TCP 数据包分析

过滤出 TCP 报文，可以分析 TCP 链接建立的过程，如图 4-4 所示。

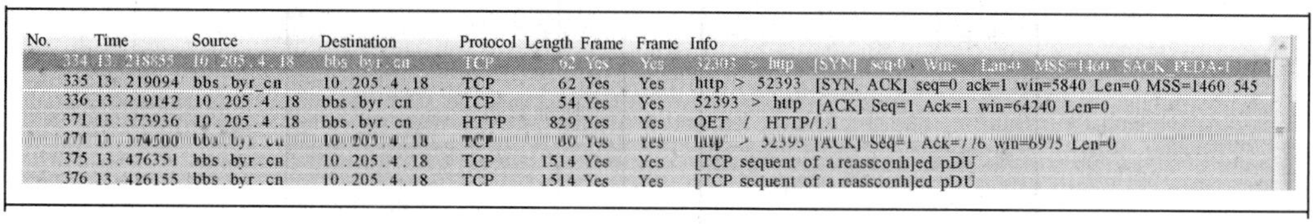

No.	Time	Source	Destination	Protocol	Length Frame	Frame	Info
334	13.218855	10.205.4.18	bbs.byr.cn	TCP	62 Yes	Yes	52393 > http [SYN] seq=0 Win= Len=0 MSS=1460 SACK PEDA=1
335	13.219094	bbs.byr.cn	10.205.4.18	TCP	62 Yes	Yes	http > 52393 [SYN, ACK] seq=0 ack=1 win=5840 Len=0 MSS=1460 545
336	13.219142	10.205.4.18	bbs.byr.cn	TCP	54 Yes	Yes	52393 > http [ACK] Seq=1 Ack=1 win=64240 Len=0
371	13.373936	10.205.4.18	bbs.byr.cn	HTTP	829 Yes	Yes	QET / HTTP/1.1
271	13.374500		10.205.4.18	TCP	80 Yes	Yes	http > 52393 [ACK] Seq=1 Ack=776 win=6975 Len=0
375	13.476351	bbs.byr.cn	10.205.4.18	TCP	1514 Yes	Yes	[TCP sequent of a reassconh]ed pDU
376	13.426155	bbs.byr.cn	10.205.4.18	TCP	1514 Yes	Yes	[TCP sequent of a reassconh]ed pDU

图 4-4　Wireshark 抓取的 TCP 数据包

图 4-4 显示的是登录北邮人论坛的网址 bbs.byr.cn，浏览器与论坛服务器建立连接的过程。

第一步：源 IP 10.205.4.18 发起 TCP 连接[SYN]到目的 IP bbs.byr.cn，询问是否可以通信？Seq=0，Win=8192，Len=0。

第二步：服务器 IP bbs.byr.cn 应答客户端 IP 10.205.4.18，发送[SYN ACK]，确认通信请求已收到。Seq=0，Ack=1，Win=5840，Len=0。

第三步：客户端 IP 向服务器 IP 发送[ACK]，确认连接，我已准备好。Seq=1，Ack=1，Win=64240，Len=0。

当前 3 步建立连接以后，开始传输 HTTP 数据。HTTP 是应用层协议，HTTP 数据会被封装在 TCP 包中。

4.2.2　Sockets 编程基础

在 TCP/UDP 协议的支持下，各种应用层协议（或者说应用软件）都需要通过互联网协议栈进行网络通信，这就需要定义应用层编程的接口规范。

Windows 下网络编程的规范——Windows Sockets——是 Windows 下得到广泛应用的、开放的、支持多种协议的网络编程接口。从 1991 年的 1.0 版到 1995 年的 2.0.8 版，经过不断完善，已成为 Windows 网络编程事实上的标准。

Windows Sockets 规范以 U.C. Berkeley 大学 BSD UNIX 中流行的 Sockets 接口为范例，定义了一套 Micosoft Windows 下网络编程接口。它使程序员能充分地利用 Windows 消息驱动机制进行编程。Windows Sockets 规范定义并记录了如何使用 API 与 TCP/IP 连接，应用程序调用 Windows Sockets 的 API 实现相互之间的通信。Windows Sockets 利用下层的网络通信协议功能和操作系统调用实现实际的通信工作。

套接字作为应用进程和传输层协议之间的接口，当应用进程（客户或服务器）需要使用网络进行通信时，必须首先发出 Sockets 系统调用，请求操作系统为其创建一个"套接字"，称为端口。

Sockets 编程必须要清楚两个概念，一是 IP 地址，即每个机器都有唯一的 IP 地址；二是端口，即一个机器运行多个进程，每个进程对应唯一的端口号。Sockets 分成两类：流套结字和数据报。流套结字是面向连接的服务，一般用于服务器/客户端模式，适用于 TCP；数据报是无连接服务，一般用于点对点模式，适用于 UDP。对于 TCP，Winsock 提供的 API 分成服务器和客户端两类，它们的交互过程如图 4-5 所示。"服务器"其实是一个进程，它需要等待任意数量的客户机连接，以便为它们的请求提供服务；而"客户端"只需要连接上服务器即可。

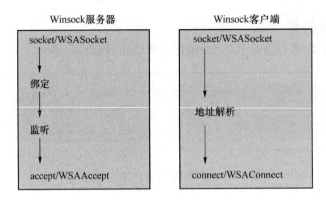

图 4-5　服务器和客户端交互过程

Windows 环境下使用 Sockets 网络编程,必须将下面的代码添加到自己的工程中:

```
# include < Winsock2.h. >
# pragma comment(lib, "Ws2_32.lib")
```

【例 4-2】 Client/Server 通信。

解　要完成的基本功能是实现两个用户之间的文字信息交流。两个用户的 IP 地址固定(可在源程序中修改),双方都可向对方随时发送数据,按"回车"键结束输入,同时双方都在不断监听对方是否发来数据,若收到则立刻显示给用户。在传输层使用 TCP 协议进行连接的建立、数据相互的传送和连接的断开。

客户端主程序:

```
# include "stdafx.h"
# include "winsock2.h"
# include <iostream>
# pragma comment(lib, "ws2_32.lib")
using namespace std;
BOOL    RecvLine(SOCKET s, char * buf);        //读取一行数据

int _tmain(int argc, _TCHAR * argv[])
{
    const int BUF_SIZE = 64;
    SOCKADDR_IN     servAddr;              //服务器地址
    SOCKET          sHost;                 //服务器端口
    char            buf[BUF_SIZE];         //发送数据缓冲区
    char            bufRecv[BUF_SIZE];     //接收数据缓冲区
    WSADATA         wsd;                   //WSADATA 变量
    int             retVal;                //返回值

    //(1)初始化网络环境
    if (WSAStartup(MAKEWORD(2,2), &wsd) != 0)
    {
        cout << "WSAStartup failed!" << endl;
        return -1;
    }

    //(2)创建套接字
```

```
        sHost = socket(AF_INET, SOCK_STREAM/*流套接字*/, IPPROTO_TCP/*参数所指的应用程序所需
的通信协议*/);//第一个参数指定应用程序使用的通信协议的协议族,对于 TCP/IP 协议族,该参数置 AF_
INET
        if(INVALID_SOCKET == sHost)
        {
            cout << "socket failed!" << endl;
            WSACleanup();                                        //释放套接字资源
            return  -1;
        }
        //(3)设置服务器地址
        servAddr.sin_family = AF_INET;
        servAddr.sin_addr.s_addr = inet_addr("10.204.41.179");  //服务器的 IP 地址
        servAddr.sin_port = htons((short)4999); //端口号,htons 将一个无符号短整型数值转换为网
络字节序
        int nServAddlen  = sizeof(servAddr);
        //(4)连接服务器
        retVal = connect(sHost/*sockfd*/,(LPSOCKADDR)&servAddr, sizeof(servAddr));      //用来将
参数 sockfd 的 socket 连至参数 serv_addr 指定的网络地址
        if(SOCKET_ERROR/*定义为-1*/ == retVal)
        {
            cout << "connect failed!" << endl;
            closesocket(sHost);                                  //关闭套接字
            WSACleanup();                                        //释放套接字资源
            return -1;
        }
        //(5)收发信息
        while(true){
            //向服务器发送数据
            ZeroMemory(buf, BUF_SIZE);                           //用 0 填充一块内存区域
            cout << "向服务器发送数据: ";
            cin >> buf;
            retVal = send(sHost, buf, strlen(buf), 0);//用来将数据由指定的 Sockets 传给对方主机。
使用 send 时套接字必须已经连接
            if (SOCKET_ERROR == retVal)
            {
                cout << "send failed!" << endl;
                closesocket(sHost);                              //关闭套接字
                WSACleanup();                                    //释放套接字资源
                return -1;
            }
            //RecvLine(sHost, bufRecv);
            recv(sHost, bufRecv,5 , 0);                          //接收服务器端的数据,只接收 5 个字符
            cout << endl <<"从服务器接收数据:" << bufRecv;
        }
        //(6)退出
        closesocket(sHost);                                      //关闭套接字
        WSACleanup();                                            //释放套接字资源
        return 0;
    }
```

服务器主程序:

```cpp
# include "stdafx.h"
# include "winsock2.h"
# pragma comment(lib, "ws2_32.lib")
# include <iostream>
using namespace std;

int _tmain(int argc, _TCHAR* argv[])
{
    const int BUF_SIZE = 64;
    WSADATA         wsd;                    //WSADATA 变量
    SOCKET          sServer;                //服务器监听端口
    SOCKET          sClient;                //与客户端通信的端口
    SOCKADDR_IN     addrServ;;              //服务器地址
    char            buf[BUF_SIZE];          //接收数据缓冲区
    char            sendBuf[BUF_SIZE];      //发送数据缓冲区
    int             retVal;                 //返回值
    //(1)初始化网络环境
    if (WSAStartup(MAKEWORD(2,2), &wsd) != 0)
    {
        cout << "WSAStartup failed!" << endl;
        return 1;
    }

    //(2)创建套接字
    sServer = socket(AF_INET, SOCK_STREAM, IPPROTO_TCP);
    if(INVALID_SOCKET == sServer)
    {
        cout << "socket failed!" << endl;
        WSACleanup();               //释放套接字资源
        return  -1;
    }

    //(3)服务器套接字地址
    addrServ.sin_family = AF_INET;
    addrServ.sin_port = htons(4999);
    addrServ.sin_addr.s_addr = INADDR_ANY;
    //(4)绑定套接字
    retVal = bind(sServer, (LPSOCKADDR)&addrServ, sizeof(SOCKADDR_IN));
                                        //将套接字绑定到一个已知的地址上
    if(SOCKET_ERROR == retVal)
    {
        cout << "bind failed!" << endl;
        closesocket(sServer);         //关闭套接字
        WSACleanup();                 //释放套接字资源
        return -1;
    }

    //(5)开始监听
    retVal = listen(sServer, 1);
    if(SOCKET_ERROR == retVal)
    {
```

```
            cout << "listen failed!" << endl;
            closesocket(sServer);        //关闭套接字
            WSACleanup();                //释放套接字资源
            return -1;
    }

    //(6)接受客户端请求
    sockaddr_in addrClient;
    int addrClientlen = sizeof(addrClient);
    sClient = accept(sServer,(sockaddr FAR * )&addrClient, &addrClientlen); //服务程序调用
accept函数从处于监听状态的流套接字 s 的客户连接请求队列中取出排在最前的一个客户请求,并且创建一
个新的套接字来与客户套接字创建连接通道,如果连接成功,就返回新创建的套接字的描述符,以后与客户
套接字交换数据的是新创建的套接字;如果失败就返回 INVALID_SOCKET。该函数的第一个参数指定处于监听
状态的流套接字;操作系统利用第二个参数来返回所连接的客户进程的协议地址(由 cliaddr 指针所指);操
作系统利用第三个参数来返回该地址(参数二)的大小。如果我们对客户协议地址不感兴趣,那么可以把
cliaddr 和 addrlen 均置为空指针 NULL
        if(INVALID_SOCKET == sClient)
        {
            cout << "accept failed!" << endl;
            closesocket(sServer);        //关闭套接字
            WSACleanup();                //释放套接字资源
            return -1;
        }
    //(7)收发信息
    while(true){
        //接收客户端数据
        ZeroMemory(buf, BUF_SIZE);
        retVal = recv(sClient, buf, BUF_SIZE, 0);
        if (SOCKET_ERROR == retVal)
        {
            cout << "recv failed!" << endl;
            closesocket(sServer);    //关闭套接字
            closesocket(sClient);    //关闭套接字
            WSACleanup();                //释放套接字资源
            return -1;
        }
        if(buf[0] == '0')
            break;
        cout << "客户端发送的数据:" << buf <<endl;

        cout << "向客户端发送数据:";
        cin >> sendBuf;

        send(sClient, sendBuf, strlen(sendBuf), 0);
    }

    //(8)退出
    closesocket(sServer);            //关闭套接字
    closesocket(sClient);            //关闭套接字
    WSACleanup();                    //释放套接字资源
    return 0;
}
```

程序运行结果如图 4-6、图 4-7 所示。

图 4-6　客户端程序运行结果

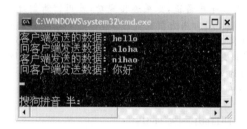

图 4-7　服务器端程序运行结果

4.3 SMTP

Simple Mail Transfer Protocol(SMTP)是一种 TCP 协议支持的提供可靠且有效电子邮件传输的应用层协议。SMTP 是建立在 FTP 文件传输服务上的一种邮件服务,主要用于传输系统之间的邮件信息并提供与来信有关的通知。SMTP 目前事实上已是在 Internet 传输 E-mail 的标准,是一个相对简单的基于文本的协议。SMTP 建立在 TCP 之上,使用 TCP 端口 25。

SMTP 独立于特定的传输子系统,其重要特性之一是能跨越网络传输邮件,即"SMTP 邮件中继"——电子邮件从客户端传输到服务器;或者从某一个服务器传输到另一个服务器。

SMTP 是个请求/响应协议,命令和响应都基于 ASCII 文本,并以 CR 和 LF 符结束。在二进制文件上 SMTP 处理得并不好。后来开发了用来编码二进制文件的标准,如 MIME,以使其通过 SMTP 来传输。今天,大多数 SMTP 服务器都支持 8 位 MIME 扩展,它使二进制文件的传输变得几乎和纯文本一样简单。

SMTP 命令是发送于 SMTP 主机之间的 ASCII 信息,可能使用到的命令如表 4-2 所示。

表 4-2　SMTP 命令

命 令 字	命 令 号	描　　述
HELO	220	向服务器标识用户身份,返回邮件服务器身份
AUTH　LOGIN	250	启动认证程序
MAIL FROM <host>	235	在主机上初始化一个邮件会话
RCPT TO<user>	250	标识单个的邮件接收人;在 MAIL 命令后面常有多个 rcpt to
DATA	250	开始信息写作
QUIT	250	终止邮件会话

SMTP 协议工作原理,即 SMTP 连接和发送过程如下:

(1) 建立 TCP 连接。

(2) 客户端发送 HELO 命令,告知服务器,系统才会开始认证程序。

(3) 客户端发送 AUTH LOGIN 命令,系统的认证程序将会启动,同时系统会返回一个经过 Base64 处理过的字符串,意思是"请输入用户名"。接着客户端必须发送用户名给服务器,用户名也必须经过 Base64 编码转换,服务器在通过用户名的认证之后会要求输入密码,此时输入经过 Base64 编码转换后的密码。成功后,即可运行下面的命令了。

(4) 然后客户端发送 MAIL 命令,告知服务器发件人的邮件地址;服务器端以 OK 作为响应,表明准备接收。

(5) 客户端发送 RCPT 命令,告知服务器的接收人的邮件地址,可以有多个 RCPT 行;服务器端则表示是否愿意为收件人接收邮件。

(6) 协商结束,发送邮件,客户端发送命令 DATA。输入该命令后,服务器开始正式接收数据。

(7) 数据输入完毕,以"."号表示结束,与输入内容一起发送出去,结束此次发送。

(8) 客户端发送 QUIT 命令退出。

按照 TCP 客户端链接的步骤,实现 SMTP 规定的交互过程,即可实现使用 SMTP 向邮件服务器发送邮件。

【例 4-3】编写一个发送 E-mail 的程序。

解 这里只有客户端程序,按照应用层协议 SMTP 进行邮件发送。程序如下。

```
#include <winsock2.h>
#pragma comment(lib,"ws2_32.lib")
#include <windows.h>
#include <stdio.h>
#include <stdlib.h>


class SmtpMail
{private:
    char SmtpSrvName[32];
    char Port[7];
    char UserName[32];
    char Password[16];
    char From[32];
    char To[32];
    char Subject[32];
    char Msg[64];
    void Base64(unsigned char * chasc,unsigned char * chuue);
    int Talk(SOCKET sockid, const char * OkCode, char * pSend);
  public:
    SmtpMail(const char * s,const char * p,const char * u,const char * w,
            const char * f,const char * t,const char * j,const char * m)
    {   strcpy(SmtpSrvName,s);
        strcpy(Port,p);
        strcpy(UserName,u);
        strcpy(Password,w);
        strcpy(From,f);
```

```
                strcpy(To,t);
                strcpy(Subject,j);
                strcpy(Msg,m);    }
        int SendMail();
};
//-----------------------------------------------------------------
int SmtpMail::SendMail()
{       const int buflen = 256;
        char buf[buflen];
        int i,userlen,passlen;
        //(1)初始化网络环境
        WSADATA wsadata;
        if (WSAStartup(MAKEWORD(2,2),&wsadata) != 0)
        {
                printf("WSAStartup() error : %d\n", GetLastError());
                return 1;
        }
        //(2)创建套接字
        SOCKET sockid;
        if ((sockid = socket(AF_INET,SOCK_STREAM,0)) == INVALID_SOCKET)
        {
                printf("socket() error : %d\n", GetLastError());
                WSACleanup();
                return 1;
        }
        //(3)得到 SMTP 服务器 IP
        struct hostent * phostent = gethostbyname(SmtpSrvName);
        struct sockaddr_in addr;
        CopyMemory(&addr.sin_addr.S_un.S_addr,
                phostent->h_addr_list[0],
                sizeof(addr.sin_addr.S_un.S_addr));
        struct in_addr srvaddr;
        CopyMemory(&srvaddr,&addr.sin_addr.S_un.S_addr,sizeof(struct in_addr));
        printf("Smtp server name is %s\n", SmtpSrvName);
        printf("Smtp server ip is %s\n", inet_ntoa(srvaddr));
        addr.sin_family = AF_INET;
        addr.sin_port = htons(atoi(Port));
        ZeroMemory(&addr.sin_zero, 8);
        //(4)连接服务器
        if (connect(sockid, (struct sockaddr * )&addr, sizeof(struct sockaddr_in)) == SOCKET_ERROR)
        {
            printf("connect() error : %d\n", GetLastError());
             goto STOP;
        }
        //(5)按照 SMTP 收发信息
        if (Talk(sockid, "220", "HELO asdf"))
        {       goto STOP;
        }
        if (Talk(sockid, "250", "AUTH LOGIN"))
        {       goto STOP;
        }
        ZeroMemory(buf, buflen);
```

```
        userlen = lstrlen(UserName);
        passlen = lstrlen(Password);
        for(i = 0; i < (userlen % 3? userlen/3 + 1:userlen/3); i++)
        { Base64((unsigned char *)(UserName + i * 3),(unsigned char *)( buf + i * 4));
        }
        if (Talk(sockid, "334", buf))
        {      goto STOP;
        }
        ZeroMemory(buf, buflen);
        for(i = 0; i < (passlen % 3? passlen/3 + 1:passlen/3); i++)
        { Base64((unsigned char *)(Password + i * 3),(unsigned char *) (buf + i * 4));
        }
        if (Talk(sockid, "334", buf))
        {   goto STOP;
        }
        ZeroMemory(buf, buflen);
        wsprintf(buf, "MAIL FROM:< % s>", From);
        if (Talk(sockid, "235", buf))
        {      goto STOP;
        }
        ZeroMemory(buf, buflen);
        wsprintf(buf, "RCPT TO:< % s>", To);
        if (Talk(sockid, "250", buf))
        {        goto STOP;
        }
        if (Talk(sockid, "250", "DATA"))
        {      goto STOP;
        }
        ZeroMemory(buf, buflen);
        wsprintf(buf, "TO: % s\r\nFROM: % s\r\nSUBJECT: % s\r\n % s\r\n\r\n.",
                          To,From,Subject,Msg);
        if (Talk(sockid, "354", buf))
        {      goto STOP;
        }
        if (Talk(sockid, "250", "QUIT"))
        {      goto STOP;
        }
        if (Talk(sockid, "221", ""))
        {      goto STOP;
        }
        else
        {    closesocket(sockid);
             WSACleanup();
             return 0;
        }
STOP://(6)关闭 Sockets,释放网络资源
        closesocket(sockid);
        WSACleanup();
        return 1;
}
//-------------------------------------------------------------------
int SmtpMail::Talk(SOCKET sockid, const char * OkCode, char * pSend)
```

```cpp
{       const int buflen = 256;
        char buf[buflen];
        ZeroMemory(buf, buflen);
        //接收返回信息
        if (recv(sockid, buf, buflen, 0) == SOCKET_ERROR)
        {
                printf("recv() error: % d\n", GetLastError());
                return 1;
        }
        else
                printf("% s\n", buf);
        if (strstr(buf, OkCode) == NULL)
        {
                printf("Error: recv code != % s\n", OkCode);
        }
        //发送命令
        if (lstrlen(pSend))
        {       ZeroMemory(buf, buflen);
                wsprintf(buf, "% s\r\n", pSend);
                if (send(sockid, buf, lstrlen(buf), 0) == SOCKET_ERROR)
                {
                        printf("send() error: % d\n", GetLastError());
                        return 1;
                }
        }
        return 0;
}
//Base64 编码,chasc:未编码的二进制代码,chuue:编码过的 Base64 代码
void SmtpMail::Base64(unsigned char * chasc,unsigned char * chuue)
{       int i,k = 2;
        unsigned char t = 0;
        for(i = 0;i<3;i ++ )
        {       * (chuue + i) = * (chasc + i)>>k;
                * (chuue + i)| = t;
                t = * (chasc + i)<<(8 - k);
                t>> = 2;
                k += 2;
        }
        * (chuue + 3) = * (chasc + 2)&63;
        for(i = 0;i<4;i ++ )
                if(( * (chuue + i)> = 0)&&( * (chuue + i)< = 25)) * (chuue + i) += 65;
                else if(( * (chuue + i)> = 26)&&( * (chuue + i)< = 51)) * (chuue + i) += 71;
                else if(( * (chuue + i)> = 52)&&( * (chuue + i)< = 61)) * (chuue + i) - = 4;
                else if( * (chuue + i) = = 62) * (chuue + i) = 43;
                else if( * (chuue + i) = = 63) * (chuue + i) = 47;
}

void main ()
{//  SmtpMail mail("mail.bupt.cn", "25", "abc123@bupt.cn", "password",
//                      "abc123@bupt.cn", "xxxx@hotmail.com", "111", "111");
        SmtpMail mail("smtp.163.com", "25", "abc123", "123456", "abc123@163.com",
                "123456789@qq.com", "hello,周毅", "来信收到,谢谢!");
```

```
        mail.SendMail();
}
```

程序中用到 SMTP 协议(简单邮件传输协议 RFC821),同一个已有的邮件服务器进行通信,把邮件发送出去,所实现的功能是最简单的部分,就像两个人在对话。

MAILSEND 程序:HELO asdf

邮件服务器:250 OK

MAILSEND 程序:AUTH LOGIN

邮件服务器:334 "username"的 Base64 编码

MAILSEND 程序:"abc123"的 Base64 编码

邮件服务器:334 "password"的 Base64 编码

MAILSEND 程序:"123456"的 Base64 编码

邮件服务器:235 Authentication successful

MAILSEND 程序:MAIL FROM:<abc123@163.com>

邮件服务器:250 Mail OK

MAILSEND 程序:RCPT TO:<123456789@qq.com>

邮件服务器:250 Mail OK

MAILSEND 程序:DATA

邮件服务器:354 End data with <CR><LF>.<CR><LF>

MAILSEND 程序:TO: 123456789@qq.com

　　　　　　　FROM: abc123@163.com

　　　　　　　SUBJECT: hello,周毅

　　　　　　　来信收到,谢谢!

邮件服务器:250 Mail OK

MAILSEND 程序:QUIT

邮件服务器:221 Bye

有的邮件服务器支持 SMTP 服务扩展(RFC1869),各邮件服务器对协议的支持不同。如果尝试其他邮件服务器,服务器给出的反馈信息会有所不同。如果反馈信息表示有这样那样的问题,后续对话可能无法继续。

4.4　聊天程序的实现

4.4.1　总体设计

1. 流程图

聊天软件的总体流程如图 4-8 所示。

2. 协议格式

为了使发送的数据具有识别客户端和服务器端的作用,本实验采用的通信格式为 char#<ID>#<toID>#<message>。在客户端发送的消息经过简单的编码,即加上客户端和服务器端的 ID 信息。在服务器端要进行相应的解码,取出客户端所发送的消息,即 message。

编码代码如下,其目的是为发送的消息加上客户端和服务器端的 ID 信息。

```
CString input;
CString idd;
CString temp1;
GetDlgItem(IDC_INPUT)->GetWindowText(input);
CString temp2 = input;
GetDlgItem(IDC_ID)->GetWindowText(idd);
```

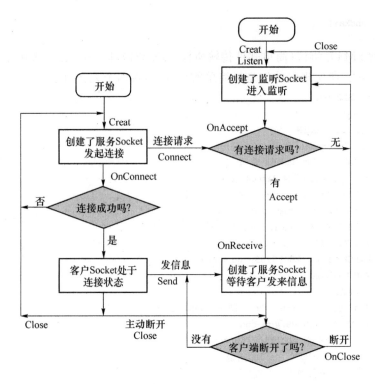

图 4-8 聊天软件的总体流程

input = "#<" + idd + ">#<Server>#<" + input + ">";

完成解码的代码如下,其目的是要取出第三个"#"后面的数据,也就是 message 发送对话框进行显示。

```
int index = 0;
for (int i = 0;i<3;i++)
{
index = temp1.Find('#',index);
index++;
}
int sum = temp1.GetLength();
int count = sum-index;
CString message = temp1.Mid(index,count);
```

3. 类图

聊天软件的类关系如图 4-9 所示,客户端和服务器端的类如图 4-10 所示。

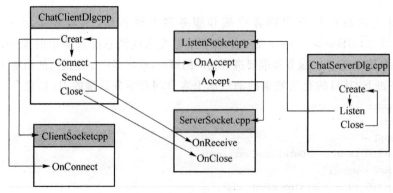

图 4-9 聊天软件的类关系

(a) 客户端的类   (b) 服务器端的类

图 4-10 客户端的类和服务器端的类

4.4.2 客户端的设计与实现

1. 创建基于 MFC 对话框的工程

在 Visual Studio 集成开发环境下,创建一个新的项目,建立过程请参考本书 3.4.1 小节,注意两点:

(1) 新建项目的名称为 ChatClient。

(2) 进行到图 3-15 "选择高级"选项时,要选中"Windows 套接字"。

完成之后的客户端类图如图 4-10(a)所示。

2. 建立工程与 Socket 之间的联系

在创建好的工程基础上为其添加类,进行基于 CAsyncSocket 类的 Socket 编程。方法是选择菜单命令"项目"→"添加类",在弹出的"添加类"对话框中选择"MFC 类"项,单击"添加"按钮。为客户端创建一个名为"MySocket"的类用于与服务器端链接发送消息,如图 4-11 所示。

图 4-11 添加类

在添加类之后,建立界面控件与 Socket 程序之间的连接和访问。具体做法是:在客户端工程界面控制模块的头文件 ChatClientDlg.h 中添加如下代码:

```
#include "MySocket.h"        //使主界面程序能够访问 Socket 类的代码文件
```

3. 对话框界面的实现

首先在客户端对话框中添加 4 个 button 控件,2 个 editbox 控件,1 个 IP address 控件,1 个 listbox 控件,如图 4-1 所示,控件清单如表 4-3 所示。

表 4-3　客户端界面的控件清单

控件类型	控件 ID	Caption
Group Box	IDC_STATIC	历史
Group Box	IDC_STATIC	输入
Group Box	IDC_STATIC	设置
Button	IDC_START	连接
Button	IDC_DISCONNECT	断开
Button	IDC_SEND	发送
Button	IDCANCLE	退出
Edit Control	IDC_INPUT	
Edit Control	IDC_PORT	
Listbox Control	IDC_HISTORY	
IP Control	IDC_IPADDRESS	

为各个控件添加变量,如图 4-12 所示,自定义变量也可以手动在类定义里添加。

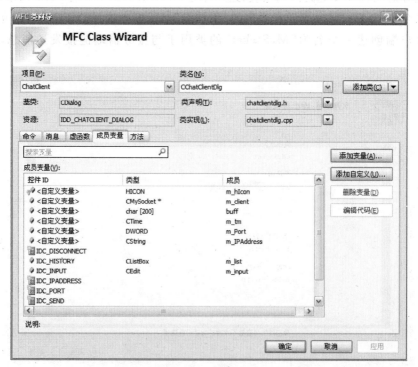

图 4-12　添加变量

接下来为每个按钮控件添加代码,首先要在 OnInitDialog 函数中,初始化控件的属性,来设定各个按钮控件的操作顺序,防止误操作:

```
GetDlgItem(IDC_DISCONNECT)->EnableWindow(FALSE);
GetDlgItem(IDC_SEND)->EnableWindow(FALSE);
GetDlgItem(IDC_INPUT)->EnableWindow(FALSE);
GetDlgItem(IDC_IPADDRESS)->SetWindowText("127.0.0.1");
GetDlgItem(IDC_PORT)->SetWindowText("5000");
```

其中,设置默认的 IP 地址为 127.0.0.1,端口值为 5000。然后为各个按钮控件添加代码。

(1) 为按钮"连接"添加事件处理函数

```
void CChatClientDlg::OnBnClickedStart()
{
//TODO:在此添加控件通知处理程序代码
GetDlgItem(IDC_START)->EnableWindow(FALSE);
GetDlgItem(IDC_DISCONNECT)->EnableWindow(TRUE);
GetDlgItem(IDC_SEND)->EnableWindow(TRUE);
CString temp1,temp2;
GetDlgItem(IDC_IPADDRESS)->GetWindowText(temp1);
m_IPAddress = temp1.GetBuffer(temp1.GetLength());
GetDlgItem(IDC_PORT)->GetWindowText(temp2);
m_Port = atoi(temp2);
m_client = new CMySocket;
if((*m_client).Create() == 0)
{
CString errcode;
errcode.Format("%d",GetLastError());
m_list.AddString(errcode);
UpdateData(FALSE);
}
(*m_client).Connect(m_IPAddress,m_Port);
GetDlgItem(IDC_IPADDRESS)->EnableWindow(FALSE);
GetDlgItem(IDC_PORT)->EnableWindow(FALSE);
GetDlgItem(IDC_INPUT)->EnableWindow(TRUE);
}
```

代码分析:按钮按下以后,相应的控件设置为可用,然后在堆内存中申请一片空间,用来与服务器通信。具体步骤,首先 Create() 函数创建对象,然后调用 Connect() 函数与服务器相连接。

(2) 为按钮"断开连接"添加事件处理函数

```
void CChatClientDlg::OnBnClickedDisconnect()
{
//TODO:在此添加控件通知处理程序代码
(*m_client).Close();
delete m_client;
GetDlgItem(IDC_IPADDRESS)->EnableWindow(TRUE);
GetDlgItem(IDC_PORT)->EnableWindow(TRUE);
GetDlgItem(IDC_INPUT)->EnableWindow(FALSE);
GetDlgItem(IDC_START)->EnableWindow(TRUE);
GetDlgItem(IDC_SEND)->EnableWindow(FALSE);
GetDlgItem(IDC_DISCONNECT)->EnableWindow(FALSE);
CString str;
```

```
m_tm = CTime::GetCurrentTime();
str = m_tm.Format("% X");
str += "从服务器断开！";
m_list.AddString(str);
UpdateData(FALSE);
}
```

代码分析：首先关闭套接字，然后用 Delete 删除指针，释放内存空间；最后在控件中显示出当前状态。

（3）为"发送"按钮添加函数

```
void CChatClientDlg::OnBnClickedSend()
{
//TODO：在此添加控件通知处理程序代码
m_input.GetWindowText(buff,200);
CString temp1 = "我：";
CString temp2 = buff;
CString formatbuff = "#c#s#" + (CString)buff;
( * m_client).Send(formatbuff,200,0);
CString str;
m_tm = CTime::GetCurrentTime();
str = m_tm.Format("% X");
temp1 = str + temp1;
temp1 += temp2;
m_list.AddString(temp1);
UpdateData(FALSE);
m_input.SetWindowText("");
}
```

代码分析：从控件中读入要发送的内容，存储在 buff 中，然后调用 Send() 函数发送出去，最后在控件中显示发送的内容。

4. 编写重载函数

客户端类 CMySocket 需要重载基类中的 OnConnect() 和 OnReceive() 函数，来分别完成连接、接收数据的功能，如图 4-13 所示。

```
void CMySocket::OnReceive(int nErrorCode)
{
//TODO：在此添加专用代码和/或调用基类
CChatClientDlg * dlg = (CChatClientDlg * )AfxGetApp()->GetMainWnd();
Receive(dlg->buff,200,0);
CString temp1 = "server：";
CString temp2 = dlg->buff;
CString str;
dlg->m_tm = CTime::GetCurrentTime();
str = dlg->m_tm.Format("% X");
temp1 = str + temp1;
temp1 += temp2;
dlg->m_list.AddString(temp1);
dlg->m_list.UpdateData(FALSE);
CAsyncSocket::OnReceive(nErrorCode);
}

void CMySocket::OnConnect(int nErrorCode)
```

```
{
//TODO：在此添加专用代码和/或调用基类
CChatClientDlg * dlg = (CChatClientDlg *)AfxGetApp() - >GetMainWnd();
CString str;
dlg->m_tm = CTime::GetCurrentTime();
str = dlg->m_tm.Format("%X");
str += "与服务器连接成功!";
dlg->m_list.AddString(str);
CAsyncSocket::OnConnect(nErrorCode);
}
```

图 4-13　为 MySocket 类重载函数

4.4.3　服务器端的设计与实现

1. 创建基于 MFC 对话框的工程

在 Visual Studio 集成开发环境下,创建一个新的项目,建立过程请参考本书 3.4.1 小节,注意两点:

(1) 新建项目的名称为 ChatServer。

(2) 进行到图 3-15 "选择高级"选项时,要选中"Windows 套接字"。

完成之后的服务器端类图如图 4-10(a)所示。

2. 建立工程与 Socket 之间的联系

在创建好的工程基础上为其添加类,进行基于 CAsyncSocket 类的 Socket 编程。方法是选择菜单命令"项目"→"添加类",在弹出的"添加类"对话框中选择"MFC 类"项,单击"添加"

按钮。服务器端创建两个 Socket 分别用于监听和与客户端交换数据,命名为 CServerSocket 和 CClientSocket,参考图 4-11。

在添加类之后,建立界面控件与 Socket 程序之间的连接和访问。具体做法是:在服务器工程界面控制模块的头文件 ChatServerDlg.h 中添加如下代码。

```
＃include "ClientSocket.h"      //使主界面程序能够访问监听 Socket 类的代码文件
＃include "ServerSocket.h"      //使主界面程序能够访问服务 Socket 类的代码文件
```

3. 对话框界面的实现

在服务器端对话框中添加 4 个 button 控件,2 个 editbox 控件,1 个 listbox 控件,如图 4-2 所示,控件清单如表 4-4 所示。

表 4-4　服务器端界面的控件清单

控件类型	控件 ID	Caption
Group Box	IDC_STATIC	历史记录
Group Box	IDC_STATIC	输入
Static Text	IDC_STATIC	端口
Button	IDC_START	连接
Button	IDC_DISCONNECT	断开
Button	IDC_SEND	发送
Button	IDCANCLE	退出
Edit Control	IDC_INPUT	
Edit Control	IDC_PORT	
Listbox Control	IDC_HISTORY	

为各个控件添加变量,如图 4-14 所示,自定义变量也可以手动在类定义里添加。

图 4-14　添加变量

接下来,首先在 OnInitDialog 函数中,初始化控件的状态:

```
//TODO:在此添加额外的初始化代码
GetDlgItem(IDC_PORT)->SetWindowText("5000");
GetDlgItem(IDC_DISCONNECT)->EnableWindow(FALSE);
GetDlgItem(IDC_INPUT)->EnableWindow(FALSE);
GetDlgItem(IDC_SEND)->EnableWindow(FALSE);
```

代码分析:程序刚启动,初始化中把端口默认设置为 5000,在还没有开始监听的时候,没有与客户端相连,所以,把发送按钮、输入框、断开连接按钮设置为不可用。这样可以防止误操作,提高程序的健壮性。

然后,为按钮控件添加操作代码。

(1) 为按钮"启动"添加事件处理函数

```
void CChatServerDlg::OnBnClickedStart()
{ //TODO:在此添加控件通知处理程序代码 GetDlgItem(IDC_START)->EnableWindow(FALSE);
CString temp;
GetDlgItem(IDC_PORT)->GetWindowText(temp);
UINT port = atoi(temp.GetBuffer());
//1st Create
m_server = new CServerSocket;
if ((*m_server).Create(port) == 0)
{
    static int code = (*m_server).GetLastError();
    CString err;
    err.Format("%d",code);
    CString error = "Create Error Code = ";
    error += err;
    MessageBox(error); return;
}
//2nd Listen
if ((*m_server).Listen() == 0)
{
    static int code = (*m_server).GetLastError();
    CString err;
    err.Format("%d",code);
    CString error = "Create Error Code = ";
    error += err;
    MessageBox(error);
    return;
    }
GetDlgItem(IDC_START)->EnableWindow(FALSE);
GetDlgItem(IDC_DISCONNECT)->EnableWindow(TRUE);
GetDlgItem(IDC_INPUT)->EnableWindow(TRUE);
GetDlgItem(IDC_SEND)->EnableWindow(TRUE);
CString str;
m_tm = CTime::GetCurrentTime();
str = m_tm.Format("%X");
str += "建立服务!";
m_list.AddString(str);
UpdateData(FALSE);
}
```

代码分析:按下"开始监听"按钮以后,设置相应的按钮,输入框为可用状态;然后调用

create()函数建立监听套接字,调用 listen()函数开始监听;最后设置字符串,把状态显示在控件上。

（2）为按钮"断开"添加事件处理函数

```
void CChatServerDlg::OnBnClickedDisconnect()
{ //TODO：在此添加控件通知处理程序代码
    (*m_server).Close();
    delete m_server;
    delete m_client;
    CString str;
    m_tm = CTime::GetCurrentTime();
    str = m_tm.Format("%X");
    str += "服务中断!";
    m_list.AddString(str);
    UpdateData(FALSE);
    GetDlgItem(IDC_START)->EnableWindow(TRUE);
    GetDlgItem(IDC_INPUT)->EnableWindow(FALSE);
    GetDlgItem(IDC_SEND)->EnableWindow(FALSE);
    GetDlgItem(IDC_DISCONNECT)->EnableWindow(FALSE);
}
```

代码分析:"断开"按钮按下后,首先调用 close()函数关闭套接字;然后用 Delete 删除指针,释放内存;最后在控件上显示状态。

（3）为按钮"发送"添加事件处理函数

```
void CChatServerDlg::OnBnClickedSend()
{
//TODO：在此添加控件通知处理程序代码
m_input.GetWindowText(buff,200);
(*m_client).Send(buff,200);
CString temp1 = "我：";
CString temp2 = buff;
CString str;
m_tm = CTime::GetCurrentTime();
str = m_tm.Format("%X");
temp1 = str + temp1;
temp1 += temp2;
CChatServerDlg * dlg = (CChatServerDlg *)AfxGetApp()->GetMainWnd();
m_list.AddString(temp1);
UpdateData(FALSE);
m_input.SetWindowText("");
}
```

代码分析:首先从控件中读取要发送的内容,存储在 buff 中;然后调用 send()函数发送出去;最后设置字符串,把状态显示在控件上。

4. 服务器端的重载函数

类 CServerSocket 完成监听功能,所以在有客户端申请链接的时候,应该能实现应答的功能,需要重载 OnAccept()函数。右击"类名"→"属性",重载函数。

```
void CServerSocket::OnAccept(int nErrorCode)
{
//TODO：在此添加专用代码和/或调用基类
CChatServerDlg * dlg = (CChatServerDlg *)AfxGetApp()->GetMainWnd();
dlg->m_client = new CClientSocket;
```

```
Accept( * (dlg->m_client));
CString str;
dlg->m_tm = CTime::GetCurrentTime();
str = dlg->m_tm.Format("%X");
str += "客户端连接成功!";
dlg->m_list.AddString(str);
dlg->m_list.UpdateData(FALSE);
CAsyncSocket::OnAccept(nErrorCode);
}
```

代码分析:首先用指针 m_client 在堆内存中申请一个 CClientSocket 类型数据的空间,用来与客户端通信;然后调用 Accept 函数应答客户端的申请;cstring 类型的字符串 str 用来设置显示格式,最后在控件中显示出来。

CClientSocket 类完成与客户端交换信息的功能。需要重载 CClientSocket 类中的 OnReceive()函数:

```
void CClientSocket::OnReceive(int nErrorCode)
{
//TODO:在此添加专用代码和/或调用基类
        CChatServerDlg * dlg = (CChatServerDlg * )AfxGetApp()->GetMainWnd();
        //获取时间
        dlg->m_tm = CTime::GetCurrentTime();
        CString str;
        str = dlg->m_tm.Format("%X");
        //接收数据
        Receive(dlg->buff,200,0);
        CString temp1 = dlg->buff;
        //解码,收到的数据
        int index = 0;
        for (int i = 0;i<3;i++)
        {
            index = temp1.Find('#',index);
            index++;
        }
        int sum = temp1.GetLength();
        int count = sum - index;
        CString message = temp1.Mid(index,count);
        CString temp2 = "客户端:";
        temp2 = str + temp2;
        temp2 += message;
        dlg->m_list.AddString(temp2);
CAsyncSocket::OnReceive(nErrorCode);
}
```

代码分析:首先调用 Receive()函数接收数据,接收的数据存在 buff 中;然后设置 cstring 类型的变量 temp1 和 temp2;最后显示在控件中。

【例 4-4】编写聊天程序,实现客户端和服务器端的编程。服务器端在所在的 IP 地址上监听来自客户端的连接请求,客户端可以通过 IP 地址和端口号与服务器端主动建立连接,连接建立之后双方可以互发消息。任何一方都可以终止对话,对话结束之后释放连接。

解 按照本书 4.4.2 小节和 4.4.3 小节的步骤分别实现客户端和服务器软件。

深入思考

1. 考虑到部分用户与服务器端发起连接的目的并不一定是要进行聊天,可以设计一些简单附加功能,例如,"返回当前时间"功能,"自动回复"功能等。实现这些功能的代码。

2. 实现发送邮件的客户机程序,开发窗口界面,如图 4-15、图 4-16 所示。

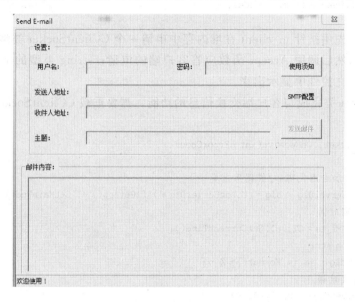

图 4-15　发送邮件客户端

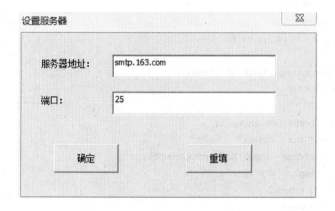

图 4-16　邮件服务器设置

第5章 声音信号分析与处理

本章介绍如何设计和实现一个简单的声音信号分析与处理软件 wavTool。wavTool 可以显示声音信号——wave 波形，可以播放声音，还可以对声音信号进行一些简单的分析与处理。在开发策略上，wavTool 采用 MFC（Microsoft Foundation Classes，微软基础类库）技术和 Matlab 相结合的方式。利用 Matlab 可以对声音数据进行分析和处理，然后在 MFC（C++程序）中调用 Matlab 程序，对分析处理结果进行显示或声音播放。

wavTool 建立在一个单文档、单视图的 MFC 框架程序之上，框架程序的主干是一个文档/视图结构。文档存储数据，视图显示数据并管理用户与数据之间的交互。程序的核心是一个用户自定义类 CWaveFile，它封装和实现了用户所需要的功能，包括数据显示、声音播放、声音数据的分析和处理等。后续可以在 wavTool 的基础上，扩充其他的功能。本章最终要实现的界面如图 5-2 所示。涉及的知识点包括：

- C++和 Matlab 混合编程；
- MFC 的文档/视图结构；
- MFC 的图形绘图；
- 状态栏、菜单栏和工具栏的编程处理；
- 音频播放。

5.1 项目分析和设计

5.1.1 需求分析

wavTool 的目标是用 VC（或 VS），以及面向对象的方法实现一个完整的声音分析和处理软件。要求：

1. 能获取任意一个 wave 文件的基本信息：采样率、量化比特、编码方式、通道数、时长等。
2. 显示声音文件的 wave 波形，如图 5-1 所示。

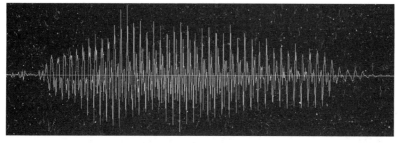

图 5-1　wave 波形

3. 能完成一些声音信号的分析和处理,如短时能量、短时过零率、语谱图、声音的内插和抽取等。

4. 对分析或处理结果能够显示或声音播放。

5. 存储处理后的 wave 数据,将所需信息写到文件里。

5.1.2 界面设计

wavTool 选用了 MFC AppWizard 生成的单文档框架程序,它可以带有菜单、工具栏和状态栏。根据需要,可以设置自己的菜单、菜单项,布置自己的工具栏和状态栏。通过相应的菜单项命令或工具栏按钮,就可以对 wave 数据执行特定的分析和处理功能,并在客户区显示分析和处理的结果,还可以调整显示的比例(放大或缩小)、播放声音等。具体界面如图 5-2 所示。

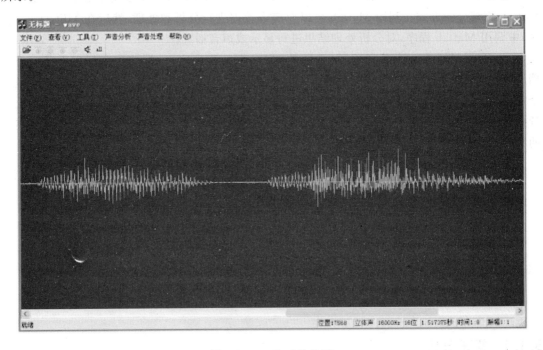

图 5-2 wavTool 的界面

用 VC(VS)设计用户界面十分简单,可以利用其中的资源管理器来帮助实现。

1. 主要菜单项

- 文件——打开波形、退出。
- 查看——波形全选。
- 工具——幅度放大、幅度缩小、横轴放大、横轴缩小、声音播放。
- 声音分析——短时过零率、短时能量、语谱图。
- 声音处理——声音内插、声音抽取。

下面是资源文件 wave.rc 中的菜单部分:

```
//Menu
IDR_MAINFRAME MENU PRELOAD DISCARDABLE
BEGIN
    POPUP "文件(&F)"
```

```
BEGIN
    MENUITEM "打开波形(&O)...\tCtrl+O",        ID_FILE_OPEN
    MENUITEM SEPARATOR
    MENUITEM "最近文件",                        ID_FILE_MRU_FILE1，GRAYED
    MENUITEM SEPARATOR
    MENUITEM "退出(&X)",                        ID_APP_EXIT
END
POPUP "查看(&V)"
BEGIN
    MENUITEM "工具栏(&T)",                      ID_VIEW_TOOLBAR
    MENUITEM "状态栏(&S)",                      ID_VIEW_STATUS_BAR
    MENUITEM SEPARATOR
    MENUITEM "波形全选",                        ID_VIEW_ALL
END
POPUP "工具(&T)"
BEGIN
    MENUITEM "幅度放大",                        ID_TOOLS_PULSEZOOMIN
    MENUITEM "幅度缩小",                        ID_TOOLS_PULSEZOOMOUT
    MENUITEM SEPARATOR
    MENUITEM "横轴放大",                        ID_TOOLS_TIMEZOOMIN
    MENUITEM "横轴缩小",                        ID_TOOLS_TIMEZOOMOUT
    MENUITEM SEPARATOR
    MENUITEM "声音播放",                        ID_TOOLS_PLAY
END
POPUP "声音分析"
BEGIN
    MENUITEM "短时过零率",                      ID_ZERO_CROSS
    MENUITEM "短时能量",                        ID_ENERGY
    MENUITEM "语谱图",                          ID_SPECTRUM
END
POPUP "声音处理"
BEGIN
    MENUITEM "声音内插",                        ID_INTERPOLATION
    MENUITEM "声音抽取",                        ID_DECIMATE
END
POPUP "帮助(&H)"
BEGIN
    MENUITEM "关于 wave(&A)...",                ID_APP_ABOUT
END
END
```

2. 工具栏

工具栏按钮可自行设计,每个按钮都对应一个菜单项功能。例如,"![]"代表"声音播放"。下面是资源文件 wave.rc 中的工具栏部分。

```
//Toolbar
IDR_MAINFRAME TOOLBAR DISCARDABLE  16,15
BEGIN
    BUTTON        ID_FILE_OPEN
    BUTTON        ID_TOOLS_PULSEZOOMIN
    BUTTON        ID_TOOLS_PULSEZOOMOUT
    BUTTON        ID_TOOLS_TIMEZOOMIN
    BUTTON        ID_TOOLS_TIMEZOOMOUT
```

```
              BUTTON         ID_TOOLS_PLAY
              BUTTON         ID_VIEW_ALL
       END
```

3. 状态栏

状态栏主要显示 wave 文件的基本信息以及界面显示的相关信息,如采样率、量化比特、采样位置、幅度轴缩放比例、时间轴缩放比例等。

5.1.3 总体设计

wavTool 按层次结构,可以分为 3 层:第一层为"基础对象与函数层",第二层为"wavTool 对象层",第三层为"输入输出与绘图交互层"。软件体系结构如图 5-3 所示。

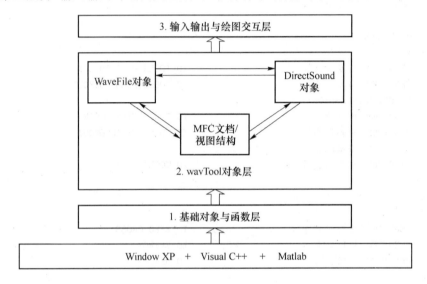

图 5-3　wavTool 的体系结构

1. 基础对象与函数层

这一层的对象与函数由 Visual C++ 和 Windows 提供,主要包括 MFC 和 Windows API 函数。除了 MFC 和 Windows API 外,DirectX SDK 也是这一层的组成部分,它是微软提供的一个组件,用于在 Windows 下提供出色的多媒体性能,DirectX SDK 就是 DirectX 的开发包,可以在 VC 下提供对 DirectX 的支持。现在的 Windows 程序,凡是能提供优秀的多媒体能力的,几乎都离不开 DirectX。wave 案例的声音播放部分就可以使用 DirectX 的一个组件——DirectSound,使用 DirectSound 比使用其他的方式播放声音具有更好的兼容性和性能。

2. wavTool 对象层

这一层主要包括 3 个部分:MFC 文档/视图结构、WaveFile 对象和 DirectSound 对象。这 3 个部分相互作用,共同为输入输出与绘图交互层提供操作接口。

(1) MFC 文档/视图结构

wavTool 选择最简单的情况,即单文档和单视图,也就是只有一个文档模板。

(2) WaveFile 对象

WaveFile 对象为用户自定义对象,它对应的类为 CWaveFile。WaveFile 对象的主要功能有:①波形数据的读取和保存;②波形数据的交互显示;③波形数据和信息的获取;④对波形数据进行时频域分析,如短时能量、短时过零率、语谱图;⑤对波形数据的处理,如内插和抽取等;

⑥波形数据的播放。

WaveFile 对象既有文档部分的操作,又有视图部分的操作,因此和文档/视图结构关系紧密。另外,WaveFile 对象对外的接口也为 DirectSound 对象的波形播放提供数据。

（3）DirectSound 对象

DirectSound 是 DirectX 的一个组件。DirectX 是一个用于多媒体应用程序和硬件增强的编程环境,它是微软为了将其 Windows 建设成适应各种多媒体平台而开发设计的。DirectX 目前已经成为微软自身 SDK 的一部分,而 Windows 内则集成了 DirectX,表明它已成为操作系统的一部分。

DirectX 技术是一种 API(应用程序接口),每个 DirectX 部件都是用户可调用的 API 的总和,通过它应用程序可以直接访问计算机的硬件,这样应用程序就可以利用硬件加速器（Hardware Accelerator）。如果硬件加速器不能使用,DirectX 还可以仿真加速器以提供强大的多媒体环境。

DirectSound 对象的功能如下:

① 初始化 DirectSound 的接口;

② 设置应用程序的声音设备优先级别;

③ 创建声音缓冲区;

④ 声音的播放和停止。

3. 输入输出与绘图交互层

这一层有两个主要的功能:输入输出和绘图交互。这一层直接与用户打交道,它隐藏了前面层次的细节,只把用户关心的信息以交互的形式呈现到用户面前。这一层的目标就是以尽可能简便的操作方式与用户交互信息,并对用户的误操作有一定的处理能力。

输入输出与绘图交互层较详细的功能如下:

（1）数据的读取和保存;

（2）数据的绘制;

（3）菜单和工具条命令的响应;

（4）信息的状态栏显示;

（5）鼠标事件的响应;

（6）对用户错误输入的处理。

5.2 理论基础

5.2.1 声音信号的数据结构

声音的采集有多种途径。例如,可以使用麦克风、声卡采集。采集的结果是将声音数据以文件的形式保存于存储器,最常见的文件格式是 wave。

wave 是一种音频数字存储的标准。数据本身的格式为 PCM 或压缩型,每一个 wave 都有一个文件头,该文件头可以用一个结构体类型 WaveFileHead 来描述。wave 使用三个参数来表示声音:采样频率、量化位数和声道数。以下是结构体类型 WaveFileHead 的定义,它描述了 wave 数据的存储结构:

```
struct WaveFileHead
{    char riff_id[4];              //"RIFF"
     int size0;                    //波形块的大小
     char wave_fmt[8];             //"wave" and "fmt"
     int size1;                    //格式块的大小
     short  fmttag;                //波形编码格式
     short  channel;               //波形文件数据中的通道数
     nt sampl;                     //波形文件的采样率
     int bytepersecblockalign;     //平均每秒波形音频所需要的记录的字节数
     short  blockalign;            //一个采样所需要的字节数
     short  bitpersamples;         //声音文件数据的每个采样的位数
     char data[4];                 //"data"
     int datasize;                 //samples;
};
```

RIFF 英文全称为 Resources Interchange File Format(资源互换文件格式),它是 Windows 环境下大部分多媒体文件遵循的一种文件结构,wave 文件是其中的一种。

5.2.2 声音数据分析和处理

wavTool 可以对声音数据进行分析和处理。例如,计算时域的短时能量、短时过零率;在频域进行短时傅里叶变换(语谱分析);可对声音进行内插和抽取;等等。下面介绍一些简单的语音信号处理算法。

1. 短时能量和短时过零率

声音信号是一种典型的非平稳信号。但是,由于声音的形成过程是与发音物体的运动密切相关的,这种物理运动比起声音振动速度来讲要缓慢得多。因此声音信号常常可假定为短时平稳的,即在 $10\sim20$ ms 这样的时间段内,其频谱特性和某些物理特征参量可近似地看作是不变的。这样,我们就可以采用平稳过程的分析处理方法来处理了。

平均过零率、短时能量都是在这种短时平稳假定下从时域来分析的一些物理参量。这种时间依赖处理的基本手段,一般是用一个长度有限的窗序列 $\{w(m)\}$ 截取一段语音信号来进行分析,并让这个窗滑动以便分析任一时刻附近的信号,其一般公式为

$$Q_n = \sum_{m=-\infty}^{\infty} T[x(m)] \cdot w(n-m) \tag{5-1}$$

其中,$T[\ ]$ 表示某种运算,$\{x(m)\}$ 为输入信号序列。

几种常用的时间依赖处理方法如下:

(1) 当 $T[x(m)]$ 为 $x^2(m)$ 时,Q_n 相应于短时能量。

(2) 当 $T[x(m)]$ 为 $|\mathrm{sgn}[x(m)]-\mathrm{sgn}[x(m-1)]|$ 时,Q_n 就是短时平均过零率,其中,

$$\mathrm{sgn}[x] = \begin{cases} 1, & x \geqslant 0 \\ 0, & x < 0 \end{cases}$$

(3) 当 $T[x(m)]$ 为 $x(m) \cdot x(m+k)$ 时,Q_n 相应于短时自相关函数。

用得最多的三种窗函数是矩形窗、汉明(Hanming)窗和汉宁(Hanning)窗,其定义分别如下:

(1) 矩形窗

$$w(m) = \begin{cases} 1, & 0 \leqslant m \leqslant N-1 \\ 0, & 其他 \end{cases}$$

（2）汉明窗

$$w(m)=\begin{cases}0.54-0.46\cos(2\pi m/(N-1)), & 0\leqslant m\leqslant N-1\\0, & 其他\end{cases}$$

（3）汉宁窗

$$w(m)=\begin{cases}0.5[1-\cos(2\pi m/(L-1))], & 0\leqslant m\leqslant N-1\\0, & 其他\end{cases}$$

信号$\{x(n)\}$的短时能量定义为

$$E_n=\frac{1}{N}\sum_{m=-\infty}^{\infty}[x(m)\cdot w(n-m)]^2 \tag{5-2}$$

信号$\{x(n)\}$的短时平均过零率定义为

$$Z_n=\frac{1}{2N}\sum_{m=-\infty}^{\infty}|\operatorname{sgn}[x(m)]-\operatorname{sgn}[x(m-1)]|\cdot w(n-m) \tag{5-3}$$

2. 声音数据的内插和抽取

内插和抽取是数字信号处理中的常用方法。它广泛应用于语音信号处理、通信制式转换、高分辨率的频谱分析以及窄带滤波和数字移相等方面。内插对应为采样率的提高，而抽选则对应为采样率的降低。

图 5-4　内插器方框图

内插器方框图如图 5-4 所示。它包括两部分：第一部分在输入序列的相邻采样之间插入 $L-1$ 个零值使采样速率增加 L 倍（L 为任意正整数）；第二部分为数字低通滤波器。图 5-4 中输入序列 $x(n)$ 为模拟信号 $x_a(t)$ 以采样速率 f_s 采样后所得到的序列，其频谱 $|X(e^{j\omega T})|$ 如图 5-5(a) 所示。$y(n)$ 为以采样速率 Lf_s 对模拟信号 $x_a(t)$ 采样得到的序列，其频谱 $|Y(e^{j\omega T/L})|$ 如图 5-5(c)。$w(n)$ 为在相邻采样之间补上 $L-1$ 个零值得到的序列，其频谱 $|W(e^{j\omega T/L})|$ 如图 5-5(b) 所示。

由图 5-5 可见，$|Y(e^{j\omega T/L})|$ 可借助 $|W(e^{j\omega T/L})|$ 通过低通滤波器来得到，因此内插器由相邻采样之间插入 $L-1$ 个零值部分及低通数字滤波器两部分组成。低通数字滤波器对高于 $\omega_s/2$ 的频谱成分提供足够的衰减。

抽选器的方框图如图 5-6 所示。输入序列 $x(n)$ 的采样速率由 f_s 减少到 f_s/M 时，亦即以比率 M 来进行抽选时，信号频谱的主要成分应限制在 $f_s/2M$ 之内。这样减少采样速率才不会使信号产生很大失真，否则超过 $f_s/2M$ 的频率分量会与低于 $f_s/2M$ 的频率混叠而产生失真。

图 5-7(a) 为 $x(n)$ 的频谱，图 5-7(b) 为经过低通滤波器后的频谱，图 5-7(c) 为输出 $y(n)$ 的频谱。例如，语音信号的主要成分在 $0\sim 4\,\mathrm{kHz}$ 之间，若原来的采样速率为 $24\,\mathrm{kHz}$，则可以减少到 $8\,\mathrm{kHz}$，但必须先对 $x(n)$ 进行低通滤波，以使大于 $4\,\mathrm{kHz}$ 的分量足够小以减少混叠失真，然后每隔三个采样采一次样就可以了。由此可见，抽选器应由低通滤波器及采样速率降低为原先的 $1/M$ 倍的装置组成。从图 5-7 知，计算低通滤波器的各个输出不需要以取样率 f_s 来计算，而只要计算取样率为 f_s/M 的输出。利用 FIR（有限冲激响应）数字滤波器来实现低通滤波器不需要知道过去的输出，只要计算每隔 M 点的输出就可以了。此时

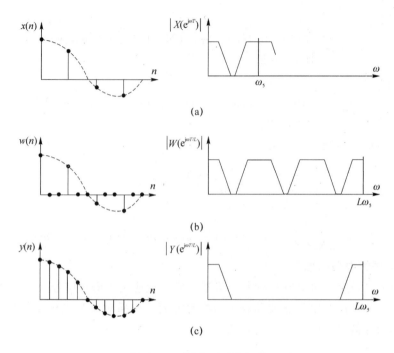

图 5-5 不同序列及其频谱

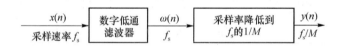

图 5-6 抽选器方框图

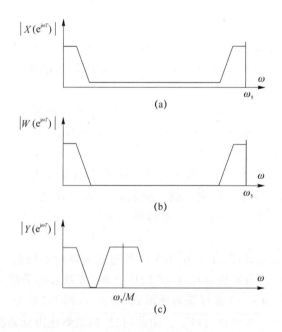

图 5-7 抽选器各点的频谱

$$y(n) = w(nM) = \sum_{k=0}^{N-1} x(nM - k)h(k) \qquad (5-4)$$

其中,$h(k)$是 FIR 数字滤波器的冲激响应。抽选及内插过程采用 FIR 滤波器可使计算速度加快,而且 FIR 滤波器还具有线性相位,故一般均采用这种滤波器。

如果要求采样率改变的倍数为任意有理数 L/M(L 和 M 为任意正整数)时,可采用将内插器与抽取器相级联,如图 5-8 所示。

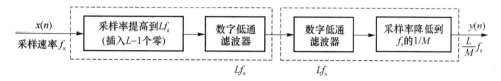

图 5-8 内插器与抽选器的级联

如将两个低通滤波器合为一个,则图 5-8 可简化为图 5-9,这便成为一个内插抽选器。

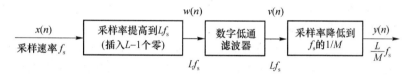

图 5-9 内插抽选器

下面讨论利用通用数字计算机实现上述内插-抽选器的方法。在图 5-9 中,由于每隔 M 个取样取一次值,故

$$y(n) = v(Mn) \tag{5-5}$$

而

$$v(Mn) = \sum_{m=0}^{N-1} h(m) w(Mn - m) \tag{5-6}$$

由于在相邻采样之间插入 $L-1$ 个零值,故

$$w(Ln) = x(n) \tag{5-7}$$

即

$$w(Mn-m) = \begin{cases} x\left(\dfrac{Mn-m}{L}\right), & (Mn-m)_L = 0 \\ 0, & (Mn-m)_L \neq 0 \end{cases} \tag{5-8}$$

上式中$(\quad)_L$表示括号内的数被 L 除后所得之余数,而

$$\frac{Mn-m}{L} = \left(\frac{Mn}{L}\right)_{\text{int}} - \left(\frac{m}{L}\right)_{\text{int}}, \quad (Mn-m)_L = 0 \tag{5-9}$$

上式中$(\quad)_{\text{int}}$表示括号内取整数,所以

$$\begin{aligned}
y(n) = v(Mn) &= \sum_{m=0}^{N-1} h(m) w(Mn-m) \\
&= \sum_{m=0}^{N-1} h(m) x\left(\frac{Mn-m}{L}\right) \\
&= \sum_{m=0}^{N-1} h(m) x\left[\left(\frac{Mn}{L}\right)_{\text{int}} - \left(\frac{m}{L}\right)_{\text{int}}\right]
\end{aligned} \tag{5-10}$$

$$(nM-m)_L = 0$$

令

$$Q = \left(\frac{N}{L}\right)_{\text{int}} + \begin{cases} 1, & (N)_L \neq 0 \\ 0, & (N)_L = 0 \end{cases} \tag{5-11}$$

$$k = \left(\frac{m}{L}\right)_{\text{int}}$$

由式(5-11)可以得到

$$m = kL + (m)_L = kL + (nM)_L, \quad (nM - m)_L = 0 \tag{5-12}$$

因此

$$y(n) = \sum_{k=0}^{Q-1} h(kL + (nM)_L) x\left[\left(\frac{nM}{L}\right)_{\text{int}} - k\right] \tag{5-13}$$

由式(5-13)可知,由于相邻采样之间插入了 $L-1$ 个零值以及每隔 M 个值取一次输出值,所以与零的乘法及不必要的输出值都不必计算,使计算量减少了许多,利用式(5-13)即可以在通用数字计算机上实现多取样率信号处理。

3. 声音数据的短时傅里叶变换

为了分析和处理非平稳信号,人们对傅里叶分析进行了推广,短时傅里叶变换是其中一种方法。短时傅里叶变换的基本思想是:把信号分成许多小的时间片段,用傅里叶变换分析每一个片段,以便确定该时间片段信号的频率分布。以上的处理过程实际上是:(1)加窗分帧;(2)对每一帧信号进行 DFT 变换。

短时傅里叶变换也叫短时谱,其定义为

$$X_n(\text{e}^{\text{j}\omega}) = \sum_{m=-\infty}^{\infty} x(m) w(n-m) \text{e}^{-\text{j}\omega m} \tag{5-14}$$

其中,$w(n-m)$ 是一个窗口函数序列。当 n 取不同的值时,窗 $w(n-m)$ 沿着 $x(m)$ 序列滑动,所以 $w(n-m)$ 相当于一个"滑动"的窗口,如图 5-10 所示。不难理解,短时谱是一个关于 ω 的周期函数,周期为 2π,它又是时间 n 的函数。若令 $\omega = 2\pi k/N$,则得离散的短时傅里叶变换为

$$X_n(\text{e}^{\text{j}\frac{2k\pi}{N}}) = X_n(k) = \sum_{m=-\infty}^{\infty} x(m) w(n-m) \text{e}^{-\text{j}\frac{2k\pi m}{N}}, \quad 0 \leqslant k \leqslant N-1 \tag{5-15}$$

频率分辨率 Δf 取样周期 T、加窗宽度 N 之间的关系为

$$\Delta f = \frac{1}{NT} \tag{5-16}$$

可以看出,窗宽度长——频率分辨率高,能看到频谱快变化;窗宽度短——频率分辨率低,看不到频谱的快变化。

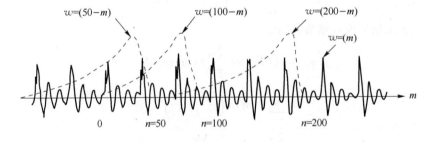

图 5-10 $x(m)$ 和 $w(n-m)$ 示意图

根据功率谱定义,可以写出短时功率谱与短时傅里叶变换之间的关系:

$$S_n(\text{e}^{\text{j}\omega}) = X_n(\text{e}^{\text{j}\omega}) \cdot X_n^*(\text{e}^{\text{j}\omega}) = |X_n(\text{e}^{\text{j}\omega})|^2 \tag{5-17}$$

其中,$*$ 表示复共轭运算。

式(5-14)的平面图形表示就是语谱图,它反映了语音频谱随时间的变化情况。语谱图的纵轴为频率,横轴为时间,任意给定频率成分在给定时刻的能量强弱用点的黑白度(灰度)来表示,能量值大则黑(灰度值大)。图 5-11 所示的是一段清唱(10s)的语谱图。

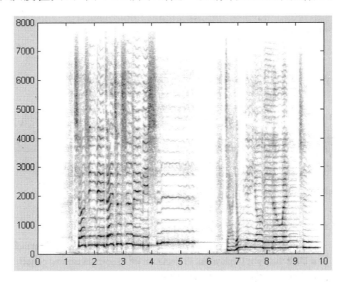

图 5-11　一段清唱(10s)的语谱图

5.2.3　C++和 Matlab 混合编程

在实际的科学研究当中,复杂的数值算法都可以用 Matlab 来实现。在数值处理分析和算法工具方面,C++和 Matlab 无法比拟。但 Matlab 作为一种以解释方式运行的计算机语言,其程序的执行效率很低,而且不能实现端口操作和实时控制。因此,若能将两者结合运用,实现优势互补,在实际的工程应用当中将会获得极大的效益。

wave 案例就是基于这样的思路,利用 Matlab 对声音数据进行分析和处理,然后在C++程序中调用 Matlab 程序,对分析处理结果进行显示或声音播放。

MathWorks 公司提供了 Matlab 和 C++的接口。通过接口,用户既可在 C++程序中调用 Matlab 的函数,也可在 Matlab 中调用 C++程序,从而实现 Matlab 和 C++的混合编程。下面只讨论如何在 C++中调用 Matlab。

在 C/C++中可以使用 Matlab 编译产生的动态链接库 DLL。Matlab 可以把 m 代码编译成两种 DLL,分别是 C 接口和 C++接口。下面以调用 C++接口的 DLL 中的函数为例来介绍。在 C++接口的 DLL 中,函数的输入、输出参数都是 mwArray 对象,所以问题归结为如何在 C++程序中使用 mwArray。在例子中,输入输出都是矩阵,至于标量,可以作为矩阵的一行或一列进行传递。下面例子的实验环境:Windows XP,Matlab 2008 和 VS 2008。

【**例 5-1**】C++和 Matlab 混合编程。

解　按照下面的步骤进行。

1. 配置 Matlab 生成 DLL 文件

(1) 在 Matlab 中选择编译器

```
>>mbuild - setup
```

通过提示选择 C++编译器(Microsoft Visual C++ 2008),并设置编译器存储位置(如 C:

\Program Files\Microsoft Visual Studio 9.0)。

（2）编写 m 文件

编写 myadd.m 文件，保存在 D:\work\matlab 目录下，同时把该目录设置为当前目录。

```
% myadd.m
function [y,z] = myadd(a,b)
y = a + b;
z = a + 2 * b;
```

（3）利用 deploytool 工具生成.dll 文件

```
>>deploytool
```

将显示 Deployment Tool，按提示建立 project，并生成.dll 文件，如图 5-12 所示。

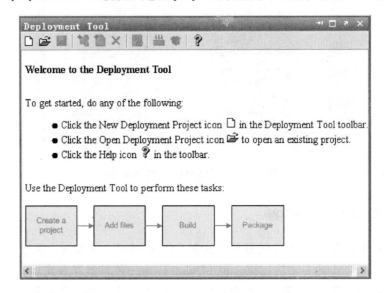

图 5-12　Deployment Tool

具体过程为：单击"new"，在新的窗口下选择"C++ Shared Library"，设置项目名（如 test）和存储路径（D:\work\matlab），添加 myadd.m 到项目中。单击"Build The Project"，将在导出目录下（D:\work\matlab\test\distrib）产生 4 个文件：test.h，test.dll，test.lib，test.exports。打开 test.h，在文件的最下面可以发现 C++接口的函数定义：

```
extern LIB_test_CPP_API void MW_CALL_CONV myadd(int nargout, mwArray& y, mwArray& z,const
mwArray& a, const mwArray& b);
```

这个接口函数的参数是按照这样的顺序定义的：输出参数的个数、输出参数、输入参数。至此，myadd.m 供 C++ 调用的.dll 文件就已经生成了，只要把上述 4 个文件复制到 C++ 项目工程文件夹下就可以调用了。

2. 配置 VS 2008 调用 DLL

（1）在 VS 中创建一个 Win32 Console 的 Project

取项目名为 test，存储路径为 D:\work，设置 Application type 为 Console application，Additional options 为 Empty project。

（2）把 DLL 相关的 4 个文件复制到相应目录

相应目录为 D:\work\test\test。

（3）配置 VC++

配置目的在于使 VC++能够找到 Matlab 接口函数的定义及连接库函数，可以有两种配置方式:一种是改 VS 中关于 VC++的设置,这会使得每个新的工程都能自动地获得这个设定;另一种是只改当前工程的设置,只对该工程有效。下面以第二种方式为例:

- 设置头文件目录

在 VC 中打开 test 项目,选择菜单"Project→properties",在弹出的对话框中,在 Configuration Properties→C/C++→General→Additional Include Directories 处,把 Matlab 的相关目录添加到 VC++的头文件搜索路径中,如下所示:

```
C:\Program Files\Matlab\R2008a\extern\include
C:\Program Files\Matlab\R2008a\extern\include\Win32
```

- 设置库文件目录

在 Configuration Properties→Linker→General→Additional Library Directories 处,把 Matlab 的相关目录添加到 VC++的库文件搜索路径中,如下所示:

```
C:\Program Files\Matlab\R2008a\extern\lib\Win32\microsoft
```

- 配置输入附加依赖性

在 Configuration Properties→Linker→Input→Additional Dependencies 处,添加 test. lib, mclmcrrt. lib, mclmcr. lib。

- 编写调试主程序

主程序的源代码如下:

```cpp
#include <iostream>
#include "mclmcr.h"
#include "mclcppclass.h"
#include "test.h"
#include <stdlib.h>
int main(void)
{   std::cout <<"Hello world!"<< std::endl;
    //initialize lib
    if( !testInitialize())
    {   std::cout <<"Could not initialize myadd!"<< std::endl;
        return -1;
    }
    try
    {       //declare and initialize a
            mwArray a(2, 2,  mxDOUBLE_CLASS);
            double * aData;
            aData = new double[4];
            for(int i = 0; i<4; ++ i)
                aData[i] = 1.0 * i;
            a. SetData(aData, 4);   //a 以列优先存储数据
            std::cout <<"a = "<< a(1,1)<<","<< a(1,2)<<";";
            std::cout << a(2,1) <<","<< a(2,2) << std::endl;
            //declare and initialize b
            mwArray b(2, 2,  mxDOUBLE_CLASS);
            b(1,1) = 11, b(1,2) = 12, b(2,1) = 21, b(2,2) = 22;
            std::cout <<"b = "<<b(1,1)<<","<<b(1,2)<<";";
            std::cout <<b(2,1)<<","<<b(2,2)<<std::endl;
            //declare y,z
            mwArray y(2, 2,  mxDOUBLE_CLASS);
```

```
    mwArray z(2,2, mxDOUBLE_CLASS);
    //call the matlab function
    myadd(2, y, z, a, b);
    //allocate outputs
    double * yData, * zData;
    yData = new double[4],zData = new double[4];
    if(yData == NULL|| zData == NULL)
    {    std::cout<<"Failed to allocate memory for yData or zData!"<<std::endl;
        return -1;
    }
    //copy data from mwArray to C++
    y.GetData(yData, 4);   //y(1,1)->yData[0],y(2,1)->yData[1], ...
    z.GetData(zData, 4);
    //print y,z
    std::cout <<"y = "<<yData[0]<<","<<yData[2]<<";";
    std::cout <<yData[1]<<","<<yData[3]<<std::endl;
    std::cout <<"z = "<<zData[0]<<","<<zData[2]<<";";
    std::cout <<zData[1]<<","<<zData[3]<<std::endl;
    //deallocate memory
    delete [] aData;
    delete [] zData;
    delete [] yData;
}
catch( const mwException& e)
{    std::cerr << e.what() << std::endl;
}
//terminate the lib
testTerminate();
//terminate MCR
mclTerminateApplication();
system("pause");
return 0;
}
```

程序的运行结果,如图 5-13 所示。

图 5-13　例 5-1 运行结果

例 5-1 示意了一个 Win32 Console 程序如何调用 Matlab 程序的过程。在 MFC 框架程序中调用 Matlab 程序的过程与此相同,只不过相应的代码可以出现在一个消息响应函数中。在

124

上述例子中,C++的编译器选择的是 VS 2008,还可以选择其他编译器,如 VC 6.0。

5.3 wavTool 的设计与实现

5.3.1 wavTool 的类关系图

wavTool 对象层相关类的关系如图 5-14 所示。

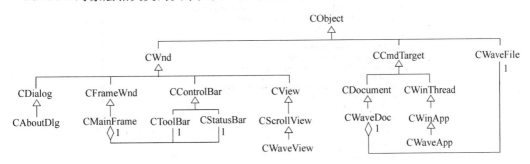

图 5-14 wavTool 对象层相关类的关系

wavTool 的框架程序中涉及的类有 CMainFrame、CWaveApp、CWaveDoc、CWaveFile、CWaveView 等。其中,CWaveApp 是应用程序类,CWaveDoc 是文档类,CMainFrame 是框架程序类,CWaveView 是视图类,CWaveFile 是用户定义的类。它们的类关系图如图 5-14 所示。需要说明的是,DirectSound 依赖于 CWaveFile,这在图 5-14 中没有表示出来。CWave-App 代表程序进程,最重要的作用就是不断地通过 GetMessage 函数,查找消息队列是否有要处理的消息并分发;CMainFrame 挂接菜单、状态栏、工具栏,为 CView 提供容器;CMain-Frame 是个空心的容器,由 CWaveView 填充内部(客户区),作为显示的主要区域;CWaveDoc 通过 CSingleDocTemplate 与 CWaveView 关联在一起,主要用于保存数据。

wavTool 的编程工作主要集中于 CWaveFile、CWaveDoc 和 CWaveView 三个类,本节的剩余部分将给予详细的介绍。

【例 5-2】单文档工程的创建。

解 按照下面的步骤进行。

为了简单起见,下面用 VC 6.0 建立一个单文档工程,VS 与此相似。

(1) 启动 VC 6.0。

(2) 点选"File→New"。

(3) 在弹出对话框的最上面一栏中,选择"Projects"。

(4) 在 Projects 下的选项栏里选择 MFC AppWizard[exe],然后在工程名字(Project Name)处输入工程的名字,如"Wave"。在下边选项栏(Location)里确定该工程的存储位置,如"C:\work\wavTool",单击"OK"。

(5) 单击"OK"后页面跳转,同时弹出一个选项栏,选择最上面的那个 Single Document,在选项栏下边单击"Finish"按钮即可。

VC 6.0 将生成新工程——Wave 的定制信息,如图 5-15 所示。单击"OK",框架程序 Wave 生成完毕。运行该程序,运行结果如图 5-16 所示。

在工程 Wave 中,系统生成了四个类:CMainFrame、CWaveApp、CWaveDoc 和 CWave-

View。另外一个类 CWaveFile 是用户自定义类，需要用户自己封装实现。

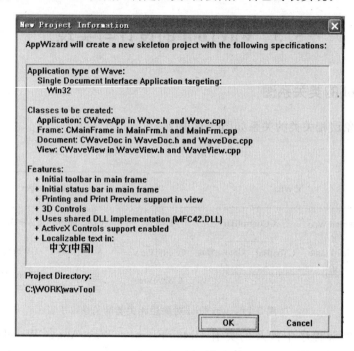

图 5-15　框架程序 Wave 的定制信息

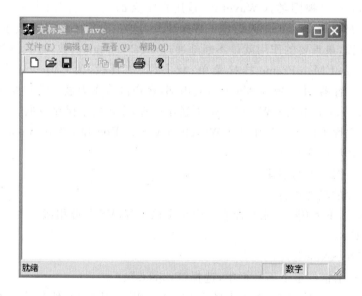

图 5-16　MFC AppWizard 生成的单文档框架程序 Wave

5.3.2　自定义类 CWaveFile

CWaveFile 类主要实现对波形数据的各种操作，包括：(1)读/写 wav 文件；(2)计算短时过零率和短时能量；(3)短时 FFT 变换；(4)声音内插和抽取；(5)声音播放；(6)wav 显示——显示 wav 波形，显示短时过零率，显示短时能量曲线，显示语谱图等。

1. CWaveFile 类声明

可以对 CWaveFile 进行封装,其类声明如下:

```
class CWaveFile : public CObject
{
protected:
    int FileLength;                                          //文件长度
    short Format;                                            //格式
    short Channel;                                           //声道数
    int SampleRate;                                          //采样率
    int PlayRate;                                            //传送速率
    short DataBlockLength;                                   //数据块长度
    short SampleBit;                                         //采样位数
    int DataLength;                                          //数据长度
    int SampleNum;                                           //样本总数
    BOOL LoadOK;                                             //数据读入正确
public:
    char * channel8_1;
    char * channel8_2;
    short * channel16_1;
    short * channel16_2;
    long StartPos, EndPos;
    double * zeroCross;
    double * energy;
    int numFrm;                                              //帧数
    int lenFrm;                                              //帧长
    int shiftFrm;                                            //帧移
public:
    CWaveFile();
    virtual ~CWaveFile();
    int GetFileLength(){return FileLength;}
    short GetFormat(){return Format;}
    short GetChannel()   {return Channel;}
    short GetSampleRate(){return SampleRate;}
    int GetPlayRate(){return PlayRate;}
    short GetDataBlockLength(){return DataBlockLength;}
    short GetSampleBit(){return SampleBit;}
    int GetDataLength(){return DataLength;}
    int GetSampleNum(){return SampleNum;}
    BOOL IsLoadOK(){return LoadOK;}
    void ClearFileInfo();
    BOOL LoadWaveFile(CArchive& ar);                         //读 wav 文件等
    void WriteWaveFile(void * pch,long lenData,int mSampleRate);    //写 wav 文件
    void DrawWave(HWND m_hWnd,CDC * PDC,CRect &rct,int timescale,int pulsescale);
                                                            //绘制 wav 曲线
    void DrawShortTimeEnergy(HWND m_hWnd,CDC * PDC, CRect &rct, int timescale, int pulsescale);
                                                            //绘制短时能量曲线
    void DrawZeroCrossingRate(HWND m_hWnd,CDC * PDC, CRect &rct, int timescale,int pulsescale);
                                                            //绘制短时过零率曲线
    void DrawSpectrogram(HWND m_hWnd,CDC * PDC, CRect &rct, int timescale,int pulsescale);
                                                            //绘制语谱图
    void CalculateZeroCross(short * ch16);                   //计算短时过零率
```

```
        void CalculateEnergy(short * ch16);
};
```

2. 读 Wave 文件

读 Wave 文件的方法很多。例如,可以利用 MFC 中的 CFile 类,也可以利用标准 C++ 中的文件流,还可以利用 CArchive 对象,等等。在界面安排上,需要一个文件打开的对话框,这个对话框可以自己设计,也可以利用 MFC AppWizard 自动生成的对话框。

下面介绍利用 MFC AppWizard 生成的对话框和 CArchive 对象来读取 Wave 文件的思路:当点选"File"菜单中的"Open"项时,将产生一个 ID_FILE_OPEN 菜单命令,通过消息映射(在 CWaveApp 中),会引发一个消息响应函数——CWinApp∷OnFileOpen 的调用。利用 CWinApp∷OnFileOpen 函数打开 Wave 文件的执行步骤如下:

(1) 弹出一个文件打开对话框。

(2) 用户选择一个文件。

(3) 打开文件,并将该文件和档案 CArchive 对象联系起来。

(4) 调用 CWaveDoc 中的 Serialize(CArchive& ar)函数。

(5) 在 Serialize 函数中安排自己的 Wave 文件读取代码,如 LoadWaveFile(CArchive& ar)。

LoadWaveFile (CArchive& ar) 函数的代码实现,就是利用 ar 的 Read 函数对 Wave 数据进行读操作。Wave 数据的存储结构(Wave 文件),由本书 5.2.1 小节的 WaveFileHead 结构体描述。以下是相关代码:

```
BOOL CWaveFile∷LoadWaveFile(CArchive& ar)
{   char sign[4];
    ar.Read((void *)sign,4);
    if(sign[0]!='R' || sign[1]!='I' || sign[2]!='F' || sign[3]!='F')
    {   LoadOK = false;
        return false;
    }
    ClearFileInfo();
    ar.Read((void *)(&FileLength),4);
    ar.Read((void *)sign,4);
    ar.Read((void *)sign,4);
    ar.Read((void *)sign,4);
    ar.Read((void *)(&Format),2);
    ar.Read((void *)(&Channel),2);
    ar.Read((void *)(&SampleRate),4);
    ar.Read((void *)(&PlayRate),4);
    ar.Read((void *)(&DataBlockLength),2);
    ar.Read((void *)(&SampleBit),2);
    ar.Read((void *)sign,4);
    ar.Read((void *)(&DataLength),4);
    SampleNum = DataLength/DataBlockLength;
    long i;
    if(SampleBit == 8)   //8bit
    {   if(Channel == 1)
        {   channel8_1 = new char [DataLength];
            ar.Read((void *)channel8_1,DataLength);
        }
        else
        {   channel8_1 = new char [DataLength/2];
```

```
        channel8_2 = new char [DataLength/2];
        for(i = 0;i<DataLength/2;i++)
        {   ar.Read((void *)(channel8_1 + i),1);
            ar.Read((void *)(channel8_2 + i),1);
        }
    }
}
else    //16bit
{   if(Channel == 1)
    {   channel16_1 = new short [DataLength/2];
        ar.Read((void *)channel16_1,DataLength);
    }
    else
    {   channel16_1 = new short [DataLength/4];
        channel16_2 = new short [DataLength/4];
        for(i = 0;i<DataLength/4;i++)
        {   ar.Read((void *)(channel16_1 + i),2);
            ar.Read((void *)(channel16_2 + i),2);
        }
    }
}
StartPos = 0;
EndPos = SampleNum − 1;
LoadOK = true;

lenFrm = SampleRate * 20/1000;              //帧长 20ms
shiftFrm = SampleRate * 5/1000;             //帧移 5ms
numFrm = (SampleNum − lenFrm)/shiftFrm;     //计算帧数
CalculateZeroCross(channel16_1);            //计算短时过零率(16bit)
CalculateEnergy(channel16_1);               //计算短时能量(16bit)
return true;
}
```

另外,还将短时能量和短时过零率的计算也放在了 LoadWaveFile 函数中。

3. 计算短时能量和短时过零率

短时能量和短时过零率的分析作为语音信号时域分析中最基本的方法,应用相当广泛,对于它们的计算在 5.2.2 小节中已经做了详细介绍,由于计算简单,可以用 C++直接实现。

在这里,短时处理可以采用矩形窗,窗长 LenFrame 20ms,帧移 ShiftFrame 5ms,计算步骤如下:

(1) 计算帧数〔numFrame = (l − LenFrame) / ShiftFrame,其中 l 表示 Wave 波形的采样点数。〕

(2) 选取一帧(20ms)的声音数据。

(3) 利用(5.2)和(5.3)计算当前帧的短时能量和短时过零率。

(4) 转到(2)直至所有帧计算完毕。

相关程序代码如下:

```
void CWaveFile::CalculateEnergy(short * ch16)               //计算短时能量(16bit)
{   int i,n = 0;
    double e,emax = 0;
    energy = new double[numFrm];
```

```
    while(n<numFrm)
    {   //计算当前帧
        i = 0,energy[n] = 0;
        while(i<lenFrm)
        {   e = * (ch16 + shiftFrm * n + i)/32767;
            energy[n] = energy[n] + e * e;
            i++;
        }
        if(energy[n]>emax)
            emax = energy[n];
        n++;
    }
    energy[n]/ = lenFrm;
    //归一化能量值
    for(n = 0;n<numFrm;n++)
        energy[n] = energy[n]/(1.2 * emax);
}
void CWaveFile::CalculateZeroCross(short * ch16)          //计算短时过零率(16bit)
{   int i,n,zeroCrossNum;
    double t1,t2;
    zeroCross = new double[numFrm];
    n = 0;
    while(n<numFrm)
    {   //计算当前帧
        i = 0, * (zeroCross + n) = 0,zeroCrossNum = 0;
        while(i<lenFrm - 1)
        {   t1 = * (ch16 + shiftFrm * n + i);
            t2 = * (ch16 + shiftFrm * n + i + 1);
            if(t1>0&&t2<0||t1<0&&t2>0) zeroCrossNum++;
            i++;
        }
        * (zeroCross + n) = zeroCrossNum/(1. * lenFrm);
        n++;
    }
}
```

4. 短时 FFT 变换

短时 FFT 变换可以有两种实现思路:一是用 C++语言实现;二是用 Matlab 实现。

wavTool 采用后一种思路。首先,用 Matlab 对语音数据进行短时 FFT 变换;然后,用 C++程序对分析结果进行呈现,也就是画出语谱图。具体步骤如下:

(1) 编写 Matlab 程序 stfft.m,以实现对声音数据的短时 FFT 变换。

(2) 利用 Matlab 的 deploytool 工具生成 stfft.m 的.dll 文件,并生成 C++语言的访问接口。

(3) 可在 CWaveFile 类中,添加两个成员函数 ShortTimeFFT()和 DrawSpectrogram(),分别完成对.dll 的调用和语谱图绘制。

以下是短时 FFT 变换的 Matlab 程序:

```
%%%%%%%%%%%%%%%%%%%%%%%%%%%%%%%%%%%%%%
% stfft.m 短时傅里叶变换
% 输入:signal—wav 数据,lenFFT—FFT 长度,window—窗函数,
%       noverlap—两帧重叠长度,fs—采样率
```

```
% 输出:e—能量,f—频率,t—时间
% % % % % % % % % % % % % % % % % % % % % % % % % % % % % % % %
function [e,f,t] = ShortTimeFFT(signal, lenFFT, window, noverlap, fs)
[e,f,t] = specgram(signal,lenFFT,fs,window,noverlap);
```

5. 声音内插和抽取

对于声音内插和抽取算法的实现,Wave 案例也采用了 C++和 Matlab 混合编程的方式,也同样需要编写相应的 Matlab 和 C++程序。相关的 Matlab 程序如下:

```
% % % % % % % % % % % % % % % % % % % % % % % % % % % % % % % %
% myInterp.m 信号内插
% 输入:signal—wav 数据,r—内插系数
% 输出:y—内插后的信号,长度为原信号的 r 倍
% % % % % % % % % % % % % % % % % % % % % % % % % % % % % % % %
function y = myInterp(signal, r)
y = interp(signal,r);


% % % % % % % % % % % % % % % % % % % % % % % % % % % % % % % %
% myDecimate.m 信号抽取
% 输入:signal—wav 数据,r—抽取系数
% 输出:y—抽取后的信号,长度为原信号的 1/r
% % % % % % % % % % % % % % % % % % % % % % % % % % % % % % % %
function y = myDecimate(signal, r)
y = decimate(signal,r);
```

可以在 CWaveFile 类中,添加成员函数 Interpolation()和 Decimate(),通过对 Matlab 程序的调用来完成声音信号的内插和抽取。还可以在 CWaveView 类中的消息响应函数中实现声音的内插和抽取。下面是"声音内插"消息响应函数的代码实现:

```
void CWaveView::OnInterpolation()              //菜单项"声音内插"的消息响应函数
{   short int rcoef = 2;       //设置内插系数
    CWaveDoc * pDoc = GetDocument();
    //initialize lib
    if( !myInterpInitialize())
        MessageBoxA("内插出错!","声音内插", MB_OK );
    try
    {   //declare and initialize a
        if(pDoc ->m_WaveFile.GetSampleBit() == 16)
        {   mwArray a(pDoc ->m_WaveFile.GetSampleNum(),1,mxINT16_CLASS);
            mwArray r(1,1,mxINT16_CLASS);
            mwArray y(2 * pDoc ->m_WaveFile.GetSampleNum(),1,mxINT16_CLASS);

    a.SetData(pDoc ->m_WaveFile.channel16_1,pDoc ->m_WaveFile.GetSampleNum());
            r.SetData(&rcoef,1);
            //call the function
            myInterp(1,y,a,r);
            //allocate outputs
            short * yData;
            int len = rcoef * (pDoc ->m_WaveFile.GetSampleNum());
            int fs = rcoef * (pDoc ->m_WaveFile.GetSampleRate());
            yData = new short[len];
            //copy data from mwArray to C ++
            y.GetData(yData,len);
            //内插处理结果写成文件(wav 文件)
```

```
            pDoc->m_WaveFile.WriteWaveFile(yData,len,fs);
            delete [] yData;
            //terminate the lib
            myInterpTerminate();
            //terminate MCR
            mclTerminateApplication();
        }
    }
    catch( const mwException& e)
    {
        MessageBoxA("处理异常!","声音内插", MB_OK );
    }
}
```

在运行该段代码之前,同样需要利用 Matlab 的 deploytool 工具生成 stfft.m 的.dll 文件,并生成相应的 C++语言的访问接口,参照例 5-1。

6. 声音播放

Windows 提供了很多播放 Wave 的方式,但大多数是播放文件的。在这里,可以使用 DirectSound 来实现 Wave 数据段的播放,与一般 Wave 文件播放不同,DirectSound 播放的是内存中的一段声音数据。

由于声音数据段不包含任何关于声音格式的信息,所以必须给 DirectSound 提供相关信息,并将其存储在结构体 WAVEFORMATEX 变量中。结构体 WAVEFORMATEX 的定义如下:

```
typedef struct {
    WORD   wFormatTag;              //波形声音的格式,如为"WAVE_FORMAT_PCM"
    WORD   nChannels;              //声道数,单声道为 1
    DWORD nSamplesPerSec;          //样本频率,如 8 kHz
    DWORD nAvgBytesPerSec;         //平均数据传输率(byte/s):nSamplesPerSec/nBlockAlign(PCM)
    WORD   nBlockAlign;            //以字节为单位设置块对齐:声道数 * 量化比特数/8
    WORD   wBitsPerSample;         //量化比特数
    WORD   cbSize;
} WAVEFORMATEX;
```

利用 DirectSound 播放 Wave 的方法如下:(1)初始化 DirectSound 对象;(2)准备 Wave 格式信息;(3)如果存在以前的 DirectSound 对象,则先删除;(4)创建声音缓存,复制波形数据;(5)播放缓存中的声音数据。

在这里,并没有给出利用 DirectSound 播放 Wave 的代码,请读者自行实现。下面给出的声音播放代码非常简单,它可以播放内存中的任何一段语音:

```
void CWaveView::OnPlay()        //"声音播放"的消息响应函数
{   CWaveDoc * pDoc = GetDocument();
    int start = pDoc->m_WaveFile.StartPos, end = pDoc->m_WaveFile.EndPos;
    int lenData = (end - start) * pDoc->m_WaveFile.GetDataBlockLength();
    if(pDoc->m_WaveFile.GetSampleBit() == 8)    //8bit
        pDoc->m_WaveFile.WriteWaveFile(&pDoc->m_WaveFile.channel8_1[start],lenData,pDoc-
                                    >m_WaveFile.GetSampleRate());
    else   //16bit
        pDoc->m_WaveFile.WriteWaveFile(&pDoc->m_WaveFile.channel16_1[start],lenData,pDoc
                                    ->m_WaveFile.GetSampleRate());
    PlaySound("data.wav",NULL,SND_ASYNC);
}
```

实际上是将内存中的一段语音数据先形成一个 wav 文件(data. wav),然后再调用相应的函数来播放语音。

7. Wave 波形显示

在 wavTool 中,用户的视图类 CWaveView 由 CScrollView 类派生。在 MFC 的文档/视图结构中,CWaveView 的 OnDraw 函数将被用于实现绝大部分的图形绘制工作(CView 中,虽有 OnDraw 函数,但却是纯虚函数)。

如果用户改变窗口尺寸,或者显示隐藏的区域,窗口客户区将无效,OnDraw 函数会被调用,用来重画窗口。当程序文档中的数据发生改变时,一般也必须通过调用 CWnd 的成员函数 Invalidate(或 InvalidateRect)来通知 Windows 所发生的改变,而对 Invalidate 的调用也会触发对 OnDraw 函数的调用。实际上,这都与"窗口重绘"有关。

当窗口需要重绘时,Windows 会在应用程序的消息队列中放置 WM_PAINT 消息。MFC 为窗口类提供了 WM_PAINT 的消息处理函数 CWnd::OnPaint,OnPaint 负责重绘窗口。视图类有一些例外,在视图类的 CView::OnPaint 函数中调用了 OnDraw 函数,所以实际的重绘工作将由 OnDraw 来完成。

OnDraw 函数提供一个 CDC 类(设备环境类)的参数 pDC,作为在视图的客户区域绘图的接口。设备环境是一种包含有关某个设备(如显示器或打印机)的绘制属性信息的 Windows 数据结构。所有绘图功能的调用都通过设备环境对象进行,这些对象封装了用于绘制线条、形状和文本的 Windows API。设备环境允许在 Windows 中进行与设备无关的绘图。设备环境可用于绘图到屏幕、打印机或者图元文件(Metafile,微软定义的一种图形文件格式)。

wavTool 中的 OnDraw 函数并不自己处理绘图任务,而是将绘图任务交给相应的 CWaveFile 对象来完成,详见 5.3.3 小节中的"图形绘制"。

(1) Wave 波形绘制方法

为简单起见,wavTool 中处理的声音文件是单声道、PCM 格式的。单声道的波形又分为 8 位和 16 位的,可以通过 Wave 文件头的 wBitsPerSample 字段来判断。对于 8 位和 16 位的波形,可分别将数据块的指针强制转换成 unsigned char * 类型和 short * 类型,这样每次可以获得一个样本的值。首先调用 CDC 类的 MoveTo 函数将绘图位置移动到第一个样本点,然后循环调用 LineTo 函数就将整个波形绘制出来了。下面是绘制 Wave 波形的程序代码:

```
void CWaveFile::DrawWave(HWND m_hWnd,CDC * PDC,CRect &rct, int timescale, int pulsescale)
{   if(IsLoadOK() == false)
        return;
    //设置灰色画笔
    CPen Pen;
    Pen.CreatePen(PS_SOLID,1,RGB(128,128,128));
    PDC->SelectObject(&Pen);
    PDC->SetROP2(R2_COPYPEN);                //像素为画笔颜色
    //画坐标轴
    int axisy1,axisy2;
    axisy1 = rct.bottom/2;
    PDC->MoveTo(0,axisy1);
    PDC->LineTo(SampleNum/timescale,axisy1);
    //设置画笔
    int MaxPulse,y,i;
    CPen Pen1;
    Pen1.CreatePen(PS_SOLID,1,RGB(0,255,0));
```

```
        PDC->SelectObject(&Pen1);
        if(SampleBit==8)
        {        }
        else
        {    MaxPulse=32767;
            if(Channel==1)
            {    //画声压波
                PDC->MoveTo(0,-(channel16_1[0]/32767)*axisy1*pulsescale+axisy1);
                for(i=1;i<SampleNum/timescale;i++)
                {        int p=i*timescale;
                        y=-(channel16_1[p]/32767.0)*axisy1*pulsescale+axisy1;
                        PDC->LineTo(i,y);
                }
            }
            else
            {        }
        }
}
```

函数 DrawWave 的最后两个参数 timescale 和 pulsescale 分别代表在横轴和纵轴方向上的缩放比例,下面的内容将对这两个参数给予介绍。

（2）缩放的实现

一般来说,一个 Wave 波形文件包含很多个采样点,而显示器上 X 轴方向的像素点顶多也就 1 024 点（假设如此）,要想看到波形的全貌,只能在横轴方向缩小波形,但有时候还需要放大波形来看更多的细节。为了实现波形的缩放,可以定义两个 double 类型的变量 timescale、pulsescale 分别表示横轴和纵轴的缩放比例。以下只介绍横轴的缩放,纵轴与横轴类似。dTimeScale代表的含义是一个波形样本点所占屏幕的像素点数。设滚动条的当前位置是 X_0,那么第 i 个样本点所对应的屏幕横坐标 X 可以通过下式计算出来:

$$X=i \cdot \text{dTimeScale}-X_0 \tag{5-18}$$

通过改变 dTimeScale 的值,就实现了波形的缩放。但是这个方法的效率不高,可以通过两方面的改进来提高显示的效率:

（1）由于屏幕的宽度限制,有时候并不是所有的样本点都可以显示在屏幕上,可以截去无法显示的样本点,重新定义绘制的起始和终止样本点。假设屏幕的宽度为 ScreenWidth,滚动条的位置是 X_0,绘制样本的起始和终止点可由下面的公式计算出来:

$$X_1=\frac{X_0}{\text{dTimeScale}} \tag{5-19}$$

$$X_2=\frac{X_0+\text{ScreenWidth}}{\text{dTimeScale}} \tag{5-20}$$

（2）当 dTimeScale<1 时,多个样本点对应一个屏幕像素,这时可以对屏幕上的像素点作循环寻找相对应的样本点来绘图,可以减少很多的计算量,而且绘制出的波形仍然是连续的。屏幕上第 X 个点对应的样本点为

$$i=\frac{X_0+X}{\text{dTimeScale}} \tag{5-21}$$

这样做也有缺点,当 dTimeScale<1 时会损失一些波形的细节。

8. 短时能量和短时过零率曲线绘制

在本节的这一部分,将介绍短时能量曲线和短时过零率曲线的绘制。wavTool 对它们的

绘制思路是先绘制短时能量曲线或短时过零率曲线,然后在不刷新屏幕的基础上再绘制 Wave 波形曲线,如图 5-17 和图 5-18 所示。

对应的程序运行过程是调用 OnDraw 函数,完成背景颜色设置、滚动条设置,然后调用相应的函数完成两种曲线的绘制,最后对 Wave 波形进行绘制。对于 Wave 波形的绘制在本节的上一部分已经做了介绍,下面介绍短时能量和短时过零率曲线的绘制代码。

(1) 短时过零率曲线

wavTool 对声音数据进行短时能量分析,分析的结果如图 5-17 所示。相应的程序代码如下:

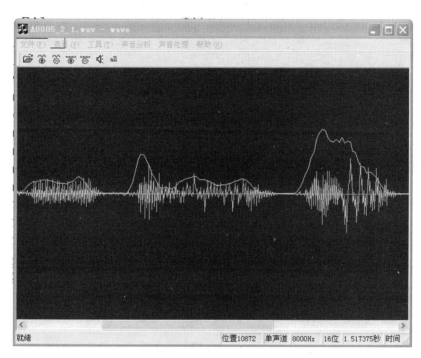

图 5-17　wavTool 对短时能量曲线的绘制

```
void CWaveFile::DrawShortTimeEnergy(HWND m_hWnd,CDC * PDC,CRect &rct,int timescale,
                                int pulsescale)
{   if(IsLoadOK() == false)
        return;
    //设置灰色画笔
    CPen Pen;
    Pen.CreatePen(PS_SOLID,1,RGB(128,128,128));
    PDC->SelectObject(&Pen);
    PDC->SetROP2(R2_COPYPEN);                    //像素为画笔颜色
    //画坐标轴
    int axisy1, y,i,p;
    axisy1 = rct.bottom/2;
    PDC->MoveTo(0,axisy1);
    PDC->LineTo(SampleNum/timescale,axisy1);
    //绘制短时能量曲线
    CPen Pen2;
    Pen2.CreatePen(PS_SOLID,1,RGB(255,255,0));   //黄色
    PDC->SelectObject(&Pen2);
```

```
    PDC - >MoveTo(0,axisy1 - energy[0] * axisy1);
    for(i = 1;i<numFrm;i + + )
    {   p = i * shiftFrm/timescale;
        y = axisy1 - energy[i] * axisy1;
        PDC - >LineTo(p,y);
    }
}
```

（2）短时过零率曲线

wavTool 对声音数据进行短时过零率分析，分析的结果如图 5-18 所示。相应的程序代码如下：

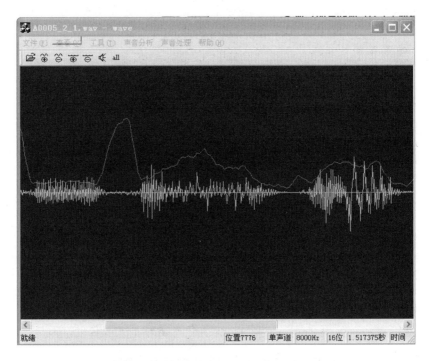

图 5-18　wavTool 对短时过零率曲线的绘制

```
void CWaveFile::DrawZeroCrossingRate(HWND m_hWnd,CDC * PDC,CRect &rct,int timescale,
                                     int pulsescale)
{   if(IsLoadOK() = = false)
        return;
    //设置灰色画笔
    CPen Pen;
    Pen.CreatePen(PS_SOLID,1,RGB(128,128,128));
    PDC - >SelectObject(&Pen);
    PDC - >SetROP2(R2_COPYPEN);                    //像素为画笔颜色
    //画坐标轴
    int axisy1, y,i,p;
    axisy1 = rct.bottom/2;
    PDC - >MoveTo(0,axisy1);
    PDC - >LineTo(SampleNum/timescale,axisy1);
    //绘制过零率
    CPen Pen2;
    Pen2.CreatePen(PS_SOLID,1,RGB(255,0,0));       //红色
```

```
PDC->SelectObject(&Pen2);
PDC->MoveTo(0,axisy1 - zeroCross[0] * axisy1);
for(i = 1;i<numFrm;i++)
{   p = i * shiftFrm/timescale;
    y = axisy1 - zeroCross[i] * axisy1;
    PDC->LineTo(p,y);
}
}
```

5.3.3 文档类 CWaveDoc

在 wavTool 中,文档类 CWaveDoc 主要完成数据的存储,并为视图类 CWaveDoc 提供数据。文档类 CWaveDoc 的声明如下:

```
class CWaveDoc : public CDocument
{
protected: //create from serialization only
    CWaveDoc();
    DECLARE_DYNCREATE(CWaveDoc)
public: //Attributes
    CWaveFile m_WaveFile;
    int TimeScale,PulseScale;
    long samplepos;
public: //Operations

//Overrides
    //ClassWizard generated virtual function overrides
    //{{AFX_VIRTUAL(CWaveDoc)
public:
    virtual BOOL OnNewDocument();
    virtual void Serialize(CArchive& ar);
    //}}AFX_VIRTUAL
//Implementation
public:
    virtual ~CWaveDoc();
#ifdef _DEBUG
    virtual void AssertValid() const;
    virtual void Dump(CDumpContext& dc) const;
#endif
protected:
//Generated message map functions
protected:
    //{{AFX_MSG(CWaveDoc)
    afx_msg void OnUpdateSampleRate(CCmdUI * pCmdUI);
    afx_msg void OnUpdateChannel(CCmdUI * pCmdUI);
    afx_msg void OnUpdateSampleBit(CCmdUI * pCmdUI);
    afx_msg void OnUpdateLength(CCmdUI * pCmdUI);
    afx_msg void OnUpdateTimeScale(CCmdUI * pCmdUI);
    afx_msg void OnUpdatePulseScale(CCmdUI * pCmdUI);
    afx_msg void OnUpdatePosition(CCmdUI * pCmdUI);
    afx_msg void OnAppAbout();
    //}}AFX_MSG
```

```
      DECLARE_MESSAGE_MAP()
};
```

在 CWaveDoc 类中,加黑的部分除属性成员外,都是要实现的成员函数。其中 Serialize (CArchive& ar)完成了对 Wave 文件的读取。

1. Wave 数据的串行化

在 MFC 中,文档存储数据,并协调更新多个数据视图。文档对象的数据存储和读取工作可以由 Serialize 函数来完成,利用该函数和 CArchive 对象就能够完成对指定 Wave 文件的读写。框架程序生成的 Serialize 函数如下:

```
void CWaveDoc∷Serialize(CArchive& ar)
{   if (ar.IsStoring())
    {          }
    else
    {   m_WaveFile. LoadWaveFile(ar);    //读取 Wave 数据
    }
}
```

在这里会涉及"串行化(Serialize)"的概念。所谓串行化是计算机科学中的一个概念,它是指将对象存储到介质(如文件、内存缓冲区等)中或是以二进制方式通过网络传输。MFC 中的串行化是用于对对象进行文件 I/O 的一种机制,该机制在文档/视图模式中得到了很好的应用。串行化可以把变量包括对象,转化成连续 bytes 数据,可以将串行化后的变量存在一个文件里或在网络上传输。

Serialize 函数是 CWaveDoc 提供的串行化接口。一般来讲,要串行化一个对象,就必须与该对象的输入/输出流联系起来,通过对象的输出流将对象的相关信息保存下来(写操作"<<"),再通过对象的输入流将对象的信息进行恢复(读操作">>")。

在具体实现时,可以在 CWaveDoc 类中添加一个 CWaveFile 对象成员,并将对 Wave 文件的读取操作封装在 CWaveFile 类中,由 LoadWaveFile 函数完成(相当于">>"操作)。

CWaveDoc 和 CWaveFile 的关系如图 5-4 所示,相应的代码如下:

```
class CWaveDoc : public CDocument {
public:   //Attributes
    CWaveFile m_WaveFile;    //m_WaveFile 是 CWaveDoc 类的对象成员
};
```

根据实际需要,可以在 CWaveDoc 类中添加其他的数据成员。

2. 状态栏信息显示

状态栏也是一个窗口,位于主框架窗口的底部,它有几个窗格,每个窗格都可以显示不同的信息,一般用于简要解释被选中的菜单命令、工具栏按钮命令,以及当前的操作对象的状态。在 MFC 中,状态栏的功能由 CStatusBar 类实现。状态栏支持两种类型的文本窗格:信息行窗格和状态指示器窗格,如图 5-19 所示。

图 5-19　状态栏

利用 MFC AppWizard 生成的框架程序会自动创建一个标准状态栏,被用来分别显示命令提示信息,Caps Lock、Num Lock、Scroll Lock 键的状态。状态栏的格式由"MainFrm.cpp"文件中的静态数组 indicators 所定义。

状态栏可以随时为用户提供当前程序状态信息，它既不接受用户输入也不产生命令消息，它的作用只是在状态栏的窗格（pane）中显示一些文本信息。状态指示器窗格的内容通常与一个字符串相关联，通过"更新命令 UI 消息"，调用该字符串的 ID 将其显示出来。可以按下面的方法，在标准状态栏的基础上定制所需要的状态栏：

（1）在资源管理器的 String Table 中，添加所需的字符串及所显示的标题，如：

ID	Value	Caption
ID_INDICATOR_LENGTH	**59146**	**0.000000 秒**

（2）在 MainFrm.cpp 中，为静态数组 indicators 添加 String Table 中相应的字符串：

```
static UINT indicators[] =
{
    ID_SEPARATOR,              //Status line indicator
    ID_INDICATOR_CAPS,
    ID_INDICATOR_NUM,
    ID_INDICATOR_SCRL,
    ID_INDICATOR_LENGTH,       //String Table 中设置的字符串
    …,
};
```

其中，它的第一项为 ID_SEPARATOR，该 ID 对应的位置用来显示命令提示信息，后面的项都是字符串 ID，可以在 String Table 字符串资源中找到。ID_INDICATOR_LENGTH 是用户定制的状态信息，程序运行时将会在相应窗格显示 Wave 数据的时间长度（s）。

Indicators 数组与状态栏"m_wndStatusBar"的联系是通过 CStatusBar 类的成员函数 SetIndicators 来实现的：

```
m_wndStatusBar.SetIndicators (indicators, sizeof(indicators)/sizeof(UINT)) ;
```

这将在框架程序中生成状态栏。

（3）手工添加状态栏对"Wave 数据长度——Length"状态改变的 ON_UPDATE_COM-MAND_UI 消息。首先在 CWaveDoc（也可以是 CMainFrame 等其他类）类声明中添加消息响应函数的原型，其相应的代码如下：

```
class CWaveDoc : public CDocument
{
protected:
    //{{AFX_MSG(CWaveDoc)
    afx_msg void OnUpdateLength(CCmdUI * pCmdUI);
    //}}AFX_MSG
    DECLARE_MESSAGE_MAP()
};
```

然后在 CWaveDoc 类的消息映射表中，为状态栏的相应栏（如 ID_INDICATOR_LENGTH）手工添加消息映射入口项：

```
BEGIN_MESSAGE_MAP(CWaveDoc, CDocument)
 //{{AFX_MSG_MAP(CWaveDoc)
 ON_UPDATE_COMMAND_UI(ID_INDICATOR_LENGTH, OnUpdateLength)
 //}}AFX_MSG_MAP
END_MESSAGE_MAP()
```

最后实现 Update 消息响应函数：

```
void CWaveDoc::OnUpdateLength(CCmdUI * pCmdUI)   //显示 wav 长度（单位:s）
{   char c[30];
```

```
    int l = m_WaveFile.GetDataLength();
    int bl = m_WaveFile.GetDataBlockLength();
    float sr = m_WaveFile.GetSampleRate();
    float t;
    if(sr == 0) t = 0;
    else t = (1/bl)/sr;
    sprintf(c,"%f 秒",t);
    pCmdUI->SetText(c);
}
```

其他的 Update 函数不再予以介绍,请读者自行实现。

5.3.4　视图类 CWaveView

视图类对象的作用是在客户区显示文档类对象的内容。在视图类 CWaveView 中,通过成员函数 GetDocument()得到文档类对象的指针,这样利用该指针就可以调用文档类的数据成员和成员函数了。

wavTool 中的视图类 CWaveView 完成的主要功能有:(1)图形绘制;(2)菜单和工具栏命令的响应;(3)菜单和工具栏变灰处理。CWaveView 的声明如下:

```
class CWaveView : public CScrollView
{
protected:
    CString m_ClassName;
    HCURSOR m_HCross;
    int m_LDragging, m_RDragging;
    CPoint m_PointOldL, m_PointOldR;
    BOOL m_zerorate;
    BOOL m_energy;
    BOOL m_spectrogram;
protected: //create from serialization only
    CWaveView();
    DECLARE_DYNCREATE(CWaveView)
//Attributes
public:
    CWaveDoc * GetDocument();
//Operations
public:
    RECT rectclient;
    //Overrides
    //ClassWizard generated virtual function overrides
    //{{AFX_VIRTUAL(CWaveView)
    public:
    virtual void OnDraw(CDC * pDC);   //overridden to draw this view
    virtual BOOL PreCreateWindow(CREATESTRUCT& cs);
    protected:
    virtual void OnInitialUpdate(); //called first time after construct
    //}}AFX_VIRTUAL
//Implementation
public:
    virtual ~CWaveView();
#ifdef _DEBUG
```

```
        virtual void AssertValid() const;
        virtual void Dump(CDumpContext& dc) const;
    #endif
    protected:
    //Generated message map functions
    protected:
        //{{AFX_MSG(CWaveView)
        afx_msg void OnLButtonDown(UINT nFlags, CPoint point);
        afx_msg void OnLButtonUp(UINT nFlags, CPoint point);
        afx_msg void OnRButtonDown(UINT nFlags, CPoint point);
        afx_msg void OnRButtonUp(UINT nFlags, CPoint point);
        afx_msg void OnMouseMove(UINT nFlags, CPoint point);
        afx_msg void OnPlay();
        afx_msg void OnUpdatePlay(CCmdUI * pCmdUI);
        afx_msg void OnPulsezoomin();
        afx_msg void OnUpdatePulsezoomin(CCmdUI * pCmdUI);
        afx_msg void OnPulsezoomout();
        afx_msg void OnUpdatePulsezoomout(CCmdUI * pCmdUI);
        afx_msg void OnTimezoomin();
        afx_msg void OnUpdateTimezoomin(CCmdUI * pCmdUI);
        afx_msg void OnTimezoomout();
        afx_msg void OnUpdateTimezoomout(CCmdUI * pCmdUI);
        afx_msg void OnAll();
        afx_msg void OnUpdateAll(CCmdUI * pCmdUI);
        afx_msg void OnZeroCross();
        afx_msg void OnDecimate();
        afx_msg void OnEnergy();
        afx_msg void OnInterpolation();
        afx_msg void OnSpectrum();
        //}}AFX_MSG
        DECLARE_MESSAGE_MAP()
};
```

在 CWaveView 类中,加黑的部分除属性成员外,都是要实现的成员函数,下面分别给予介绍。

1. 图形绘制

MFC AppWizard 生成的框架程序会自动产生 OnDraw 函数,用户可以在该函数的函数体内添加自己的绘图代码:

```
void CWaveView::OnDraw(CDC * pDC)
{
    CWaveDoc * pDoc = GetDocument();          //AppWizard 生成的代码
    ASSERT_VALID(pDoc);                       //AppWizard 生成的代码
    //获得用户区域
    CRect ViewRect;
    GetClientRect(&ViewRect);
    rectclient = ViewRect;
    CSize sizeTotal;
    if(m_spectrogram == false)
    {   if(pDoc->TimeScale >= 16&&pDoc->m_WaveFile.IsLoadOK())
            pDoc->TimeScale = pDoc->m_WaveFile.GetSampleNum()/ViewRect.Width();
        //设置滚动视图当前映射模式、总体尺寸、页数和行数
```

```
            sizeTotal.cx = pDoc->m_WaveFile.GetSampleNum()/pDoc->TimeScale;
            sizeTotal.cy = ViewRect.Height();
            SetScrollSizes(MM_TEXT, sizeTotal);

            //设置区域背景为蓝色
            CRect srect(pDoc->m_WaveFile.StartPos/pDoc->TimeScale,0,pDoc->m_WaveFile.EndPos/
                        pDoc->TimeScale,ViewRect.bottom);
            CBrush bluebrush;
            bluebrush.CreateSolidBrush(RGB(0,0,128));
            pDC->FillRect(srect,&bluebrush);

            //显示短时能量
            if(m_energy)
                pDoc->m_WaveFile.DrawShortTimeEnergy(m_hWnd,pDC,ViewRect,pDoc->TimeScale,pDoc
                                            ->PulseScale);
            //显示短时过滤率
            if(m_zerorate)
                pDoc->m_WaveFile.DrawZeroCrossingRate(m_hWnd,pDC,ViewRect,pDoc->TimeScale,
                                            pDoc->PulseScale);
            //显示 wave 波形
                pDoc->m_WaveFile.DrawWave(m_hWnd,pDC,ViewRect,pDoc->TimeScale,pDoc->PulseS-
                                            cale);
        }
        else
        {
                //在此添加绘制语谱图的代码
        }
    }
```

通过对 OnDraw()函数的调用,可以显示 wave 波形、短时能量曲线、短时过零率曲线和语谱图。在这里没有给出语谱图的绘制代码,请读者自行实现。

2. 菜单和工具栏命令的响应

当单击一个菜单项或单击工具栏的一个按钮时,相应的功能被执行。对于这些"单击菜单项和工具栏按钮"事件的消息处理和响应可以由 CWaveView 来完成。这些事件所对应的软件功能有:(1)声音播放;(2)短时能量;(3)短时过零率;(4)语谱分析;(5)声音的内插;(6)声音的抽取等。

在 5.3.2 小节中已经对"声音播放"、"声音内插"事件的响应做了介绍,下面介绍对"短时能量"和"短时过零率"事件的响应。

```
    void CWaveView::OnEnergy()              //"短时能量"的响应函数
    {   if(m_energy == true)
            m_energy = false;
        else
            m_energy = true,m_zerorate = false,m_spectrogram = false;
        InvalidateRect(&rectclient,true);       //该函数会引发对 OnDraw 函数的调用
    }
    void CWaveView::OnZeroCross()           //"短时过零率"的响应函数
    {   if(m_zerorate == true)
            m_zerorate = false;
        else
```

```
        m_zerorate = true,m_energy = false,m_spectrogram = false;
    InvalidateRect(&rectclient,false);
}
```

3. 菜单和工具栏变灰处理

在安排菜单和工具栏界面时,有时需要某一菜单项或工具栏按钮"变灰",这意味着相应的功能将被禁止。在 MFC 中,这种界面需求可以通讨响应 UPDATE_COMMAND_UI 消息来实现。

对于每一个菜单项或工具栏按钮,都可以响应两个命令消息:一个是 WM_COMMAND 消息——处理该菜单或按钮对应的功能;另一个是 UPDATE_COMMAND_UI 消息——处理相应菜单项或按钮的状态,比如使菜单项、按钮"变灰",或选中某一菜单项。

通过消息映射机制,MFC 框架程序将把命令消息按一定的路径分发给多种具备消息处理能力的对象进行处理,如文档对象、视图对象、应用程序对象等。

Wave 案例可以使用 CWaveView 对象处理菜单和工具栏按钮的界面。每当菜单被打开但尚未显示之前,相应菜单项(以及对应的工具栏按钮)就会收到 UPDATE_COMMAND_UI 消息,其相应的消息响应函数将被调用。

【例 5-3】 对"声音播放"菜单项(按钮)的界面处理。

解 (1)利用 Class Wizard 为"声音播放"菜单项添加 UPDATE_COMMAND_UI 消息映射入口项。生成结果:

```
//waveView.h
class CWaveView : public CScrollView
{
    //{{AFX_MSG(CWaveView)
    afx_msg void OnUpdatePlay(CCmdUI * pCmdUI);
    //}}AFX_MSG
    DECLARE_MESSAGE_MAP()
}
//waveView.cpp
BEGIN_MESSAGE_MAP(CWaveView, CScrollView)
    //{{AFX_MSG_MAP(CWaveView)
    ON_UPDATE_COMMAND_UI(ID_TOOLS_PLAY, OnUpdatePlay)
    //}}AFX_MSG_MAP
END_MESSAGE_MAP()
```

(2) OnUpdatePlay 函数的实现

```
void CWaveView::OnUpdatePlay(CCmdUI * pCmdUI)
{
    CWaveDoc * PDoc = GetDocument();
    if(PDoc - >m_WaveFile.IsLoadOK() == true)
        pCmdUI - >Enable();
    else
        pCmdUI - >Enable(false);
}
```

【例 5-4】 实现音频信号分析处理软件 wavTool。

解 按照 5.3 节讲解的步骤,建立 MFC 单文档应用程序框架,添加自定义类 CWaveFile,并修改文档类和视图类。程序运行效果如图 5-2 所示。

深入思考

在 wavTool 的实现中,并没有给出绘制谱图的代码,而且声音播放也采用了比较简单的方法,没有使用 DirectSound 技术。

1. 请添加语谱图的功能。
2. 用 DirectSoung 技术播放语音。
3. 填加其他对语音分析或处理的功能,如改变语速。

第6章　图像处理程序

本章演示如何设计、实现一个可进行简单图像处理的程序 ImgProc。ImgProc 程序参考第 1 章的内容，使用 Windows API 技术开发。

图像是在二维空间中由一系列排列有序的像素组成的，在计算机中常用的存储格式有：BMP、TIFF、EPS、JPEG、GIF、PSD、PNG 等。本章首先介绍图像基本知识和 BMP 图像格式，然后介绍几个基本的图像处理算法，并进行程序设计实现。涉及的知识点包括：

- BMP 图像基础知识；
- 图像处理基本算法。

6.1　项目分析和设计

6.1.1　需求分析

1. 功能需求

打开 BMP 文件，并显示到屏幕上，BMP 图像支持 1、4、8、24 bit 非压缩图像。

对 BMP 文件进行处理，如变为灰度图像、二值化、平滑、连通域分析等操作，包括：

（1）将原始图像转换为 8 bit 灰度图像，并在界面中显示。

（2）将 8 bit 灰度图像转换为 8 bit 二值图像（图像中只有黑、白两种颜色），并在界面中显示。

（3）对二值图像进行平滑、连通域分析等操作，并在界面中显示。

将界面中的图像保存到新的 BMP 文件中。

2. 界面要求

所有处理效果可以在界面中实时展示。

6.1.2　界面设计

在界面上可设置菜单，用户通过选择菜单项，完成特定处理功能，在绘图客户区可以显示处理之后的结果，如图 6-1 所示。

6.1.3　总体设计

图像处理程序的编写可以在第 1 章 Draw 应用程

图 6-1　程序界面

序的框架基础上完成。因此其软件结构示意图与 Draw 应用程序类似,如图 6-2 所示。首先定义了一组图像处理类,为绘图类提供服务,图像处理类的处理结果可通过绘图类展示到界面中。绘图类在第 1 章绘图类 GraphicWindow 的基础上进行简单的功能增加即可。

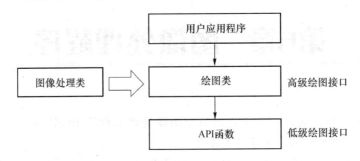

图 6-2　软件的架构

图 6-3 是程序的类关系图。绘图类 GraphicWindow 对 API 函数进行了封装,用户应用程序可以使用绘图类进行图像显示,简化了编程。图像处理类 CImgProc 完成图像的各种操作,为绘图类提供服务,它是由 CDib 类派生而来,CDib 类完成基本的 BMP 图像打开、保存等操作。

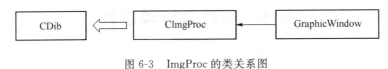

图 6-3　ImgProc 的类关系图

6.2　BMP 图像基础知识

6.2.1　图像基本概念

我们平时所说的图像是指具有视觉效果的画面,如纸介质上的图,底片或照片上的内容,电视、投影仪或计算机屏幕上的图片等。图像根据图像记录方式的不同可分为两大类:模拟图像和数字图像。模拟图像可以通过某种物理量(如光、电等)的强弱变化来记录图像亮度信息,如模拟电视图像;而数字图像则是用计算机存储的数据来记录图像上各点的亮度信息。

计算机处理的图像均为数字图像,在二维空间中由一系列排列有序的像素组成,每个像素由某种颜色表示。在计算机中常用的存储格式有 BMP、TIFF、EPS、JPEG、GIF、PSD、PNG 等。

表示像素颜色的方法有多种,如 HSV 模型、HIS 模型、RGB 模型、CMYK 模型、HSL 模型、HSB 模型、Lab 模型、YUV 模型等。而 RGB 模型是我们使用最多,最熟悉的颜色模型,它采用三维直角坐标系,红、绿、蓝原色是加性原色,各个原色混合在一起可以产生复合色。例如,红、绿、蓝三个通道的值相同时表示无色彩的灰色,红色和绿色混合产生黄色。接下来介绍的 BMP 图像就是采用 GRB 模型表示颜色的。

6.2.2　BMP 图像基础

计算机处理的数字图像通常由采样点的颜色值表示,每个采样点叫作一个像素(pixel)。

因此,数字图像在计算机中往往按矩阵的形式被存储和操作。图像文件因其图像存储格式不同而有不同的文件名,其中最常见的图像格式是位图文件,文件扩展名为". bmp"。本节通过分析对位图文件的处理,使读者了解矩阵的基本操作及其在数字图像处理中的应用。

数字图像中的每个像素值通常用对应的颜色值来表示,颜色值的范围决定了图像的颜色深度。下面介绍几种常见的图像:

- 单色图像。图像中每个像素只需要一个 bit 存储,其值为"0"或"1"。例如,"0"代表黑,"1"代表白。
- 灰度图像。一般有 256 级灰度,因此图像中每个像素的灰度值由 8 个 bit 组成。
- 伪彩色图像。类似于灰度图像,每个像素值由一个字节组成,因此共有 256 种颜色,每个像素值代表一种颜色,其对应关系一般通过图像颜色表来映射。伪彩色图像基本具有照片的效果,比较真实。通常将 256 级灰度和伪彩色图像称为 8 位位图图像。
- 24 位真彩色图像。图像中每个像素值由三个字节表示,三个字节分别代表红、绿、蓝三个分量,取值为 0~255。由于每个像素反映的颜色可以通过红、绿、蓝三个分量直接表示,因此这种图像一般不再需要图像颜色表。24 位真彩色图像具有更多的颜色,因此图像效果更为逼真,基本达到照片的效果。

BMP 文件可以存储上述各种类型的图像。基本的 BMP 文件结构一般由文件头、位图信息头、颜色信息和图像数据四部分构成,如图 6-4 所示。

位图文件头结构
BITMAPFILEHEADER

位图信息头结构
BITMAPINFOHEADER

位图颜色表
若干个 RGBQUAD 结构

位图图像数据

图 6-4　位图结构

下面给出各部分结构的定义,其中的数据类型直接采用 Visual C++ 中的类型形式,如 WORD、DWORD 等,这些类型的定义如下:

```
typedef unsigned short WORD;
typedef unsigned long DWORD;
typedef long LONG;
typedef unsigned char BYTE;
```

位图文件头结构包含有 BMP 文件的类型、文件大小和位图起始位置等信息。该结构定义如下:

```
typedef struct _tagBITMAPFILEHEADER {
    WORD    bfType;         //位图文件的类型,两字节,必须为 BM 两字符的 ASCII,即 0X4D42
    DWORD   bfSize;         //位图文件的大小,以字节为单位
    WORD    bfReserved1;    //保留字,必须为 0
    WORD    bfReserved2;    //保留字,必须为 0
    DWORD   bfOffBits;      //位图数据的起始位置,即相对于位图文件头的偏移量
```

} _BITMAPFILEHEADER;

位图信息头结构用于说明位图的宽度、高度、颜色深度等信息。该结构定义如下：

```
typedef struct _tagBITMAPINFOHEADER{
    DWORD    biSize;            //本结构所占用的字节数
    LONG     biWidth;           //位图的宽度
    LONG     biHeight;          //位图的高度
    WORD     biPlanes;          //目标设备的级别,必须为1
    WORD     biBitCount;        //每个像素所需的位数,一般为1(双色),4(16色),8(256色),16(高
彩色),24(真彩色)或32(增强真彩色)等
    DWORD    biCompression;     //压缩类型,一般为0(不压缩),1(BI_RLE8压缩),2(BI_RLE4压缩)
    DWORD    biSizeImage;       //位图的大小,以字节为单位
    LONG     biXPelsPerMeter;   //位图水平分辨率(每米像素数)
    LONG     biYPelsPerMeter;   //位图垂直分辨率(每米像素数)
    DWORD    biClrUsed;         //位图实际使用的颜色表中的颜色数
    DWORD    biClrImportant;    //位图显示过程中重要的颜色数
} _BITMAPINFOHEADER;
```

在该结构中,biBitCount 决定了图像的颜色数。biCompression 定义了压缩类型,在后续的例子中,我们假定图像没有进行压缩,即 biCompression=0。

位图颜色表用于说明每种像素值代表的颜色。每种颜色的定义都采用 RGBQUAD 结构说明,因此颜色表由若干 RGBQUAD 结构的表项构成。该结构定义如下：

```
typedef struct _tagRGBQUAD {
    BYTE    rgbBlue;        //蓝色的亮度(范围0~255)
    BYTE    rgbGreen;       //绿色的亮度(范围0~255)
    BYTE    rgbRed;         //红色的亮度(范围0~255)
    BYTE    rgbReserved;    //保留字,必须为0
} _RGBQUAD;
```

显然,当 biBitCount=1 时,图像为单色图像,位图颜色表只需要包含 2 个_RGBQUAD 结构的表项;当 biBitCount=4、8 时,颜色表只需要包含 16、256 个表项;而当 biBitCount=24 时,图像为真彩色图像,每个像素有 24bit,可以准确地表达颜色信息,因此不需要位图颜色表。

有时图像在表示时可能不需要使用所有的颜色,如对于 8 位位图图像,最多可以有 256 种颜色,而如果图像中只使用了少量颜色,则颜色表可以只包含实际使用的颜色,这样表项数量减少,需要用 biClrUsed 字段指明具体的表项数量,否则将其设置为 0,说明表项数量是满的。颜色表中常常将重要的颜色排在前面。

下面介绍位图数据的存储形式。如前所述,位图数据可看作矩阵。在存储时,位图数据按各行自下而上、每行从左到右记录了其每一个像素值,因此图像存储时是上下颠倒的。每个像素所占的字节数因颜色深度不同而不同：

- 当 biBitCount=1 时,图像为单色图像,8 个像素占用 1 个字节。
- 当 biBitCount=4 时,图像为 16 色图像,2 个像素占用 1 个字节。
- 当 biBitCount=8 时,图像为 256 色图像,1 个像素占用 1 个字节。
- 当 biBitCount=16 时,图像为彩色图像,1 个像素占用 2 个字节,通常 RGB 分量占的 bit 数分别为 5、5、5 或 5、6、5,该格式不常用。
- 当 biBitCount=24 时,图像为真彩色图像,1 个像素占用 3 个字节。
- 当 biBitCount=32 时,图像为真彩色图像,1 个像素占用 4 个字节。在 24 位真彩色图像的基础上再增加表示图像透明度信息的 Alpha 通道,该通道占用了一个字节。

其中 8 位位图数据紧跟在位图颜色表的后面,每个像素的值代表了其颜色在位图颜色表

中的索引。数据可以不压缩,也可以采用游程编码(RLE)进行压缩。图像数据以行为单位进行存储,每行像素存储所占的字节数必须为 4 的倍数,不足时将多余位用"0"填充。真彩色图像每个像素占三字节,从左到右每个字节分别为蓝、绿、红的颜色值,每行存储所占字节数若不是 4 的倍数则用"0"进行填充。

6.3　图像处理基础操作

6.3.1　BMP 文件的打开与保存功能实现

虽然 Windows 对 BMP 文件的处理提供了丰富的类库和函数库,但本设计中除了显示图像功能采用 Windows API 来实现外,对 BMP 文件的其他操作全部单独设计相应的类完成。这样的好处是即使不在 Windows 环境下,该类依然可以处理 BMP 文件。

1. BMP 文件基本操作类 CDib

首先设计简单的 BMP 文件基本操作类——CDib 类。该类完成 BMP 文件的打开和保存等操作。在此先设计简单的 CDib 类,后续随着功能的增加,可以不断完善和改进该类。该类的声明可在 cdib. h 文件中,成员函数的定义在 cdib. cpp 文件中。

CDib 类定义如下:

```
class CDib
{
public:
    CDib();                              //默认构造函数
    ~CDib();                             //析构函数
    bool Load( const char * filename);   //打开 BMP 文件
    bool CDib::Save(const char * filename); //保存 BMP 文件
    int GetNumberOfColors();             //获取颜色表的表项数目
    int GetWidth();                      //获取图像宽度
    int GetHeight();                     //获取图像宽度
    BYTE * GetPDib();                    //获取 m_pDib 指针
    BYTE * GetData();                    //获取 m_pOrigDib 指针
protected:
    _BITMAPFILEHEADER m_BitmapFileHeader; //BMP 文件头结构
    BYTE * m_pDib;                        //信息头、颜色表和图像阵列构成的全部内存的首地址
    _BITMAPINFOHEADER * m_pBitmapInfoHeader;//指向 BMP 文件信息结构
    _RGBQUAD * m_pRgbQuad;                //指向颜色表
    BYTE * m_pOrigData;                   //指向图像阵列内存的首地址
};
```

类中的数据成员采用保护类型,原因是考虑到后面 CDib 类的派生类中可以直接使用这些成员。

该类的构造函数完成所有指针数据成员的初始化,构造函数定义如下:

```
CDib::CDib()
{
    m_pDib = NULL;
    m_pBitmapInfoHeader = NULL;
    m_pRgbQuad = NULL;
    m_pOrigData = NULL;
}
```

2. BMP 文件打开操作

根据前面对 BMP 文件结构的分析，将 BMP 文件打开，可以读取 4 部分内容，分别为文件头数据、BMP 信息头数据、颜色表数据和像素矩阵数据。

CDib 类的 Load 函数完成 BMP 文件的打开操作，将文件内容读取。文件头直接存储到成员变量 m_BitmapFileHeader 中。文件的其他内容直接存储到堆内存中，内存的首地址存储到 m_pDib 中。按照 BMP 文件格式，内存中的内容又分为 3 部分，BMP 信息头数据、颜色表数据和像素矩阵数据，它们的首地址分别赋值到指针成员变量 m_pBitmapInfoHeader、m_pRgbQuad 和 m_pOrigData 中。

下面给出 Load 函数的定义。

```
bool CDib::Load(const char * filename)
{
    ifstream ifs(filename,ios::binary);                          //打开文件
    if (ifs.fail()) return false;

    ifs.seekg(0,ios::end);                                       //文件指针指向文件末尾
    int size = ifs.tellg ();                                     //得到文件大小
    ifs.seekg (0,ios::beg);                                      //文件指针指向文件头
    ifs.read((char *)&m_BitmapFileHeader,sizeof(_BITMAPFILEHEADER));  //读取位图文件头结构
    if (m_BitmapFileHeader.bfType != 0x4d42){
        throw "文件类型不正确!";
        return false;
    }
    if (size!= m_BitmapFileHeader.bfSize){
        throw "文件格式不正确!";
        return false;
    }
    if (m_pDib) {
        delete [] m_pDib;
    }
    m_pDib = new BYTE [size - sizeof (_BITMAPFILEHEADER)];       //用于存储文件后三部分数据

    ifs.read ((char *)m_pDib,size - sizeof (_BITMAPFILEHEADER)); //读取文件后三部分数据
    m_pBitmapInfoHeader = (_BITMAPINFOHEADER * ) m_pDib;
    if (m_pBitmapInfoHeader ->biCompression!= 0) {
        if (m_pDib) delete [] m_pDib;
        m_pDib = NULL;
        throw "压缩文件暂不处理";
        return false;
    }
    m_pRgbQuad = (_RGBQUAD * )(m_pDib+ sizeof(_BITMAPINFOHEADER));
    int colorTableSize = m_BitmapFileHeader.bfOffBits - sizeof(_BITMAPFILEHEADER) -
                         m_pBitmapInfoHeader ->biSize;
    int numberOfColors = GetNumberOfColors();                    //获取颜色数目
    if (numberOfColors * sizeof(_RGBQUAD)!= colorTableSize) {    //校验文件结构
        if (m_pDib) delete [] m_pDib;
        m_pDib = NULL;
        throw "颜色表大小计算错误!";
        return false;
    }
```

```
        m_pOrigData = m_pDib + sizeof(_BITMAPINFOHEADER) + colorTableSize;

    return true;
}
```

在 Load 函数中,在堆中新开辟一块内存存储 BMP 文件的后三部分内容,内存首地址存储到 m_pDib 中,因此,在类的析构函数中要进行释放。因此,析构函数定义如下:

```
CDib::~CDib()
{
    if (m_pDib) {
        delete []m_pDib;
    }
}
```

在 Load 函数中,调用 GetNumberOfColors()获取颜色表中的颜色定义的个数,该函数定义如下:

```
int CDib::GetNumberOfColors()
{
    int numberOfColors = 0;
    if (m_pDib){
        if (m_pBitmapInfoHeader->biClrUsed)              //信息头中定义了颜色表的项目数
            numberOfColors = m_pBitmapInfoHeader->biClrUsed;
        else //m_pBitmapInfoHeader->biClrUsed 为 0 表示颜色表是满的
        {
            switch (m_pBitmapInfoHeader->biBitCount ){
            case 1: numberOfColors = 2; break;            //单色图像
            case 4:  numberOfColors = 16; break;          //16 色图像
            case 8:  numberOfColors = 256;  break;        //256 色图像
            }
        }
    }
    return numberOfColors;
}
```

除了以上几个函数的定义外,该类还提供了几个接口,分别获取图像的长、宽、m_pDib 指针以及 m_pOrigData 指针。这些函数定义如下:

```
//获取图像宽度
int CDib::GetWidth()
{
    if (!m_pDib) throw "file not opened.";
    return m_pBitmapInfoHeader -> biWidth;
}
//获取图像高度
int CDib::GetHeight()
{
    if (!m_pDib) throw "file not opened.";
    return m_pBitmapInfoHeader -> biHeight;
}
//获取 m_pDib
BYTE *  CDib::GetPDib()
{
    return m_pDib;
}
```

```
//获取 m_pOrigData
BYTE *  CDib::GetData()
{
    return m_pOrigData;
}
```

3. BMP 文件保存操作

将当前内存中的 BMP 图像保存到指定文件中,意味着只需要将 BMP 文件的四部分内容写入到文件即可。由于后三部分内容在内存中是连续的,首地址存储在 m_pDib 中,因此写 BMP 文件非常简单,下面给出具体实现。

```
bool CDib::Save(const char * filename)
{
    if (!m_pDib) return false;
    ofstream ofs(filename,ios::binary);
    if (ofs.fail()) return false;
    //写位图文件头结构
    ofs.write((char *)&m_BitmapFileHeader,sizeof(_BITMAPFILEHEADER));
    //写其他部分
    ofs.write((char *)m_pDib,m_BitmapFileHeader.bfSize - sizeof(_BITMAPFILEHEADER));
    ofs.close();
    return true;
}
```

至此,该类的基本功能设计完成,接下来将要考虑如何修改 GraphicWindow 类实现图像的显示。

6.3.2 BMP 图像显示功能实现

参考第 1 章 GraphicWindow 类的设计,显示图像可在 GraphicWindow 类中增加接口:
```
GraphicWindow& operator<<(CDib & t);
```
通过该接口,将 CDib 的对象引用通过操作符“<<”提交给 GraphicWindow 对象,完成图像的显示功能。该运算符重载函数处理思路如下:

(1) 调用 GetWindowRect 函数,获取当前窗口的位置。

(2) 调用 MoveWindow 函数,更改窗口大小,使其刚好可以显示出新的图像。

(3) 调用 CreateDIBitmap 函数,创建图像对应的 HBITMAP 句柄。

(4) 调用 SelectObject 函数,将图像加载到 DC 中。

该函数设计如下:
```
GraphicWindow& GraphicWindow::operator<<(CDib &s)
{
    BYTE * pDib = s.GetPDib();
    BYTE * pData = s.GetData();
    _disp_xmax = s.GetWidth() - 1;
    _disp_ymax = s.GetHeight() - 1;

    RECT rect;
    GetWindowRect(_hwnd, &rect);
    int xborder = GetSystemMetrics(SM_CXBORDER);
    int yborder = GetSystemMetrics(SM_CYBORDER);
    int c_h = GetSystemMetrics(SM_CYCAPTION);
    int m_h = GetSystemMetrics(SM_CYMENUSIZE);
```

```
MoveWindow(
    _hwnd,            //window 句柄
    rect.left,              //左侧位置
    rect.top,               //顶部位置
    _disp_xmax + 1 + xborder * 4 ,      //宽度
    _disp_ymax + 1 + yborder * 4 + c_h + m_h,       //高度
    true    //repaint 选项
    );
HBITMAP _myhBmp = CreateDIBitmap(GetWindowDC(NULL),
    (BITMAPINFOHEADER * )(pDib),
    CBM_INIT,
    pData,
    (BITMAPINFO * )(pDib),
    DIB_RGB_COLORS);
//将位图放到内存 dc
HBITMAP oldBmp = (HBITMAP)SelectObject(_hdc,_myhBmp);
DeleteObject(oldBmp);
return * this;
}
```

接下来,就可以实现打开 BMP 图像并进行显示的功能,在这里给出举例代码:

```
CDib cdib;
cdib.Load(fileName);
cwin << cdib;
```

6.3.3　图像处理类设计

CDib 类只能进行 BMP 文件的简单打开和保存。本项目还需要对 BMP 图像灰度化、二值化、平滑、连通域分析等操作,我们设计一个 CDib 类的派生类 CImgProc 来完成这些操作。

1. CImgProc 类设计

CDib 类的派生类 CImgProc 将完成 BMP 图像灰度化、二值化、平滑、连通域分析等操作。由于每种操作在进行前需要判断当前图像是否允许该操作,我们设计枚举类型:

```
enum PROC_STATUS { NOOPEN, OPENED, GRAY, BINARY, SMOOTH, ISLAND};
```

表示每种操作完成后的状态。例如,若当前状态为 NOOPEN,表示没有文件打开,此时只能进行文件打开操作,其他操作不能执行。图像处理的每种操作要求状态如下:

(1)若当前状态为任意状态,都可以进行“文件打开”操作。

(2)若当前状态不为 NOOPEN 状态,则可以进行“灰度化”操作。

(3)若当前状态不为 NOOPEN 且不为 OPENED 状态,则可以进行“二值化”操作和“平滑”操作。

(4)若当前状态为 BINARY 状态或 ISLAND 状态,则可以进行“连通域分析”操作。

下面给出 CImgProc 类的定义:

```
# ifndef CIMGPROC
# define CIMGPROC
# include ˜cdib.h˜
enum PROC_STATUS { NOOPEN, OPENED, GRAY, BINARY, SMOOTH, ISLAND};
class CImgProc:public CDib
{
public:
    CImgProc();
```

```cpp
        bool Load( const char * filename);              //打开 BMP 文件
        bool ConvertGray();                             //将原始图转换为 8bit 灰度图
        bool Smooth (int n);                            //针对 bit 灰度图进行平滑操作,n = 4 或 8
        unsigned int island();                          //连通域分析,对图像不做修改
        void Binary();                                  //对图像进行二值化处理
    private:
        int GetBytesPerLine(int nWidth, int nColor);    //得到每行的实际字节数(应为的倍数)
        void Convert8_24To8Gray();                      //将 bit 图转换为色灰度图
        void Convert1_4To8();
        int GetColorDepth();                            //获取图像颜色深度
        bool Create(int nWidth, int nHeight, int nColor);
        int ToGray(int Red, int Blue, int Green);       //RGB 转灰度公式
        int getBinary();
        int NewTableSize(int nColor);                   //建立默认的位图颜色表内存大小
        _BITMAPINFOHEADER * SetInfoHeader(BYTE * pDib, int nWidth, int nHeight, int nColor);
                                                        //设置信息头
        _BITMAPFILEHEADER CreateFileHeader(int nWidth, int nHeight, int nColor);//构建文件头
        void SetColor(_RGBQUAD * rgb, BYTE r, BYTE g, BYTE b); //设置颜色表项
        bool Smooth4 (const unsigned char * pData, unsigned char * pNewData, int nWidth, int nHeight );
                                                        //4 - 邻域平滑
        bool Smooth8 (const unsigned char * pData, unsigned char * pNewData, int nWidth, int nHeight );
                                                        //8 - 邻域平滑
        PROC_STATUS m_Status;                           //存储当前操作状态
};
#endif
```

2. CImgProc 类基础函数的实现

CImgProc 类的构造函数主要进行 m_Status 状态的初始化,Load 函数覆盖了基类的同名函数,这两个函数的定义如下:

```cpp
CImgProc::CImgProc()
{
    m_Status = NOOPEN;
}
bool CImgProc::Load(const char * filename)
{
    bool ret = CDib::Load(filename);                    //调用基类的 Load 函数
    if (ret){
        m_Status = OPENED;
    }
    return ret;
}
```

CImgProc 类中有些基本操作在各个函数中都可能用到,如:

```cpp
//设置颜色表项的颜色
void CImgProc::SetColor(_RGBQUAD * rgb, BYTE r, BYTE g, BYTE b)
{
    if (rgb){
        rgb->rgbRed   = r;
        rgb->rgbGreen = g;
        rgb->rgbBlue = b;
        rgb->rgbReserved = 0;
    }
    else throw "表项不存在";
```

```
}
//GRB 转换为灰度值
int CImgProc::ToGray(int Red, int Blue, int Green)
{
    return 0.3 * Red + 0.59 * Blue + 0.11 * Green;
}


//获取默认颜色表所占内存人小
int CImgProc::NewTableSize(int nColor)
{
    if ( nColor == 1 )
        return 2 * sizeof (_RGBQUAD);
    else if( nColor == 4 )
        return 16 * sizeof (_RGBQUAD);
    else if( nColor == 8 )
        return 256 * sizeof (_RGBQUAD);
    else
        return 0;
}


//获取颜色深度
int CImgProc::GetColorDepth()
{
    if (! m_pDib)  throw "file not opened.";
    return m_pBitmapInfoHeader − >biBitCount;
}
//计算每行占用的字节数
int CImgProc::GetBytesPerLine(int nWidth,int nColor)
{
    return ((nWidth * nColor + 31)/32) * 4;
}
```

3. 原始图转 8bit 灰度图操作

由于原始图的颜色位数不确定,因此需要分别考虑:

(1) 对于 8 bit 图像,只需要对其颜色表中的 RGB 三个分量重新计算,得到相同的灰度值进行替换,即可完成灰度处理。新的数据依然存储在原来的内存中。

(2) 对于 1 bit 和 4 bit 的图像,每个像素的实际颜色值存储在颜色表中,因此可先所有的像素阵列将转换为 8 bit 的像素阵列,变为 8 bit 图像,然后再对 8bit 图像的颜色表进行修改,完成灰度处理。该操作在变为 8 bit 图像时,存储信息的整个内存需要重新申请。

(3) 对于 24 bit 图像,由于不存在颜色表,需要先生成包含 256 个灰度级的颜色表,然后将原始图像中每个像素的 RGB 值取出换算为对应的 1 个字节的灰度值即可。显然,该操作中,存储新结构信息的整个内存需要重新申请。

在实际处理时,为了后续各种图像操作的方便,我们对 8 bit 图像灰度化时,也重新构建包含 256 个灰度级的颜色表,与处理 24 bit 图像类似,只是每个像素的灰度值是通过原图像中的颜色表中 RGB 值计算得到。这样,就可以统一处理 8 bit 或 24 bit 图像转换生成 8 bit 灰度图,代码如下:

```
//将 8 位或 24 位图像转换为 8bit 灰度图像
void CImgProc::Convert8_24To8Gray()
{
```

```
        if (!m_pOrigData) throw "original file open failed.";
        int color = m_pBitmapInfoHeader->biBitCount;
        if (color!=8 && color!=24 )   throw " color depth is not 8 or 24 bits.";
        int nWidth = GetWidth();
        int nHeight = GetHeight();

        int lineBytes = GetBytesPerLine(nWidth,8);
        int origLineBytes = GetBytesPerLine(nWidth,color);

        m_BitmapFileHeader = CreateFileHeader( nWidth,  nHeight, 8);
        BYTE * p = new BYTE [sizeof (_BITMAPINFOHEADER) + 1024 + lineBytes * nHeight];
        _BITMAPINFOHEADER * info = SetInfoHeader(p, nWidth, nHeight, 8 );
        _RGBQUAD * pRgbQuad = (_RGBQUAD *)(p+ sizeof (_BITMAPINFOHEADER));
        for (int i = 0;i<256;i++)
            SetColor(pRgbQuad+i,i,i,i);

        BYTE * d = p+ sizeof (_BITMAPINFOHEADER) + 1024;
        {
            for (int i = 0;i<nHeight;i++){
                for (int j = 0;j<nWidth;j++)
                    if (color == 24)
                        d[i * lineBytes + j] = ToGray(
                        m_pOrigData[i * origLineBytes + j * 3],
                        m_pOrigData[i * origLineBytes + j * 3 + 1],
                        m_pOrigData[i * origLineBytes + j * 3 + 2]);
                    else
                        d[i * lineBytes + j] = ToGray(
                        m_pRgbQuad[m_pOrigData[i * origLineBytes + j]].rgbRed,
                        m_pRgbQuad[m_pOrigData[i * origLineBytes + j]].rgbGreen,
                        m_pRgbQuad[m_pOrigData[i * origLineBytes + j]].rgbBlue
                        );
            }
        }
        delete [] m_pDib;
        m_pDib = p;
        m_pBitmapInfoHeader = info;
        m_pRgbQuad = pRgbQuad;
        m_pOrigData = d;
}
```

该函数调用了 SetInfoHeader 函数和 CreateFileHeader 函数,分别用于设置新的 BMP 信息头结构和新的 BMP 文件头结构。这两个函数定义如下:

```
//设置文件信息头结构
_BITMAPINFOHEADER * CImgProc::SetInfoHeader(BYTE * m_pDib,int nWidth, int nHeight, int nColor)
{
    int bytePerLine = GetBytesPerLine( nWidth, nColor);        //计算每行占用的字节数
    int dataSize = nHeight * bytePerLine;                      //计算所有像素占用的字节
    int colorTableSize = NewTableSize(nColor);
    _BITMAPINFOHEADER * _pBitmapInfoHeader = (_BITMAPINFOHEADER *) m_pDib;
    _pBitmapInfoHeader->biSize = sizeof(_BITMAPINFOHEADER);
    _pBitmapInfoHeader->biBitCount = nColor;
    _pBitmapInfoHeader->biClrImportant = 1;
```

```cpp
    _pBitmapInfoHeader->biClrUsed = colorTableSize/sizeof (_RGBQUAD);
    _pBitmapInfoHeader->biCompression = 0;
    _pBitmapInfoHeader->biPlanes = 1;
    _pBitmapInfoHeader->biSizeImage = dataSize;
    _pBitmapInfoHeader->biXPelsPerMeter = 1024;
    _pBitmapInfoHeader->biYPelsPerMeter = 1024;
    _pBitmapInfoHeader->biHeight = nHeight;
    _pBitmapInfoHeader->biWidth = nWidth;
    return _pBitmapInfoHeader;
}
//建立 BMP 文件头
_BITMAPFILEHEADER CImgProc::CreateFileHeader(int nWidth, int nHeight, int nColor)
{
    int bytePerLine = GetBytesPerLine( nWidth, nColor);    //计算每行占用的字节数
    int dataSize = nHeight * bytePerLine;                   //计算所有像素占用的字节
    //设置文件头结构
    _BITMAPFILEHEADER bitmapFileHeader;
    bitmapFileHeader.bfType = 0x4d42;
    bitmapFileHeader.bfReserved1 = 0;
    bitmapFileHeader.bfReserved2 = 0;
    bitmapFileHeader.bfOffBits = sizeof(_BITMAPFILEHEADER) + sizeof(_BITMAPINFOHEADER)
        + NewTableSize(nColor);
    bitmapFileHeader.bfSize = bitmapFileHeader.bfOffBits + dataSize;
    return bitmapFileHeader;
}
```

将 1bit 或 4bit 图像转换为 8bit 灰度图像可分为 2 个独立的步骤,首先将 1bit 或 4bit 图像转换为 8bit 图像,然后通过上面的算法转换为 8bit 灰度图像。第一个步骤也比较简单,操作时原颜色表不需要变化,只需将原来的像素索引值占用的位数调整为 8bit 存储一个像素索引值。下面给出具体代码。

```cpp
//将 1bit 或 4bit 图像转换为 8bit 图像
void CImgProc::Convert1_4To8()
{
    if (!m_pOrigData) throw "original file open failed.";
    int bitCount = m_pBitmapInfoHeader->biBitCount;
    if (bitCount!=1 && bitCount!=4 )  throw " color depth is not 1 or 4 bits.";
    int nWidth = GetWidth();
    int nHeight = GetHeight();

    int lineBytes = GetBytesPerLine(nWidth,8);
    int origLineBytes = GetBytesPerLine(nWidth,bitCount);

    m_BitmapFileHeader  = CreateFileHeader( nWidth,  nHeight, 8);
    BYTE * p = new BYTE [sizeof (_BITMAPINFOHEADER) + 1024 + lineBytes * nHeight];

    _BITMAPINFOHEADER * info = SetInfoHeader(p, nWidth, nHeight, 8 );

    int colornum = GetNumberOfColors();
    _RGBQUAD * pRgbQuad = (_RGBQUAD *)(p+ sizeof (_BITMAPINFOHEADER));
    memcpy(pRgbQuad,m_pRgbQuad,sizeof(_RGBQUAD) * colornum);
    BYTE * d = p + sizeof(_BITMAPINFOHEADER) + colornum * sizeof(_RGBQUAD);
    int mask = (bitCount==1)? 1:15;
```

```
        for ( int i = 0 ; i<nHeight ; i ++ ) {
            for ( int j = 0 ; j<nWidth ; j ++ )
                d[ i * lineBytes + j ] =
(m_pOrigData[i * origLineBytes + j * bitCount/8]>>(8 - bitCount - j * bitCount % 8))&mask;
        }
        delete [] m_pDib;
        m_pDib = p;
        m_pBitmapInfoHeader = info;
        m_pRgbQuad = pRgbQuad;
        m_pOrigData = d;
    }
```

4. 8bit 灰度图的二值化操作

对于灰度图像的 256 个灰度等级,选择适当的阈值,将所有灰度值大于或等于阈值的像素的灰度值更改为 255,小于阈值的像素的灰度值更改为 0。这种变换使图像变为只有 2 种灰度的二值化图像,但仍然可以反映图像整体和局部特征。在数字图像处理中,二值图像占有非常重要的地位,有利于图像的进一步处理,使图像变得简单,而且数据量减小,能凸显出感兴趣的目标轮廓。

灰度图像二值化操作的核心是如何选取合适的阈值,使得前景和背景很好地分离,目前有很多种算法解决此问题,如 OTSU 算法、Bernsen 算法、Kittler 算法等。在这里给出一种简单的处理算法,用灰度的平均值作为阈值。读者也可采用其他更复杂的处理算法。

```
int CImgProc::getBinary()
{
    if ( !m_pOrigData ) throw "original file open failed.";
    if ( m_pBitmapInfoHeader ->biBitCount != 8)
        throw " color depth is not 8 bits.";
    int nWidth = GetWidth();
    int nHeight = GetHeight();
    int colornum = GetNumberOfColors();
    _RGBQUAD * pRgbQuad = (_RGBQUAD *)(m_pData + sizeof (_BITMAPINFOHEADER));
    int lineBytes = GetBytesPerLine(nWidth,8);
    int sum = 0;
    //计算所有像素灰度值之和
    for ( int i = 0 ; i<nHeight ; i ++ ) {
        for ( int j = 0 ; j<nWidth ; j ++ ) {
            sum += pRgbQuad[m_pOrigData[i * lineBytes + j]].rgbBlue;
        }
    }
    return sum/(nHeight * nWidth);
}
```

通过上述方法获取阈值后,进行二值化操作将会比较简单,操作代码如下:

```
//对 8bit 全值颜色表图像进行二值化
void CImgProc::Binary()
{
    if ( m_Status == NOOPEN || m_Status == OPENED ) throw "Not open or not grey?";
    if ( !m_pOrigData ) throw "original file open failed.";
    if ( m_pBitmapInfoHeader->biBitCount != 8)   throw " color depth is not 8 bits.";
    int nWidth = GetWidth();
    int nHeight = GetHeight();
    _RGBQUAD * pRgbQuad = (_RGBQUAD *)(m_pDib + sizeof (_BITMAPINFOHEADER));
```

```
int lineBytes = GetBytesPerLine(nWidth,8);
int thr = getBinary();
//修改所有像素的索引值
for (int i = 0;i<nHeight;i++){
    for (int j = 0;j<nWidth;j++){
        m_pOrigData[i * lineBytes + j] = m_pOrigData[i * lineBytes + j]>= thr)? 255:0;
    }
}
m_Status = BINARY;
}
```

5. 二值图像的平滑操作

人们拍摄或扫描的图像一般都因受到某种干扰而含有噪声。这些噪声恶化了图像质量,使图像模糊,往往导致计算机在进行图像分析时比较困难。图像平滑的目的就是为了减少和消除图像中的噪声,以改善图像质量,有利于抽取对象特征进行分析。

经典的平滑技术对噪声图像使用局部算子,当对某一个像素进行平滑处理时,仅对它的局部小邻域内的一些像素进行处理,其优点是计算效率高,而且可以对多个像素并行处理。在这里,我们只介绍一种最简单的邻域平均法进行图像平滑。

邻域平均法是一种空间域局部处理算法。对于位置(i,j)处的像素,其灰度值为$f(i,j)$,平滑后的灰度值为$g(i,j)$,则$g(i,j)$由包含(i,j)邻域的若干个像素的灰度平均值所决定,即用下式得到平滑的像素灰度值:

$$g(i,j) = \frac{1}{M}\sum_{(x,y)\in A}f(x,y)$$

其中,A 表示以(i,j)为中心的邻域点的集合,M 是 A 中像素点的总数。对于 4 邻域点,M 取 5,即采用 5 个点进行平滑,在实际应用中也可根据需要改变各个点的权值。图 6-5 表示了 4 个邻域点和 8 个邻域点的集合。

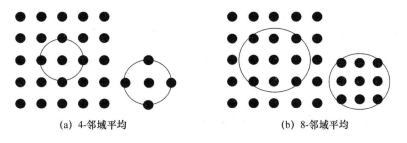

(a) 4-邻域平均　　　　　　　　　　(b) 8-邻域平均

图 6-5　邻域平均法示意图

下面分析邻域平均法的算法设计。设灰度图像的宽度和高度分别为 nWidth 和 nHeight,原始图像倒置存储在数组 pData[ ]中,数组长度为 nWidth×nHeight。数组中的每个元素对应一个像素,占 1 个字节。图像平滑后的数据存储到 pNewData[ ]数组中,数组大小与原数组相同。对于边界上的像素,采用其可用的邻近点进行平滑。例如,对于 4-邻域平均法,左上角的像素点在平滑时只能用 3 个点进行平滑,即像素点自身、左侧点、下侧点。下面给出 4-邻域平均法算法和 8-邻域平均法算法的实现。

```
//针对 256 色灰度图的 4-邻域平滑算法
bool CImgProc::Smooth4 (const unsigned char * pData, unsigned char * pNewData, int nWidth, int nHeight)
{
    if ( nWidth<2 || nHeight<2 ) return false;
```

```cpp
    if (!pData || !pNewData) return false;
    //对四个角进行平滑
    int pixel = 0;                                    //矩阵左下角像素
    pNewData[pixel] = (pData[pixel] + pData[pixel + 1] + pData[pixel + nWidth])/3;
    pixel = nWidth - 1;                               //矩阵右下角像素
    pNewData[pixel] = (pData[pixel] + pData[pixel - 1] + pData[pixel + nWidth])/3;
    pixel = nWidth * (nHeight - 1);                    //矩阵左上角像素
    pNewData[pixel] = (pData[pixel] + pData[pixel - nWidth] + pNewData[pixel + 1])/3;
    pixel = nWidth * nHeight - 1;                      //矩阵右上角像素
    pNewData[pixel] = (pData[pixel] + pData[pixel - 1] + pData[pixel - nWidth])/3;
    //对上、下、左、右四个边界进行平滑
    int i, last;
    last = nWidth - 1;
    for (i = 1; i < last; i++)                         //下边界
        pNewData[i] = (pData[i] + pData[i - 1] + pData[i + 1] + pData[nWidth + i])/4;
    last = nWidth * nHeight - 1;
    for (i = nWidth * (nHeight - 1) + 1; i < last; i++)    //上边界
        pNewData[i] = (pData[i] + pData[i - 1] + pData[i + 1] + pData[i - nWidth])/4;
    last = nWidth * (nHeight - 1);
    for (i = nWidth; i < last; i += nWidth)            //左边界
        pNewData[i] = (pData[i] + pData[i - nWidth] + pData[i + nWidth] + pData[i + 1])/4;
    last = nWidth * nHeight - 1;
    for (i = nWidth * 2 - 1; i < last; i += nWidth)    //右边界
        pNewData[i] = (pData[i] + pData[i - nWidth] + pData[i + nWidth] + pData[i - 1])/4;
    //对其他像素平滑
    for (i = 1; i < nHeight - 1; i++){
        for (int j = 1; j < nWidth - 1; j++){
            pixel = i * nWidth + j;
            pNewData[pixel] = (pData[pixel] + pData[pixel - nWidth] + pData[pixel + nWidth] +
pData[pixel - 1] + pData[pixel + 1])/5;
        }
    }
    return true;
}


//针对 256 色灰度图的 8 - 邻域平滑
bool CImgProc::Smooth8 (const unsigned char * pData, unsigned char * pNewData, int nWidth, int
nHeight )
{
    if ( nWidth<2 || nHeight<2 ) return false;
    if (! pData || ! pNewData) return false;
    //对四个角进行平滑
    int pixel = 0;                                    //左下角像素
    pNewData[pixel] = (pData[pixel] + pData[pixel + 1] + pData[pixel + nWidth] + pData[pixel +
nWidth + 1])/4;
    pixel = nWidth - 1;                               //右下角像素
    pNewData[pixel] = (pData[pixel] + pData[pixel - 1] + pData[pixel - 1 + nWidth] + pData[pixel
+ nWidth])/4;
    pixel = nWidth * (nHeight - 1);                   //左上角像素
    pNewData[pixel] = (pData[pixel] + pData[pixel - nWidth] + pData[pixel - nWidth + 1] + pNewDa-
ta[pixel + 1])/4;
    pixel = nWidth * nHeight - 1;                     //右上角像素
```

```
        pNewData[pixel] = (pData[pixel] + pData[pixel - 1] + pData[pixel - nWidth] + pData[pixel -
nWidth - 1])/4;
        //对上、下、左、右四个边界进行平滑
        int i,last;
        last = nWidth - 1;
        for (i = 1;i<last;i++)                          //下边界
        pNewData[i] = (pData[i] + pData[i - 1] + pData[i + 1] + pData[nWidth + i] + pData[nWidth + i -
1] + pData[nWidth + i + 1])/6;
        last = nWidth * nHeight - 1;
        for (i = nWidth * (nHeight - 1) + 1;i<last;i++)        //上边界
        pNewData[i] = (pData[i] + pData[i - 1] + pData[i + 1] + pData[i - nWidth] + pData[i - nWidth -
1] + pData[i - nWidth + 1])/6;
        last = nWidth * (nHeight - 1);
        for (i = nWidth;i<last;i += nWidth)                //左边界
        pNewData[i] = (pData[i] + pData[i - nWidth] + pData[i + nWidth] + pData[i - nWidth + 1] + pData
[i + nWidth + 1] + pData[i + 1])/6;
        last = nWidth * nHeight - 1;
        for (i = nWidth * 2 - 1;i<last;i += nWidth)            //右边界
        pNewData[i] = (pData[i] + pData[i - nWidth] + pData[i + nWidth] + pData[i - nWidth - 1] + pData
[i + nWidth - 1] + pData[i - 1])/6;
        //对其他像素平滑
        for (i = 1;i<nHeight - 1;i++){
            for (int j = 1;j<nWidth - 1;j++){
                pixel = i * nWidth + j;
                pNewData[pixel] = (pData[pixel] + pData[pixel - nWidth] + pData[pixel + nWidth] +
                             pData[pixel - 1] + pData[pixel + 1] + pData[pixel - nWidth - 1] +
                             pData[pixel + nWidth + 1] + pData[pixel + nWidth - 1] + pData[pix-
                             el - nWidth + 1]
                )/9;
            }
        }
        return true;
}
```

下面给出针对 256 色灰度图的 n-邻域平滑算法。

```
bool CImgProc::Smooth(int n)
{
    if (m_Status == NOOPEN || m_Status == OPENED ) throw "Not open or not grey?";
    if (GetColorDepth()!= 8) throw "Bmp should be 8bit color Depth.";
    int width = GetWidth();
    int height = GetHeight();
    int lineBytes = GetBytesPerLine(width,8);
    unsigned char * p = new unsigned char [lineBytes * height];
    bool ret = false;
    switch (n){
    case 4:
            ret = Smooth4(m_pOrigData,p,width,height);
            break;
    case 8:
            ret = Smooth8(m_pOrigData,p,width,height);
    }
    if (ret) memcpy(m_pOrigData,p,lineBytes * height);
```

```
        delete [] p;
        m_Status = SMOOTH;
        return ret;
    }
```

6. 图像连通域分析

在仅有黑色像素和白色像素的图像中,将相邻的黑色像素构成的点集称为一个连通域。连通域分析算法把连通区域所有像素设定同一个标记,常见的标记算法有 4-邻域标记算法和 8-邻域标记算法。4-邻域标记算法中,当前黑点与上、下、左、右任意相邻黑点属于同一连通域。

设二维数组每个元素代表一个像素,其值为 0 表示白色像素,为 1 表示黑色像素。现设计 4-邻域标记算法,将二维数组中的所有像素标记出对应的连通域编号(设从 1 开始编号)。

该问题既可以采用递归处理,也可以采用非递归处理。这里采用非递归处理算法,其效率高于递归处理算法。设一维数组 m_pOrigData 存储所有像素,一维指针数组 $b[r*c]$ 存储每个像素所属连通域分析的地址,r 和 c 分别表示图像的行数和列数。一维数组 label 存储所有的连通域分析。非递归算法处理思路如下:

从左上角开始按行优先遍历数组,若发现黑像素点(设第 i 行第 j 列),则进行如下处理。

(1) 若 $j>0$,且左点也为黑点,且 $i==0$ 或 $i>0$ 且上点不为黑点,则:

当前点所属连通域的标记与左点相同。

(2) 否则,若 j 为 0 或 $j>0$ 且左点不为黑点,并且上点为黑点,则:

当前点所属连通域的标记与上点相同。

(3) 否则,若 i 为 0,或此时是第一个黑点,或 j 为 0 且上点不为黑点,或左点和上点均不为黑点,则:

当前点所属连通域为新连通域,设置新标记。

(4) 否则,若左点和上点为同一连通域,则:

当前点所属连通域的标记与上点相同。

(5) 否则,若左点和上点属于不同的连通域,则:

设上点所在连通域的标记为 x;

更新标记为 x 的所有连通域的标记与左点相同;

当前点所属连通域的标记与左点相同。

非递归算法处理代码如下:

```
//连通域分析
unsigned int  CImgProc::island()
{
    if (m_Status!= BINARY && m_Status!= ISLAND ) throw "Not BINARY?";

    if (!m_pOrigData) throw "original file open failed.";
    if (m_pBitmapInfoHeader->biBitCount!= 8)  throw "color depth is not 8bits.";
    int c = GetWidth();
    int r = GetHeight();
    int colornum = GetNumberOfColors();
    //_RGBQUAD * pRgbQuad = (_RGBQUAD * )(m_pDib + sizeof (_BITMAPINFOHEADER));
    int lineBytes = GetBytesPerLine(c,8);

    int * label = new int [r*c];
    int *p = label;
```

```
        memset(p,0,r * c * sizeof(int));
        int * * b = new int * [r * c];
        memset(b,0,r * c * sizeof(int * ));
        int k = 1;                                    //连通域初始编号
        int n = 0;                                    //记录连通域的数目
        for (int i = 0;i<r;i++){
            for (int j = 0;j<c;j++){
                if (m_pOrigData[i * lineBytes + j]) continue;
                if((i == 0||i>0&&! b[(i-1) * c + j])&&j>0&&b[i * c + j-1])
                    b[i * c + j] = b[i * c + j-1];
                else if ((j == 0||j>0&&! b[(i) * c + j-1])&&i>0&&b[(i-1) * c + j])
                    b[i * c + j] = b[(i-1) * c + j];
                else if (i == 0 || k == 1 || j == 0&& ! b[(i-1) * c + j]|| ! b[(i) * c + j-1]&&! b[(i
-1) * c + j]){
                    b[i * c + j] = p;
                    * p++= k++;
                    n++;
                }
                else if (b[(i-1) * c + j] && b[i * c + j-1] && * b[(i-1) * c + j] == * b[i * c + j-1])
                    b[i * c + j] = b[(i-1) * c + j];
                else if (b[(i-1) * c + j]&&b[i * c + j-1])      //加入映射表
                {
                    int * p1 = p;
                    int x = * b[(i-1) * c + j];
                    int tag = 0;
                    while(p1 + k - 1> = p)
                    {
                        if ( * p1 == x){
                            tag = 1;
                            * p1 = * b[i * c + j-1];
                        }
                        p1--;
                    }
                    if (tag) n--;
                    b[i * c + j] = b[i * c + j-1];
                }
            }
        }

        delete [] label;
        delete [] b;
        m_Status = ISLAND;
        return n;
    }
```

该操作中的 b 存储了每个像素所属的连通域编号,该信息也可以用于连通域的着色,即不同的连通域用不同的颜色表示,在本例中仅仅返回了二值图像中连通域的数量。

6.4　简单图像处理程序的实现

前几节已经介绍了图像处理相关的 CDib 类和 CImgProc 类。本节中将论述如何通过这两个类编写简单的图像处理程序。该程序的设计方法与第一章的 Draw 程序相同,也是通过 Windows API 来实现。

其中,CDib 类和 CImgProc 类是继承关系,CDib 类是基类,完成 BMP 文件的打开和保存操作。CImgProc 类为派生类,完成图像处理相关算法。CImgProc 类与 GraphicWindow 是依赖关系,GraphicWindow 依赖于 CImgProc 类。

6.4.1 绘图类

1. 绘图类定义

绘图类 GraphicWindow,用于描述绘图行为,GraphicWindow 定义如下:

```
# ifndef CCC_MSW_H
# define CCC_MSW_H
# include "cImgProc.h"
# include "windows.h"
class GraphicWindow
{
public:
    GraphicWindow();
    void   open(HWND hwnd, HDC mainwin_hdc);
    void showBackground();
    GraphicWindow& operator<<(CImgProc & t);
    void show();
    void clear();
private:
    void clear(HDC );
    int _disp_xmax;                          //window 绘图区域宽度
    int _disp_ymax;                          //window 绘图区域高度
    HDC _hdc ;                               //内存 dc
    HDC myhdc ;                              //物理 dc
    HWND _hwnd;                              //窗口句柄
    HBITMAP _myhBmp ;                        //内存 dc 对应的位图句柄
};
# endif
```

该类的定义与 Draw 程序中类的定义类似,只不过运算符重载函数的参数变为 CImgProc 类的对象引用。

2. 绘图类实现

(1) 打开窗口

该函数主要完成 GDI 设备环境的初始化工作。

```
void GraphicWindow::open(HWND hwnd, HDC mainwin_hdc)
{
    _hwnd = hwnd;                            //获取窗口句柄
    myhdc = mainwin_hdc;                     //获取物理 dc

    RECT rect;
    GetClientRect(hwnd, &rect);              //获取窗口客户区的坐标
    _disp_xmax = rect.right - 1;
    _disp_ymax = rect.bottom - 1;
    if (!_hdc)   _hdc = CreateCompatibleDC(myhdc); //建立内存 dc
```

```
}
```

（2）窗口设置和清除

清除窗口客户区域和相关显示内存。

```cpp
void GraphicWindow::clear()
{
    clear(_hdc);                             //将内存 dc 清空
}
void GraphicWindow::showBackground()
{
    clear(myhdc);                            //将真实 dc 清空
}
void GraphicWindow::clear(HDC hdc)
{
    //用背景色(白色)将位图清除干净
    COLORREF color = RGB(255, 255, 255);

    //实心刷子:系统用来绘制要填充图形的内部区域的位图
    HBRUSH brush = CreateSolidBrush(color);

    //选择对象到设备环境
    HBRUSH saved_brush = (HBRUSH)SelectObject(_hdc, brush);

    //用选入设备环境中的刷子绘制给定的矩形区域
    PatBlt(hdc, 0, 0, _disp_xmax + 1, _disp_ymax + 1, PATCOPY);

    //恢复原来画刷
    brush = (HBRUSH) SelectObject(hdc, saved_brush);

    DeleteObject(brush);
}
```

（3）运算符"＜＜"重载

```cpp
GraphicWindow& GraphicWindow::operator<<(CImgProc &s)
{
    BYTE * pDib = s.GetPDib();
    BYTE * pData = s.GetData();
    _disp_xmax = s.GetWidth() - 1;
    _disp_ymax = s.GetHeight()- 1;

    //获取窗口位置
    RECT rect;
    GetWindowRect(
        _hwnd,                               //window 句柄
        &rect
        );
    int xborder = GetSystemMetrics(SM_CXBORDER);
    int yborder = GetSystemMetrics(SM_CYBORDER);
    int c_h = GetSystemMetrics(SM_CYCAPTION);
    int m_h = GetSystemMetrics(SM_CYMENUSIZE);
    //修改窗口大小以适应新图像
    MoveWindow(
        _hwnd,                               //window 句柄
```

```
        rect.left,                                    //左侧位置
        rect.top,                                     //顶部位置
        _disp_xmax + 1 + xborder * 4 ,                //宽度
        _disp_ymax + 1 + yborder * 4 + c_h + m_h,     //高度
        true                                          //repaint 选项
        );
    //获取新图像的位图句柄
    HBITMAP _myhBmp = CreateDIBitmap(GetWindowDC(NULL),
        (BITMAPINFOHEADER * )(pDib),
        CBM_INIT,
        pData,
        (BITMAPINFO * )(pDib),
        DIB_RGB_COLORS);

    if (! _myhBmp)
    {
        MessageBox(NULL,"Error","CreateDIBitmap Error",MB_OK);
    }

    //将位图放到内存 dc
    HBITMAP oldBmp = (HBITMAP)SelectObject(_hdc,_myhBmp);
    DeleteObject(oldBmp);

    return * this;
}
```

（4）图像显示

将图像显示到窗口中，只需要将内存 dc 复制到物理 dc 即可。

```
void GraphicWindow∷show()
{
    clear(myhdc);                                     //将物理 dc 清空
    //将内存 dc 拷贝到物理 dc
    BitBlt(myhdc,0,0,_disp_xmax + 1,_disp_ymax + 1,_hdc,0,0,SRCCOPY);
}
```

6.4.2 事件响应

对于事件(消息)的处理和响应主要是在 WinMain 函数和窗口过程函数 ccc_win_proc 中完成，在第 1 章中对此已做过介绍。在这里只给出操作过程。

1. 添加菜单

Windows 窗口上方的菜单定义通常存储到 * . rc 文件中，本例中存储在 fig. rc 文件，该文件内容如下：

```
# include "resource.h"
IDC_TEST2 MENU
BEGIN
    POPUP "&File"
    BEGIN
        MENUITEM "打开文件",                ID_OPENFILE
        MENUITEM "另存为",                  ID_SAVEAS
        MENUITEM "E&xit",                   IDM_EXIT
    END
```

```
        POPUP"图像处理"
        BEGIN
            MENUITEM"灰度处理",                    ID_GREY
            MENUITEM"二值处理",                    ID_BINARY
            MENUITEM"平滑",                        ID_SMOOTH
            MENUITEM"连通图分析",                  ID_ISLAND
        END
    END
```

通过文件定义可以看出,菜单栏的 ID 为 IDC_TEST2,一共定义了 2 个菜单,分别为"File"和"图像处理"。"File"菜单下的子菜单分别为"打开文件"、"另存为"、"Exit","图像处理"菜单下的子菜单分别为"灰度处理"、"二值处理"、"平滑"、"连通图分析"。

菜单栏的 ID 和各个子菜单的 ID 定义在 resource.h 文件中,该文件内容如下:

```
#define IDC_TEST2      100

#define ID_OPENFILE   110
#define ID_SAVEAS    111
#define IDM_EXIT    112
//二值化
#define ID_BINARY    200
//变为灰度图像
#define ID_GREY   201
//平滑
#define ID_SMOOTH   202
//二值图像的连通域分析
#define ID_ISLAND   203
```

本程序的主函数与第 1 章的主函数完全相同,在此不再赘述,其中加载菜单的代码如下:

```
wndclass.lpszMenuName = MAKEINTRESOURCE(IDC_TEST2);
```

2. 消息处理

本程序的消息处理方法与第 1 章的消息处理方法基本类似,其代码如下:

```
long FAR PASCAL ccc_win_proc(HWND hwnd, UINT message, UINT wParam, LONG lParam)
{
    static int menuId = 0;
    PAINTSTRUCT ps;
    HDC mainwin_hdc;
    int wmId, wmEvent;
    switch (message)
    {
    case WM_COMMAND:
            wmId    = LOWORD(wParam);
            wmEvent = HIWORD(wParam);
            switch (wmId)
            {
            case ID_OPENFILE:
                menuId = ID_OPENFILE ;
                myOpen(cwin);
                break;
            case ID_SAVEAS:
                mySave(cwin,hwnd);
                break;
            case IDM_EXIT:
```

```
            DestroyWindow(hwnd);
            break;

        case ID_GREY:
            myGrey(cwin);
            break;
        case ID_BINARY:
            myBinary(cwin);
            break;
        case ID_SMOOTH:
            mySmooth(cwin);
            break;
        case ID_ISLAND:
            myLabel(cwin);
            break;
        }
        InvalidateRect(hwnd,NULL,TRUE);
        break;

    case WM_ERASEBKGND:
        return 1;
        break;

    case WM_PAINT:
        {
            mainwin_hdc = BeginPaint(hwnd, &ps);
            cwin.open(hwnd, mainwin_hdc);
            if (menuId)
                cwin.show();
            else
                cwin.showBackground();
            EndPaint(hwnd, &ps);
        }
        break;

    case WM_DESTROY:
        PostQuitMessage(0);
        break;
    default:
        return DefWindowProc(hwnd, message, wParam, lParam);
    }
    return 0;
}
```

通过分析该消息处理函数不难发现,用户选择各个子菜单,会调用相应的处理函数,如myOpen、mySave 等函数。这些函数的操作过程会调用 CImgProc 类的各个方法。这些函数的实现将在下一节中介绍。

6.4.3　消息响应函数

各个子菜单对应的消息相应函数全部声明在 test.h 文件中,该文件内容如下:

```
void myOpen(GraphicWindow & cwin);
```

```
void mySave(GraphicWindow & cwin,HWND hwnd);
void myGrey(GraphicWindow & cwin);
void myBinary(GraphicWindow & cwin);
void mySmooth(GraphicWindow & cwin);
void myLabel(GraphicWindow & cwin);
```

消息相应函数全部定义在 test.cpp 中,该文件除了定义各个函数外,还要包含相应的头文件,并定义 CImgProc 全局对象,用于各种图像处理操作:

```
#include "string"
#include "fstream"
#include "GraphicWindow.h"
#include "cImgProc.h"
using namespace std;
CImgProc cdib;
```

下面对每个函数进行说明。

1. 文件打开

文件打开操作一般要调用系统中的文件打开对话框。该功能在实现时设计了 Open-FileDlg 函数,该函数完成的功能是提供文件打开对话框,让用户选择要打开的 BMP 文件。

```
int OpenFileDlg(char * szFile , HWND hwnd)
{
    OPENFILENAME   ofn;                        //通用对话框结构

    //初始化结构体

    ZeroMemory(&ofn, sizeof(ofn));
    ofn.lStructSize  =   sizeof(ofn);
    ofn.hwndOwner    =   hwnd;
    ofn.lpstrFile    =   szFile;

    //    将 lpstrFile 设置为空字符串
    ofn.lpstrFile[0]   =   ('\0');
    ofn.nMaxFile     =   256;
    ofn.lpstrFilter  = ("BMP file(bmp)\0 * .bmp\0All\0 * . * \0");
    ofn.nFilterIndex   =   1;
    ofn.lpstrFileTitle   =   NULL;
    ofn.nMaxFileTitle    =   0;
    ofn.lpstrInitialDir    =   NULL;
    ofn.Flags    =   OFN_PATHMUSTEXIST | OFN_FILEMUSTEXIST;

    //  显示打开文件对话框
    if  (GetOpenFileName(&ofn) == TRUE)
        return 0;
    else{
        int err = CommDlgExtendedError();
        return -1;
    }
}

void myOpen(GraphicWindow & cwin)
{
    char fileName[256];
```

```
if (OpenFileDlg(fileName, NULL) == 0){          //文件路径保存在 fileName 中
    string  filename = fileName;
    int ret = cdib.Load(fileName);
    if (ret == false){
        MessageBox(NULL,"File Open Error.","Error.",MB_OK);
        return;
    }
    cwin << cdib;
}
}
```

2. 文件保存

同文件打开操作类似,文件保存一般要调用系统中的文件保存对话框。该功能在实现时设计了 SaveFileDlg 函数,该函数完成的功能是提供文件保存对话框,让用户选择要保存的 BMP 文件目录及文件名。

```
int SaveFileDlg(string & szFile , HWND hwnd)
{
    OPENFILENAME    ofn;                    //通用对话框结构

    //初始化结构体
    char ss[256] = {0};
    ZeroMemory(&ofn, sizeof(ofn));
    ofn.lStructSize  =   sizeof(ofn);
    ofn.hwndOwner    =   hwnd;
    ofn.lpstrFile    =   ss;

    //    将 lpstrFile 设置为空字符串
    ofn.lpstrFile[0]    =   ('\0');
    ofn.nMaxFile     =   256;
    ofn.lpstrFilter  = ("BMP file(bmp)\0 * .bmp\0All\0 * . * \0");
    ofn.nFilterIndex    =   1;
    ofn.lpstrFileTitle   =   NULL;
    ofn.nMaxFileTitle    =   0;
    ofn.lpstrInitialDir   =   NULL;
    ofn.Flags    = OFN_ALLOWMULTISELECT | OFN_EXPLORER |OFN_PATHMUSTEXIST|OFN_OVERWRITEPROMPT;
    ofn.lpstrTitle ="另存为...";
    //    显示打开文件对话框
    if    (GetSaveFileName(&ofn) == TRUE){
        szFile = ofn.lpstrFile;
        return 0;
    }
    else{
        int err = CommDlgExtendedError();
        return - 1;
    }
}

void mySave(GraphicWindow & cwin,HWND hwnd)
{
    string file;
    SaveFileDlg(file,hwnd);
    if (file.size ()>0){
```

```
        cdib.Save(file.c_str());
    }
}
```

3. 图像灰度化

```
void myGrey(GraphicWindow & cwin)
{
    try{
        cdib.ConvertGray();
        cwin << cdib;
    }catch (char * s){
        MessageBox(NULL,s,"Error.",MB_OK);
    }
}
```

4. 图像二值化

```
void myBinary(GraphicWindow & cwin)
{
    try{
        cdib.Binary();
        cwin << cdib;
    }catch (char * s){
        MessageBox(NULL,s,"Error.",MB_OK);
    }
}
```

5. 图像平滑

```
void mySmooth(GraphicWindow & cwin)
{
    try{
        cdib.Smooth(8);
        cwin << cdib;
    }catch (char * s){
        MessageBox(NULL,s,"Error.",MB_OK);
    }
}
```

6. 图像连通域分析

连通域分析的结果是提示从二值图像中获得的连通域的数目。

```
void myLabel(GraphicWindow & cwin)
{
    try{
        unsigned int n = cdib.island();
        char buf[100];
        sprintf(buf,"islands number: %u",n);
        MessageBox(NULL,buf,"Info",MB_OK);
    }catch (char * s){
        MessageBox(NULL,s,"Error.",MB_OK);
    }
}
```

【例 6-1】编写一个 Windows 程序,实现基本的图像处理功能。

解 工程创建过程请参考例 1-1,按照本章 6.3 节和 6.4 节讲解的内容添加类和函数。

程序运行结果如图 6-6 所示。

(a) 原始图像

(b) 灰度化后图像

(c) 二值化后图像

(d) 平滑后的图像

(e) 再次二值化后进行连通域分析后的结果

图 6-6　程序运行效果图

深入思考

1. 图像的各种处理算法非常丰富,试添加图像边缘提取、图像锐化等操作算法。

2. 试完善第 1 章中的画图程序,将窗口中的图像存成 BMP 图像。

3. 试编写一个程序,通过输入文字的长度、宽度、字体等参数,将中文一级字库 3 755 个汉字中的每个汉字单独生成一个二值 BMP 文件,如"啊"生成"啊.bmp"文件。

4. 试修改本程序,对于连通域数量不超过 256 个的二值图像,将不同的连通域用差别较大的不同颜色着色。

5. 试修改本程序,实现图像的放大与缩小功能。

第7章 学生信息管理

本章演示如何设计、实现一个可用于简单学生信息管理的程序 StudentInfo。学生信息存储在后台数据库中。数据库是一个单位或是一个应用领域的通用数据处理系统,它存储的是属于某单位的有关数据的集合。使用数据库可以实现数据共享,减少数据冗余和维护成本,支持并发访问。一般要为各部门开发一个前台界面,根据所需的功能设计数据库的访问界面。StudentInfo 是使用 Visual C++ 和 Access 开发的数据库应用程序,包括前台界面和后台数据库表设计。

StudentInfo 的前台在 MFC AppWizard 自动生成的基于对话框的程序框架基础上,使用相对简单易用的 MFC ODBC 类连接数据库,访问数据库中的信息,对学生基本信息、课程信息进行显示、浏览、添加、修改和删除。

本章虽然演示的程序功能比较简单,涉及的数据库表也较少,但通过该程序的完整开发过程,比较详细地介绍了利用 MFC ODBC 类对数据库进行访问的技术,以及 Visual C++ 数据库应用程序开发的一般流程,同时还可以帮助我们理解基于对话框的应用程序的运行机制、框架中的消息映射机制以及一些常用控件的使用方法。本章最终要实现的主界面如图 7-1 所示。本章涉及的知识点包括:

- 数据库基础知识及 SQL 语句;
- MFC ODBC 类。

7.1 项目分析和设计

7.1.1 需求分析

1. 功能需求

教学管理人员能够使用 StudentInfo 程序对学生基本信息、课程信息进行管理,包括数据的添加、修改、删除和浏览;能够对学生选课进行管理,包括添加学生选课信息、录入成绩;能够使用查询功能,快速查看到指定学生或指定课程的基本信息以及所指定学生的选课信息;能够对学生选课情况进行简单的统计,包括所选的总的课程数、总学分数及平均成绩。

要注意在添加学生基本信息、课程信息相关数据时,学号和课程号不能重复;还有在添加学生选课信息时,要求该学生和课程必须是存在的,而且不能添加重复的选课信息。

2. 界面要求

应用程序提供的操作界面,可以方便用户进行功能选择,实现信息的管理和查询,并可以清晰地显示相关信息。

7.1.2 界面设计

主界面力求简洁明了，在主界面上可以放置功能按钮，并提供适当的提示，以方便用户操作。用户单击按钮后，可进入对应的功能模块。例如，学生基本信息管理模块的界面如图 7-2 所示，在此可以按需求完成特定功能，之后按"退出"按钮可返回主界面，再选择其他操作。在主界面中可以退出系统。

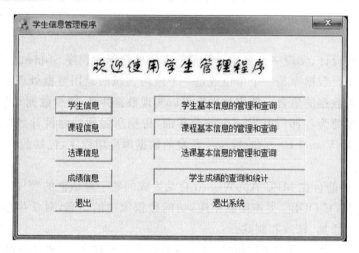

图 7-1　StudentInfo 主界面

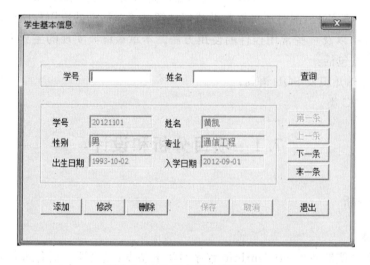

图 7-2　学生基本信息管理模块

7.1.3 总体设计

1. 系统功能设计

根据功能需求，本程序主要划分为主模块和 4 个子模块。子模块包括：学生基本信息管理、课程基本信息管理、学生选课信息管理、学生成绩信息查询，如图 7-3 所示。

下面分别对各模块的功能进行具体说明。

（1）学生信息管理程序主模块

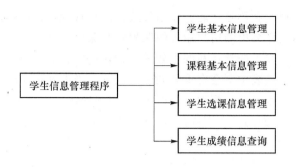

图 7-3　系统功能模块

　　进入主界面后,通过单击"功能"按钮可以进入对应的功能子模块,当用户选择退出系统时,会先弹出一个提示窗口,让用户确认是否真的要退出系统,得到确认后才会退出。

　　(2) 学生基本信息管理模块

　　该功能模块可以详细地显示学生的信息,教务人员通过此模块来管理学生基本信息,包括浏览、查询、添加、修改和删除功能。

　　通过浏览功能,可按顺序逐条显示学生记录,可以选择从第一条记录向后按顺序查看,同样也可以选择从最后一条记录向前按顺序查看。

　　通过查询功能,可快速查看到指定学生的信息。用户可以选择按指定学生的学号或姓名来进行查询,也可以选择同时输入上述两项查询信息进行更精确的查询,而如果上述两项信息都不提供,则查询结果是所有学生记录。

　　通过添加功能,可以完成添加新的学生记录到学生表中。在添加新的学生记录时,要求必须输入学生的学号和姓名,如果有一项没有输入,则会提示要求重新输入。用户在输入了要添加的学生信息后,可以选择保存操作,把输入的学生信息保存到学生表中,另外系统会自动检测用户输入的学号是否在表中已经存在,如果已经存在则不会进行添加操作。用户在输入了要添加的学生信息后,也可以选择取消刚进行的添加操作。

　　通过修改功能,可以完成对正在显示的学生信息的修改。在修改时,要注意对学号信息的修改,有可能会影响到引用该项信息的其他数据库表。所以在这里设定不允许通过该模块直接对学号进行修改。如果要完成修改,可以选择先删除该记录,然后再添加新记录的操作来实现,或者可以直接由数据库管理人员在后台操作完成。同添加操作一样,修改后可以选择保存操作或取消操作。

　　通过删除功能,可以完成对正在显示的学生信息的删除。进行删除操作时,会先弹出一个提示对话框,让用户确认是否真的要删除该学生记录,得到确认后才会从学生表中删除该学生信息。另外系统会自动检测,如果在其他表中有对该学生信息的引用,则不允许进行删除操作。如果必须删除,则需要通过其他模块的操作,先删除引用到它的信息,或者可以直接由数据库管理人员在后台操作完成。

　　(3) 课程基本信息管理模块

　　该功能模块可以详细地显示课程的基本信息,教务人员通过此模块来管理课程基本信息,包括浏览、查询、添加、修改和删除功能。有关这些功能的具体要求和上面的学生基本信息管理模块基本类似,在这里就不一一写出了。

　　(4) 学生选课信息管理

　　该功能模块可以详细地显示学生选课的信息,教务人员通过此模块来管理学生选课信息,包括浏览、查询、添加、修改和删除功能。在添加选课信息时,系统会自动检测用户输入的学号在学生表里是否存在,同样会检测用户输入的课程号在课程表里是否存在,如果不存在则不能进行添加;同时还会检测输入的学号和课程号的组合在选课表中是否已经存在,如果已经存在则不能进行添加,以保证该表中不会有重复的选课记录。当进行删除操作时,会先弹出一个提示对话框,让用户确认是否真的要删除该选课记录,得到确认后才会从选课表中删除该选课信息。其他功能的要求和上面的两个模块类似,在这里也不一一写出了。

（5）学生成绩信息查询

可以完成对指定学生的选课成绩的查看和统计。教务人员通过此模块输入学生的学号,单击查询按钮,就可以看到该学生所选所有课程的信息和成绩,同时还会显示出关于他所选课程的统计信息,包括课程总门数、总学分数和平均成绩。

2. 数据库的概念设计

根据功能需求,程序中主要处理的有两种实体类型,分别是学生实体类型和课程实体类型,首先要分别抽象出我们感兴趣的两种实体类型的相关属性。接下来,要分析这两种实体类型之间的联系类型,根据实际情况,每一名学生可以选修多门课程,而每一门课程有若干名学生选修,每个学生学习每门课程有一个成绩。所以上述两种实体类型之间的联系是多对多联系。

下面用实体-联系方法,也就是用 E-R 图来表示出概念设计,如图 7-4 所示。在此只给出了数据库的概念设计,而接下来还要完成数据库逻辑设计。因为我们选用的是关系数据库管理系统(RDBMS),所以需要把上面的概念模型转换成关系模型。关系模型是由一组相互联系的关系组成的。所谓关系,简单地说就是一张二维表。后面在介绍了关系数据库的基础知识后,再完成数据库的逻辑设计。

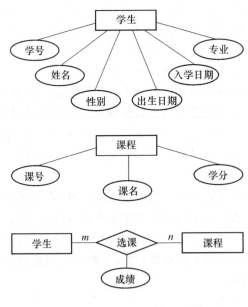

图 7-4 StudentInfo 的 E-R 图

7.2 数据库基础知识

数据库技术作为信息管理的核心技术,得到了越来越广泛的应用。在开发数据库应用程序之前,有必要对数据库基础知识有一定的了解。根据所使用的数据模型的不同,数据库分成不同类型,目前在信息管理系统中使用最多的是关系数据库。

7.2.1 关系数据库常用术语

在关系数据库中,现实世界中的实体以及实体之间的联系均用关系来表示,从用户的观点来看,关系就是我们熟悉的二维表,如表 7-1 所示。下面根据此表,来介绍关系的一些主要术语。

表 7-1　学生信息表

学号	姓名	性别	专业编号
20121101	黄凯	男	1
20121102	周博	男	1
20121201	王一	男	2
20121202	林然	女	2

- 关系:满足一定规范要求的二维表。每个关系都有一个关系名,如"学生"关系。
- 元组:二维表中的一行,也称为记录。
- 属性:二维表中的一列,也称为字段或数据项。属性包括属性名、属性值和属性值类型。
- 属性名:给属性起的名字,也称为字段名,比如"学号"。
- 属性的值域:指属性的取值范围,比如"性别"属性的值只能为"男"或"女"。
- 码(Key):关系中的某个属性组(可以只有一个属性),它的值能够唯一地标识一个元组,则这个属性组就称为码。例如,"学号"就是这个"学生"关系的码。
- 主码(Primary Key):如果一个关系中有多个码时,必须从中选择一个作为主码。主码在数据库设计中是一个很重要的概念,一旦选定通常不能随意改变。
- 外码(Foreign Key):外码的定义要涉及两个关系。如果关系 R2 中含有一个与关系 R1 的主码相对应的属性或属性组 X,则 X 称为关系 R2 的外码。

如表 7-2 所示,在"学生"关系中的"专业编号"属性不是码,而它在"专业"关系中是主码,那么"专业编号"就是"学生"关系的外码。

表 7-2　专业信息表

专业编号	专业名称
1	通信工程
2	电子工程

很显然,通过外码可以建立起来两个关系的联系。

实体完整性:该完整性是对主码的约束。它要求主码的值不能为空或部分为空。因为一个元组代表一个实体,而主码是描述这个实体的唯一标识,如果主码为空,就说明存在不可标识的实体。

参照完整性:该完整性是对外码的约束。根据上面对外码的定义,它要求关系 R2 的外部码与关系 R1 中的主码相符,也就是说关系 R2 中每个外码的每个值必须在关系 R1 中主码的值中找到,或者是空值。通过上面的例子我们可以理解得更清楚,在"学生"关系中,某个学生的专业编号必须是"专业"关系中"专业编号"中的一个值,当然还可以是空值,这时表示学生还没有分配到一个具体专业。

用户定义完整性:它是针对某一具体的实际数据库的约束条件,反映某一具体应用所涉及的数据必须满足的条件。比如对属性取值范围的要求,就属于用户定义完整性。

在上述三类完整性约束规则中,关系模型必须满足实体完整性、参照完整性的约束条件,也应该能提供定义和检验用户定义的完整性的机制。

关系模式:是对关系结构的描述,也就是二维表的框架。它可以简单表示为:关系名(属性名 1,属性名 2,…,属性名 n)。关系数据库模式则是一组关系模式的集合。

7.2.2　关系数据库设计

数据库设计是建立数据库应用系统的核心问题,好的数据库设计能合理地存储用户的数据,方便用户进行数据处理。关系数据库设计有一整套的理论和方法,相对比较复杂。在此只简单介绍一下 E-R 图转换为关系模式的基本原则。

1. 一个实体型转换为一个关系模式。

关系的属性:实体的属性。

关系的主码:实体型的主码。

2. 两个实体型 1∶1 联系的转换可以转换为一个独立的关系模式,也可以与任意一端对应的关系模式合并。

(1) 若转换为一个独立的关系模式

关系的属性:与该联系相连的各实体的主码以及联系的属性。

关系的主码:每个实体的主码均是该关系的码,可以从中选择一个作为关系的码。

(2) 若与某一端对应的关系模式合并

合并后关系的属性:加入对应实体的主码和联系的属性。

合并后关系的主码:不变。

3. 两个实体型 1∶n 联系可以转换为一个独立的关系模式,也可以与 n 端对应的关系模式合并。

(1) 若转换为一个独立的关系模式

关系的属性:与该联系相连的各实体的主码以及联系的属性。

关系的主码:n 端实体的主码。

(2) 若与 n 端对应的关系模式合并

合并后关系的属性:在 n 端关系中加入 1 端实体的主码和联系的属性。

合并后关系的主码:不变。

4. 两个实体型 m∶n 联系转换为一个独立的关系模式。

关系的属性:与该联系相连的各实体的主码以及联系的属性。

关系的主码:各实体主码的组合。

5. 3 个或 3 个以上的实体型之间的联系转换成独立的关系模式,与 m∶n 联系转换方式相同。

【例 7-1】将如图 7-5 所示的 E-R 图转换成关系模型。

解　首先分别将两个实体型转换为关系模式,然后对于它们之间 1∶n 的联系,采用与 n 端关系模式合并的方法,转换后的关系模式表示如下:

学生(学号,姓名,性别,专业编号)

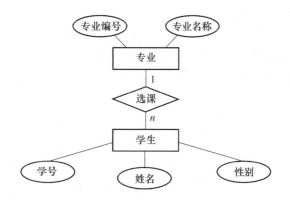

图 7-5　学生-专业 E-R 图

专业(专业编号,专业名称)

其中,学生关系中,学号为主码,专业编号为外码;部门关系中,专业编号为主码。

【例 7-2】将前面完成的数据库概念模型的 E-R 图,如图 7-4 所示,转换成关系模型。

解　首先分别将两个实体型转换为关系模式,然后对于它们之间 $m:n$ 的联系,需把它转换成独立的关系模式,转换后的关系模式表示如下:

学生(学号,姓名,性别,专业,出生日期,入学日期)

课程(课号,课名,学分)

选课(学号,课号,成绩)

其中,学生关系中,学号为主码;课程关系中,课号为主码;选课关系中,学号和课号组合在一起为主码,学号为外码,课号为外码。

这样,通过例 7-2,我们实际上已经完成了项目的数据库逻辑设计。接下来需要使用数据库管理系统软件来具体实现数据库的设计。

7.2.3　数据库管理系统

数据库管理系统(DBMS)是数据库系统中对数据进行管理的软件系统,它是数据库系统的核心组成部分。数据库系统中,应用程序与数据库之间的关系如图 7-6 所示,DBMS 实现对共享数据的有效组织、管理和存取,应用程序对数据库进行的一切操作,包括查询、更新以及各种控制,都是通过 DBMS 进行的。

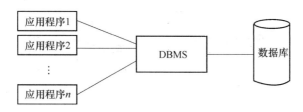

图 7-6　应用程序与数据库的关系

因为当今的大多数的数据库系统均采用关系模型,所以市场上关系型的 DBMS 软件种类也很多。目前流行的 DBMS 有 Oracle、SQL Server、DB2、Sybase、MySQL、Access 等,由于 DBMS 缺乏统一的标准,所以这些软件在性能、功能等方面存在着很大的差异,一般情况下,大型 DBMS 软件功能比较强、比较全,而小型的功能相对较弱。用户可以根据实际情况进行选择。本实例中选用的 DBMS 是 Access。

Access 是微软基于 Windows 的一个轻量级的桌面 DBMS,界面友好、易操作。使用软件提供的数据库向导、表生成器、查询向导等工具可以便捷地完成数据库的创建、检索和维护等功能,适用于中、小规模数据管理。而且对于小型企业和个人而言,使用 Access 还可以简单、快捷地建立相关应用。

接下来,使用 Access 来实现例 7-2 的数据库设计,包括创建数据库、创建数据库表,并针对表中每个字段,指定字段名、类型、宽度、字段值的约束;指定每个表的主码,最后建立数据库表之间的关系,实施参照完整性。实现的数据库 SCDB 的表设计如图 7-7 所示,表关系如图 7-8所示。为了方便在下一节可以查看到 SQL 语句的执行效果,还可以在表中添加一些数据,如图 7-9 所示。

图 7-7　SCDB 数据库的表设计

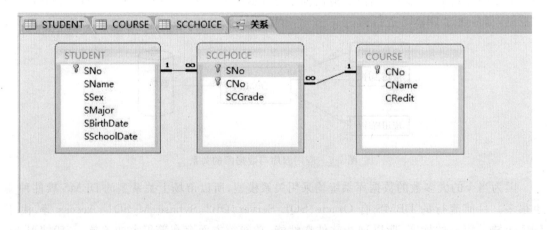

图 7-8　SCDB 数据库的表关系

STUDENT

SNo	SName	SSex	SMajor	SBirthDate	SSchoolDate
20121101	黄凯	男	通信工程	1993/10/2	2012/9 /1
20121102	周博	男	通信工程	1994/1 /1	2012/9 /1
20121103	张建	男	通信工程	1993/6 /12	2012/9 /1
20121104	张婷	女	通信工程	1995/3 /5	2012/9 /1
20121105	彭雨	女	通信工程	1994/11/12	2012/9 /1
20121201	王一	男	电子工程	1994/7 /29	2012/9 /1
20121202	林然	女	电子工程	1993/2 /15	2012/9 /1
20121203	李哲	男	电子工程	1994/12/12	2012/9 /1
20121204	杨春	女	电子工程	1995/8 /8	2012/9 /1
20121205	黄倩	女	电子工程	1993/9 /9	2012/9 /1

COURSE

CNo	CName	CRedit
101	高等数学	8
102	线性代数	2
201	数字电路	4
202	电子线路	4
301	计算机基础	2
302	离散数学	2
303	程序设计语言	2
304	数据结构	3
305	操作系统	3
306	微机原理	4
307	计算机网络	4

SCCHOICE

SNo	CNo	SCGrade
20121101	101	90
20121101	201	85
20121101	301	88
20121101	304	70
20121102	101	50
20121102	102	60
20121102	302	90

图 7-9　SCDB 数据库表的示例数据

7.2.4　SQL 语言简介

结构化查询语言(Structured Query Language,SQL)是专门用于关系数据库操作的语言,它集数据定义、查询、操作、控制等功能于一体。SQL 是一种高度非过程化语言,也就是说,使用 SQL 语句时只给出了要做什么,而至于怎么做并不需要去关心,那是 DBMS 的事情。SQL还是面向集合的语言,当使用 SQL 语句进行查询时,操作对象是表,它是记录的集合,而查询的结果还是记录的集合。由于上述几个特点,SQL 语言比较简单易学。针对上面创建的SCDB数据库,下面通过实例简单介绍一下 SQL 的数据查询、操作语句的使用。

【例 7-3】使用 SQL 语句对 SCDB 数据库进行记录的查询、添加、更新和删除操作。

查看 STUDENT 表中所有记录的全部信息:

```
SELECT * FROM STUDENT
```

查看 STUDENT 表中所有男生记录的学号和姓名：

```
SELECT SNo,SName,SSex FROM STUDENT WHERE SSex = ´男´
```

查看 STUDENT 表中的所有记录信息,并按年龄排序：

```
SELECT * FROM STUDENT ORDER BY SBirthDate
```

统计 STUDENT 表中男、女生的人数：

```
SELECT SSex,COUNT( * ) AS 人数 FROM STUDENT GROUP BY SSex
```

查看所有学生的选课信息：

```
SELECT STUDENT.SNo,SName,COURSE.CNo,CName,SCGrade
FROM STUDENT,COURSE,SCCHOICE
WHERE STUDENT.SNo = SCCHOICE.SNo AND COURSE.CNo = SCCHOICE.CNo
```

在 STUDENT 表中添加一条学生记录：

```
INSERT INTO STUDENT ( SNo, SName, SSex, SMajor, SBirthDate, SSchoolDate )
VALUES (´20121206´,´王二´,´男´,´电子工程´,´1994-1-1´,´2012-9-1´)
```

修改刚添加的学生记录的学生姓名数据：

```
UPDATE STUDENT SET SName = ´王三´ WHERE SNo = ´20121206´
```

删除刚添加的学生记录：

```
DELETE FROM STUDENT   WHERE SNo = ´20121206´
```

7.3   数据库编程基础知识

在进行数据库编程之前,先介绍一下在 Visual C++可以使用的几种数据库访问技术,然后通过实例详细介绍使用 MFC ODBC 类访问数据库的一般步骤和方法。

7.3.1   数据库访问技术简介

Visual C++中提供了多种访问数据库的技术,包括 ODBC API、MFC ODBC、DAO、OLE DB 及 ADO 技术等,其中 MFC ODBC 是 MFC 对 ODBC API 的封装,ADO 是 OLE DB 的高层接口,下面简要介绍一下这些技术的特点。

1. ODBC

开放式数据库互联(Open DataBase Connectivity,ODBC),它是 Micorsoft Windows 开放服务体结构的一部分,它建立了一组规范,并提供了一组对数据库访问的标准 API(应用程序编程接口)。这些 API 利用 SQL 来完成其大部分任务。ODBC 本身也提供了对 SQL 语言的支持,用户可以直接将 SQL 语句送给 ODBC。

组成 ODBC 各部件之间的关系如图 7-10 所示。应用程序要访问一个数据库,首先必须用 ODBC 管理器注册一个数据源,管理器根据数据源提供的数据库位置、数据库类型及 ODBC 驱动程序等信息,建立起 ODBC 与具体数据库的联系。这样,只要应用程序将数据源名提供给 ODBC,ODBC 就能建立起与相应数据库的连接。

在应用程序中,要对数据库进行操作只需调用统一的 ODBC API 函数,而 ODBC API 不直接访问数据库,必须通过驱动程序管理器与数据库交换信息。驱动程序管理器负责将应用程序对 ODBC API 的调用传递给正确的 ODBC 驱动程序,再由驱动程序访问数据源;驱动程序在执行完相应的操作后,将结果通过驱动程序管理器返回给应用程序。

ODBC 的最大优点是能以统一的方式处理所有的数据库。一个基于 ODBC 的应用程序对数据库的操作不依赖任何 DBMS,不直接与 DBMS 打交道,所有的数据库操作由对应于 DBMS 的 ODBC 驱动程序完成。也就是说,不论是 Access 还是 Oracle 数据库,只要提供了 ODBC 驱动程序,则均可用 ODBC API 进行访问。目前的关系型 DBMS 基本都提供了相应的 ODBC 驱动程序,这使 ODBC 的应用范围非常广泛,基本可以应用于所有的关系数据库。

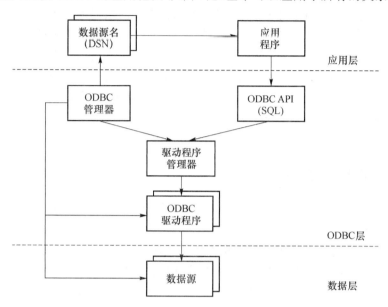

图 7-10　ODBC 各部件关系图

ODBC 是一种底层的访问技术,ODBC API 可以使应用程序从底层设置和控制数据库,完成一些高层技术无法完成的功能。

2. MFC ODBC 类

ODBC 提供了统一的数据库访问接口,但是直接使用 ODBC API 访问数据库需要编制大量的代码。Visual C++提供了 MFC ODBC 类,它对较复杂的 ODBC API 进行了封装,提供了面向对象的数据库类,从而简化了调用接口。程序员不必了解 ODBC API 和 SQL 的具体细节,利用 ODBC 类即可完成对数据库的大部分操作,从而大大方便了数据库应用程序的开发。

虽然 MFC ODBC 类比 ODBC API 简单易用,但是没有提供对数据库的底层控制,损失了 ODBC API 对低层的灵活控制,因此 MFC ODBC 类技术属于高层访问技术。

后面会详细介绍通过 MFC ODBC 类访问数据库的方法。

3. DAO

数据访问对象(Data Access Object,DAO)是基于 Micorsoft Jet 数据库引擎的一种应用程序编程接口。DAO 是微软的第一个面向对象的数据库接口,各个 DAO 对象协同工作,通过 Microsoft Jet 数据库引擎访问数据库中的数据。DAO 可以直接高效地访问 Microsoft Jet 数据库文件(*.mdb),同时它也可以访问经由 Jet 数据库引擎连接的 ODBC 数据源。DAO 同 ODBC API 相比更容易使用,但不能提供低层控制,因此 DAO 也属于高层的数据库接口。

MFC 通过多个类封装了 DAO 的大部分功能,使用 MFC DAO 类可以方便地访问 Microsoft Jet数据库,简化数据库应用程序的开发。

4. OLE DB 和 ADO

对象链接嵌入数据库(Object Link and Embedding DataBase,OLE DB)是 Visual C++开发数

据库应用中的新技术,OLE DB 对不同类型的数据源都提供了统一的接口,和传统的数据库访问技术只能访问关系数据库相比,使用 OLE DB 可以访问关系数据库和非关系数据库,包括各种文档、电子邮件系统、文件系统和电子表格等。OLE DB 在数据库编程时使用 COM 接口,和传统的数据库接口相比,它能够提供更好的健壮性和灵活性,还可以有效地提高访问数据库的速度。与 ODBC API 技术相似,OLE DB 也属于访问数据库技术中的底层接口。直接使用 OLE DB 来设计数据库应用程序需要编写大量的代码,开发难度相对较大。

ADO(ActiveX Data Object)ActiveX 数据对象,ADO 技术也是基于 OLE DB 的访问接口,它是微软最新的对象层次上的数据操作技术。ADO 继承了 OLE DB 技术的优点,并且对 OLE DB 的接口进行了封装,定义了 ADO 对象,使程序开发得到简化。另外同 OLE DB 相比,能够使用 ADO 的编程语言更多。ADO 技术属于数据库访问的高层接口,也是目前使用较为广泛的一种数据库访问技术。

7.3.2 MFC ODBC 类简介

MFC 是 Microsoft 对 Windows API 的封装,其中同数据库有关的 MFC ODBC 类有 CDatabase 类、CRecordSet 类、CRecordView 类、CFieldExchange 类和 CDBException 类。使用这些类,用户可以方便地开发出基于 ODBC 的数据库应用程序。Visual C++ 提供了对上面几个类的充分支持,可以用 AppWizard 自动创建一个数据库应用程序,它自动使用这些类,进而自动完成数据库的相关操作。下面简单介绍一下这些类的主要用途及常用接口。

1. CDatabase 类

CDatabase 类继承于 CObject 类,一个 CDatabase 类的对象代表到一个数据源的连接,通过该对象可以操作数据源。使用 CDatabase 类时,需要构造一个 CDatabase 类对象,并调用 Open 成员函数建立一个与数据源的连接,然后还需要将这个 CDatabase 对象的指针传递给 CRecordSet 类的构造函数,以构造一个 CRecordSet 类的对象。调用 IsOpen 成员函数可以判断 CDatabase 对象是否已与数据源相连接。在进行普通数据库操作时,一般不需要直接使用 CDatabase 对象,因为 CRecordSet 对象就可以完成大部分工作,而在进行事务处理时,就需要与 CDatabase 对象有更多的交互。另外,大多数情况下,在使用 MFC ODBC 类访问数据库时,无须直接使用 SQL 语句,对数据源的操作可以通过 CRecordSet 对象直接调用相应的函数来实现,但有的操作也可以通过调用 CDatabase 对象的 ExecuteSQL 函数来直接执行 SQL 语句,注意该函数不会返回结果数据。CDatabase 对象通过调用 close 函数结束到一个数据源的连接,该函数并不释放 CDatabase 对象,所以还可以再次使用该 CDatabase 对象打开一个新的数据源的连接。

2. CRecordSet 类

CRecordSet 类直接继承于 CObject 类,一个 CRecordSet 类对象代表一个从数据源中选择的记录的集合,通常称为记录集,程序可以使用数据源中的某个表作为一个记录集,也可以使用对表的查询结果作为一个记录集,还可以合并同一个数据源的多个表作为一个记录集。创建一个记录集时有两种形式可以选择,其中动态集形式的记录集是动态的,它能与其他用户对数据库的更新保持同步;而快照形式的记录集是静态的,一般在获取记录集后,其他用户的操作不会反映到记录集中,除非再重新获取记录集。

CRecordSet 类对象在调用 Open 成员函数时,可访问数据源,执行其代表的查询语句,建立记录集;在完成对记录集的所有操作后,应该调用 close 成员函数,释放 CRecordSet 对象。

在访问数据库时,CRecordSet 类是使用最多的类,通过调用该类的成员函数,可以实现对记录集中的记录进行滚动、修改、增加、删除和查询等操作。关于 CRecordSet 类的一些常用数据成员和成员函数,在后面会结合具体的例子介绍。如果要了解更多关于 CDatabase 类和 CRecordSet 类的成员及使用,可查阅 MSDN。

3. CRecorView 类

CRecordView 类继承于 CFormVicw 类,是可以在控件中显示数据库记录的视图类。CRecordView 类直接连接到一个 CRecordSet 对象,并支持对记录的浏览和更新操作。它的实例是从一个对话框模板资源创建的,这样就可以利用对话框数据交换机制(DDX),实现视图控件中显示的数据与记录集当前记录中数据自动对应。

CRecordView 中定义了一个 CRecordSet 类的指针,如 CStudentSet * m_pSet;其中 CStudentSet类是用户定义的,它是 CRecordSet 的派生类。利用 m_pSet 指针,CRecordView 就可以与 CStudentSet 对象所代表的记录集进行数据交换。

4. CFieldExchange 类

CFieldExchange 类没有基类,它支持 RFX 机制,关于这个机制的含义后面将会做介绍。CFieldExchange 类只有在使用自定义的数据类型进行数据交换时才会用到。

5. CDBException 类

CDBException 类继承于 CException,它被用在使用 ODBC 数据源发生异常时向应用程序传送异常信息。

通过上面的介绍,简单地总结一下上述各 MFC ODBC 类的主要作用,其中 CDatabase 类主要针对某个数据库,负责数据源的连接;而 CRecordSet 类主要针对数据源中的记录集,负责完成对数据库的操作;最后 CRecordView 类主要负责界面,可以用来完成记录集当前记录数据的显示。

7.3.3 使用 MFC ODBC 类访问数据库

用 AppWizard 可以很容易地创建数据库应用程序,它会自动使用上面介绍的 MFC ODBC 类,用户只需要添加很少的代码,就可以访问数据库,大大简化了数据库应用的开发。但有时直接使用 AppWizard 建立的数据库应用并不能完全满足用户的需求,所以有必要了解如何不依赖于 AppWizard 来编写自己的数据库应用程序。本小节通过一个简单的例子,来介绍使用 Visual C++ 的 MFC ODBC 类开发数据库应用程序的完整过程。在这一过程中,我们将学习如何利用"MFC 类向导"创建记录集类,在应用程序中添加该记录集类对象,以及使用该对象建立记录集,并实现数据库的常规操作,包括记录的浏览、查询、添加、修改和删除等操作。结合这个例子,还会简单介绍一下记录集类的域数据成员和数据源之间的数据交换机制(RFX),以及实现上述操作时用到的记录集类的一些数据成员和成员函数。

【例 7-4】建立一个基于对话框的应用程序 Ch7Demo1,它可以访问在前面创建的学生数据库,并可以对学生表进行操作,包括完成学生信息记录的逐条显示、学生信息的查询以及学生信息记录的添加、修改和删除等这些数据库的基本操作。

解 按如下步骤来实现使用 MFC ODBC 类访问数据库的应用程序。

(1)建立数据库

首先,我们要使用 DBMS 创建程序中要访问的数据库。在本例中,可以直接使用前面已经建立好的 Access 数据库 SCDB。

（2）创建数据源

为了在应用程序中能访问到 SCDB 数据库，需要注册 ODBC 数据源。首先，在"控制面板"的"管理工具"中找到"数据源（ODBC）"快捷方式，双击后进入如图 7-11 所示的"ODBC 数据源管理器"，选择其中的"用户 DSN"选项卡，单击"添加"按钮，弹出如图 7-12 所示的"创建新数据源"对话框。另外我们同样也可以选择"系统 DSN"选项卡，进行添加，二者的区别在于"用户 DSN"仅对当前用户有效，而"系统 DSN"则对系统下的所有用户都有效。接下来，在"创建新数据源"对话框中，选择准备添加数据源的驱动程序，本例中选择 Access 数据库对应的驱动程序"Microsoft Access Driver(＊.mdb,＊.accdb)"，当单击"完成"按钮后，会弹出如图 7-13 所示的"ODBC Micorsoft Access 安装"对话框，先输入数据源名：Student，然后单击"选择"按钮，选择要配置的数据库文件"SCDB.accdb"，再单击"确定"按钮，这时会再回到如图 7-14 所示的"ODBC 数据源管理器"，可以看到刚刚配置的"Student"数据源已经添加到数据源列表中，表明已经完成了 ODBC 数据源的注册。

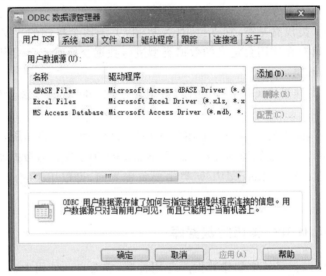

图 7-11　ODBC 数据源管理器

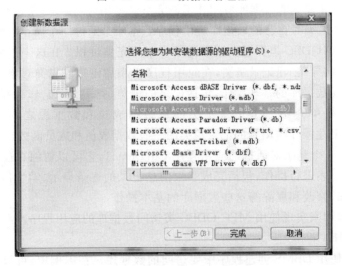

图 7-12　"创建新数据源"对话框

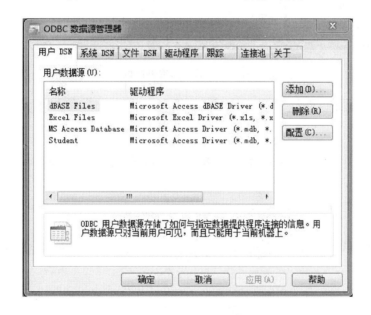

图 7-13 "ODBC Microsoft Access 安装"对话框

图 7-14 添加的 Student 数据源

（3）实现应用程序的界面设计

首先，创建一个新项目，基于对话框的 MFC 应用程序的创建过程请参考本书 3.4.1 小节，项目建立完成之后会呈现一个对话框模板资源，如图 7-15 所示。

按照应用程序访问数据库的功能要求，在该对话框资源上面添加各种控件，通过它们可以实现和用户的交互。设计完成后的应用程序界面如图 7-16 所示。

其中，对话框的 ID 属性：IDD_DIALOG_STUDENT；Caption 属性：学生基本信息。

在对话框资源上添加的主要控件及属性设置如表 7-3 所示。

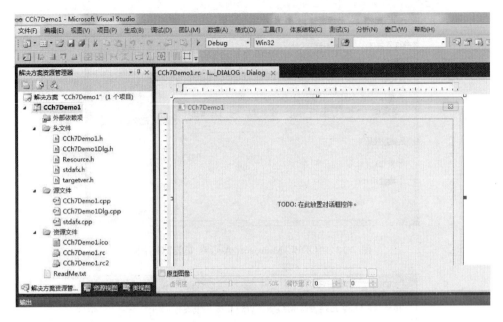

图 7-15 对话框编辑窗口

图 7-16 Ch7Demo1 应用程序界面设计

表 7-3 IDD_DIALOG_STUDENT 对话框中的主要控件

控件类型	控件 ID	Caption
Button	IDC_BN_QUERY	查询
Button	IDC_BN_FIRST	第一条
Button	IDC_BN_PREV	上一条
Button	IDC_BN_NEXT	下一条
Button	IDC_BN_LAST	末一条
Button	IDC_BN_ADD	添加
Button	IDC_BN_EDIT	修改

控件类型	控件 ID	Caption
Button	IDC_BN_DELETE	删除
Button	IDC_BN_SAVE	保存
Button	IDC_BN_CANCEL	取消
Button	IDC_BN_EXIT	退出
Edit Box	IDC_EDIT_SNo_Q	
Edit Box	IDC_EDIT_SNAME_Q	
Edit Box	IDC_EDIT_SNo	
Edit Box	IDC_EDIT_SNAME	
Edit Box	IDC_EDIT_SSEX	
Edit Box	IDC_EDIT_SMAJOR	
Edit Box	IDC_EDIT_SBDATE	
Edit Box	IDC_EDIT_SSDATE	
Static Text	默认	学号
Static Text	默认	姓名
Static Text	默认	学号
Static Text	默认	姓名
Static Text	默认	性别
Static Text	默认	专业
Static Text	默认	出生日期
Static Text	默认	入学日期

完成上述控件的添加后,接下来打开"MFC 类向导",为该对话框类 CCh7Demo1Dlg 类添加成员变量,并和对应的控件相关联,这样就可以通过对话框数据交换机制,也就是 DDX 机制,使得对话框资源中的控件和成员变量之间的数据交换更加容易进行,当调用 CWnd∶∶UpdateData(TRUE)时,程序框架会自动调用 DoDataExchange 函数将数据从控件传递到控件变量,当我们调用 CWnd∶∶UpdateData(FALSE)时,程序框架会自动调用 CWnd∶∶DoDataExchange 函数将数据从成员变量传递到控件。本例中为对话框类 CCh7Demo1Dlg 类添加的控件变量如表 7-4 所示。

表 7-4　CCh7Demo1Dlg 的控件变量

控件 ID	变量名	数据类型
IDC_EDIT_SNo_Q	m_strSNo_Q	CString
IDC_EDIT_SNAME_Q	m_strSNAME_Q	CString
IDC_EDIT_SNo	m_strSNo	CString
IDC_EDIT_SNAME	m_strSName	CString
IDC_EDIT_SSEX	m_strSSex	CString
IDC_EDIT_SMAJOR	m_strSMajor	CString
IDC_EDIT_SBDATE	m_strSBDate	CString
IDC_EDIT_SSDATE	m_strSSDate	CString

（4）记录集类的创建和使用

CRecordSet 类，也就是记录集类，是 MFC ODBC 类中最重要、功能最强大的类。程序中大量的数据库操作集中在记录集的操作上，而使用记录集类丰富的成员函数可以简化与数据库进行交互时的操作，所以在编写实现功能的代码之前，结合本例重点介绍一下记录集类的创建和使用。

在使用"MFC 应用程序向导"创建单文档应用程序时，可提供对数据库的支持，会自动加入和数据库有关的代码，其中就包括记录集类的定义和使用。但是创建基于对话框的应用程序时则没有。所以当创建应用程序框架后，还需要我们自己来创建记录集类，并且还需要在 stdafx.h 头文件中添加 #include<afxdb.h>预处理指令，因为 MFC ODBC 类是在 afxdb.h 头文件中声明的。

① 创建记录集类

打开"MFC 类向导"对话框，选择"添加类"，创建一个新类，出现如图 7-17 所示"添加类"对话框，选择"MFC ODBC 使用者"，然后单击"添加"按钮，打开如图 7-18 所示的"MFC ODBC 使用者向导"对话框，选中"快照"类型，选中"绑定所有列"，单击"数据源"选择按钮，然后在打开的对话框中选中前面创建的数据源"Student"，上面各项设置好以后，单击"完成"按钮，在接下来弹出的"选择数据库对象"对话框中选中我们需要的"STUDENT 表"，如图 7-19 所示，单击"确定"按钮，又回到前面的"MFC ODBC 使用者向导"，如图 7-20 所示，这时允许输入类名，并修改该类所对应的头文件、源文件，然后再单击"完成"按钮。这样一个 CRecordSet 类的派生类 CStudentSet 类就创建好了。在类视图中可以查看该类的声明和代码实现，如图 7-21 所示。

图 7-17 "添加类"对话框

② 记录集的建立

一个 CRecordSet 类的对象代表从数据源选出的记录的集合，通常称为记录集。所以本例中要建立记录集，首先要构造一个 CStudentSet 类的对象，我们选择把 CStudentSet 类的对象作为一个数据成员添加到 CCh7Demo1Dlg 类中，由如下所示代码完成：

```
CStudentSet  m_rsStudentSet;
```

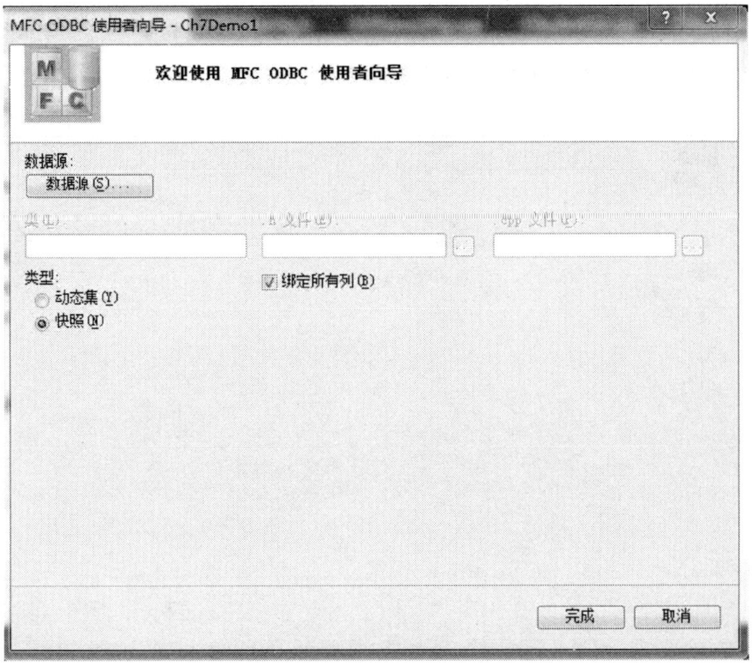

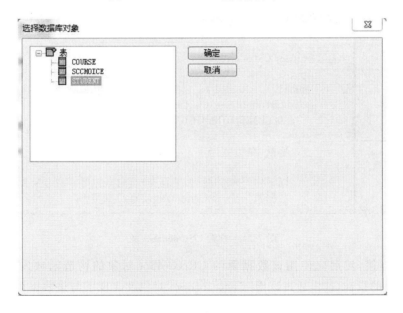

图 7-18　MFC ODBC 使用者向导(1)

图 7-19　表选择对话框

这样当程序中创建 CCh7Demo1Dlg 类的对象时,就会自动创建 CStudentSet 类的对象 m_rsStudentSet,之后在程序中就可以使用该对象来创建记录集,完成对数据库的操作。

需要注意,因为我们添加了 CStudentSet 类的数据成员,所以要在 CCh7Demo1Dlg 类的 CStudetDlg.h 头文件中,包含如下预处理指令: ♯include "CStudentSet.h"。

在使用 CRecordSet 类的对象创建记录集之前,首先要完成它同数据源的连接,连接的方式依赖于 CRecordSet 对象的构造方式。一种方式是,可以先通过一个 CDatabase 对象建立到

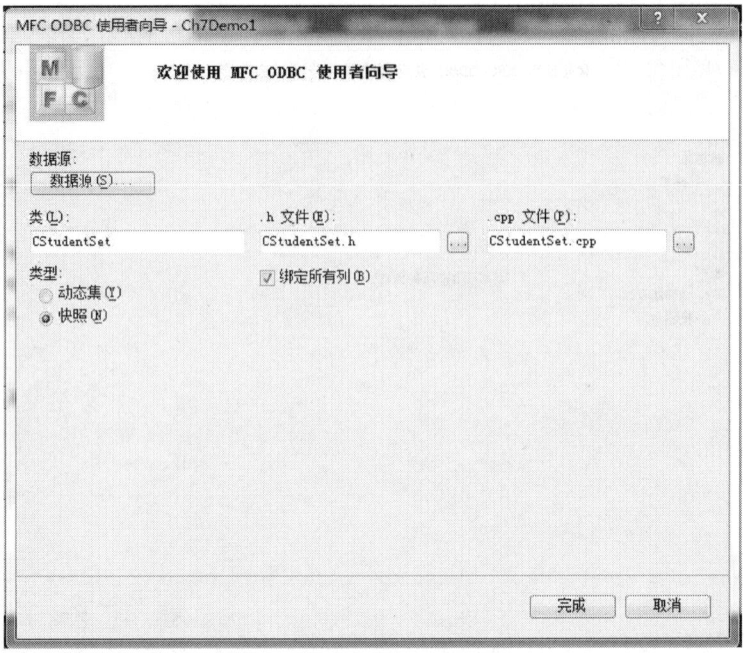

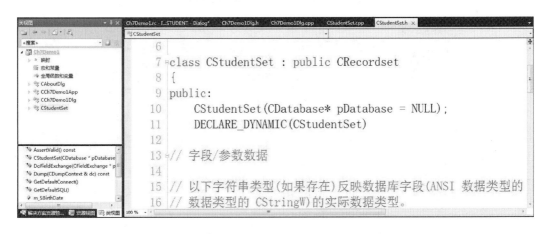

图 7-20　MFC ODBC 使用者向导(2)

图 7-21　查看 CStudentSet 类

指定数据源的连接,然后向使用该数据源的 CRecordSet 对象的构造函数发送一个指向该 CDatabase 对象的指针,这样通过该指针 CRecordSet 对象就实现了与该数据源的连接。另一种方式是,不传递指针到 CRecordSet 对象的构造函数,这样当创建记录集时,会自动构造一个 CDatebase 对象,并调用 CRecordSet 类的 GetDefaultConnect 成员函数为 CDatabase 对象提供与数据源的连接信息,并完成与数据源的连接。在本例中就是采用的后一种方式,其中 GetDefaultConnect 函数的代码如下所示:

```
＃error 安全问题连接字符串可能包含密码
CString CStudentSet::GetDefaultConnect()
{
    return _T("DSN = Student;DBQ = E:\\程序设计实践教材\\SCDB.accdb;
DriverId = 25;FIL = MSAccess;MaxBufferSize = 2048;
```

```
PageTimeout = 5;UID = admin;");
}
```

要注意,"MFC 类向导"在该函数的定义之前会自动插入如上所示的一行,用于提示访问数据库的用户 ID 和密码以纯文本的形式在代码中公开。而当代码中有这个指令时,编译会失败。要想能够成功地编译程序,必须使它以注释的形式存在。

在 CRecordSet 对象建立与数据源建的连接之后,就可以构造记录集了。CRecordSet 对象调用 Open 成员函数访问数据源,通过表或执行查询建立记录集。若 CRecordSet 对象成功地打开,则 Open 函数返回 TRUE,否则返回 FALSE。还可以通过调用 IsOpen 成员函数来判断是否成功地打开。本例中采用如下形式调用 Open 函数。

```
m_rsStudentSet.Open(AFX_DB_USE_DEFAULT_TYPE);
```

这时打开类型为默认类型,将以快照方式建立记录集,并且会调用 GetDefaultSQL 成员函数,通过它提供的表来建立记录集。其中 GetDefaultSQL 函数的代码如下所示:

```
CString CStudentSet::GetDefaultSQL()
{
    return _T("[STUDENT]");
}
```

关于 Open 成员函数的原形及调用形式的更多细节可参阅 MSDN。

③ RFX 机制

MFC ODBC 类采用记录域交换机制,也就是 RFX 机制自动完成数据源与 CRecordSet 对象之间的数据交换。下面通过本例加以说明。

当使用"MFC 类向导"生成 CStudentSet 类时,对于在数据源中所选定的每一列,会自动在 CStudentSet 类的声明中添加与其对应的数据成员,称为域数据成员,如下列代码所示:

```
class CStudentSet : public CRecordset
{
public:
    CStudentSet(CDatabase * pDatabase = NULL);
    DECLARE_DYNAMIC(CStudentSet)


    CString   m_SNo;            //学号
    CString   m_SName;          //姓名
    CString   m_SSex;           //性别
    CString   m_SMajor;         //专业
    CTime   m_SBirthDate;       //出生日期
    CTime   m_SSchoolDate;      //入学日期
    ......

}
```

每个数据成员的类型被设置成对应于表中相应字段的类型。其中文本类型的字段自动对应为 CStringW 类型,它封装的是 Unicode 字符串,在这里把它修改为 CString 类型,这样就允许把这些字符串作为 ASCII 字符串来处理了。

域数据成员的初始化代码也是由"MFC 类向导"自动添加到 CStudentSet 类的构造函数,如下列代码所示,其中 m_nFields 用来说明域数据成员的数量。

```
CStudentSet::CStudentSet(CDatabase * pdb)
    : CRecordset(pdb)
{
    m_SNo = L"";
```

```
            m_SName = L"";
            m_SSex = L"";
            m_SMajor = L"";
            m_SBirthDate;
            m_SSchoolDate;
            m_nFields = 6;
            m_nDefaultType = snapshot;
    }
```

除此之外,"MFC 类向导"还会重写 CStudentSet 类的 DoFieldExchange 成员函数,自动添加一系列 RFX 函数,它们负责完成数据源的数据表列与域数据成员之间的数据交换,如下列代码所示:

```
    void CStudentSet::DoFieldExchange(CFieldExchange * pFX)
    {
            pFX->SetFieldType(CFieldExchange::outputColumn);
            RFX_Text(pFX, _T("[SNo]"), m_SNo);
            RFX_Text(pFX, _T("[SName]"), m_SName);
            RFX_Text(pFX, _T("[SSex]"), m_SSex);
            RFX_Text(pFX, _T("[SMajor]"), m_SMajor);
            RFX_Date(pFX, _T("[SBirthDate]"), m_SBirthDate);
            RFX_Date(pFX, _T("[SSchoolDate]"), m_SSchoolDate);
    }
```

RFX 机制原理上同前面提过的 DDX 机制相似,当"MFC 类向导"自动编写了上面说明的一系列支持 RFX 机制的相关代码后,任何时候当数据源与 CRecordSet 对象之间有数据交换发生时,程序框架会自动调用 DoFieldExchange 函数,该函数执行一系列 RFX 函数完成数据源的数据列与 CRecordSet 对象的域数据成员之间的数据交换。

DoFieldExchange 函数是 RFX 机制的核心,具体地说,当 CRecordSet 对象的 Open 函数执行时,或执行 CRecordSet 对象查询时,程序框架会自动调用 DoFieldExchange 函数,将所选择的第一条记录的值传递给 CRecordSet 对象的域数据成员。当在 CRecordSet 对象中移动记录指针时,也会自动调用 DoFieldExchange 函数,将当前记录的值传递给 CRecordSet 对象的域数据成员。当在 CRecordSet 对象中更新记录时,也会自动调用 DoFieldExchange 函数将域数据成员保存到数据源中。

④ 对记录集的操作

当我们创建了 CRecordSet 对象对应的记录集,了解了数据源与 CRecordSet 对象之间的数据交换机制后,接下来介绍使用 CRecordSet 对象可以实现的对数据库表的基本操作以及用到 CRecordSet 类的一些相关的数据成员和成员函数。

使用 CRecordSet 对象可以查看当前记录的数据域,如图 7-22 所示。基本过程是,采用 RFX 机制,数据源当前记录的数据首先传递到 CRecordSet 对象的域数据成员,然后再通过赋值操作,传递给对话框对象的控件变量,最后利用 DDX 机制传递到对话框窗口的控件显示出来。

使用 CRecordSet 对象可实现对记录集的过滤和排序。CRecordSet 对象有两个公有数据成员 m_strFilter 和 m_strSort,其中 m_strFilter 是代表 SQL 语句 WHERE 子句的 CString 类型变量,起过滤作用,保证只选择符合给定条件的记录。m_strSort 是代表 ORDER BY 子句的 CString 类型变量,用来控制记录的排序。在建立记录集时,这两个数据成员也可以用来控制过滤和排序,同样在记录集建立之后,还可以通过设置这两个变量,再调用 Requery 成员函数,随时实现对数据源数据的查询和排序。

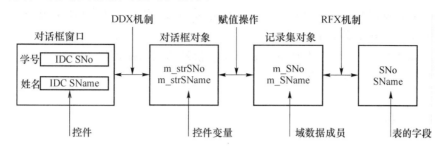

图 7-22　控件和数据源表的数据交换

使用 CRecordSet 对象可实现在记录集中移动记录指针,改变当前记录。CRecordSet 类提供以下成员函数来移动记录指针:

- MoveNext 函数,向后移动一条记录;
- MovePrev 函数,向前移动一条记录;
- MoveFirst 函数,移动到第一条记录;
- MoveLast 函数,移动到最后一条记录。

在移动的过程中还可以使用 IsBOF 函数和 IsEOF 函数来判断是否越过第一条记录和最后一条记录,还可以用它们来判断记录集是否为空。

使用 CRecordSet 对象可实现记录的增加、修改、更新和删除操作。调用 AddNew 函数可以添加一条新记录到数据库表中,调用 Edit 函数可以修改当前记录,要注意的是这两个函数都是针对域数据成员操作的,之后还要调用 Update 函数将域数据成员的值保存到数据源中。对于快照记录集,新更新的记录不会反映到快照中,必须调用 Requery 成员函数刷新记录集后才能看到更新后的记录。调用 Delete 成员函数可以删除当前记录,若删除成功,则域数据成员的值为 NULL,为离开这调记录,需要用到上面移动记录指针的成员函数。

（5）编写实现功能的代码

首先,在 CCh7Demo1Dlg 类中添加几个数据成员和成员函数,用来实现常用功能。然后再编写对话框初始化函数及按钮的事件响应的代码。

① 添加数据成员

使用"添加成员变量向导"为 CCh7Demo1Dlg 类添加的数据成员如表 7-5 所示。

表 7-5　CCh7Demo1Dlg 的数据成员

数据成员名	类型	主要用途
m_rsStudentSet	CStudentSet	对应于建立的记录集
m_bEmpty	bool	空记录集标志
m_bFirst	bool	记录指针指向第一条记录标志
m_bLast	bool	记录指针指向最后一条记录标志
m_bAdd	bool	添加记录操作标志
m_bEdit	bool	修改记录操作标志

注意,因为我们添加了 CStudentSet 类的数据成员,所以就需要在 CCh7Demo1Dlg 类的 Ch7Demo1Dlg. h 头文件中,包含如下预处理指令: ♯ include "CStudentSet. h"。

② 添加成员函数及代码编写

使用"添加成员函数向导"为 CCh7Demo1Dlg 类添加成员函数,用来实现一些常用的功能,各函数主要功能和定义如下:

- ClearEditData——清空对话框中显示学生信息的编辑框控件。

```cpp
void CCh7Demo1Dlg∷ClearEditData(void)
{
    m_strSNo = "";
    m_strSName = "";
    m_strSSex = "";
    m_strSMajor = "";
    m_strSBDate = "";
    m_strSSDate = "";

    UpdateData(FALSE);
    return;
}
```

- ReadRecord——将域数据成员的值传递给对话框控件显示出来。

```cpp
void CCh7Demo1Dlg∷ReadRecord(void)
{
    m_strSNo = m_rsStudentSet.m_SNo;
    m_strSName = m_rsStudentSet.m_SName;
    m_strSSex = m_rsStudentSet.m_SSex;
    m_strSMajor = m_rsStudentSet.m_SMajor;
    m_strSBDate = m_rsStudentSet.m_SBirthDate.Format("%Y-%m-%d");
    m_strSSDate = m_rsStudentSet.m_SSchoolDate.Format("%Y-%m-%d");

    UpdateData(FALSE);
    return;
}
```

- WriteRecord——将控件中显示的信息传递给域数据成员。

```cpp
void CCh7Demo1Dlg∷WriteRecord(void)
{
    UpdateData(TRUE);

    m_rsStudentSet.m_SNo = m_strSNo;
    m_rsStudentSet.m_SName = m_strSName;
    m_rsStudentSet.m_SSex = m_strSSex;
    m_rsStudentSet.m_SMajor = m_strSMajor;

    int a,b,c;
    CString   timestrB = m_strSBDate;
    sscanf(timestrB.GetBuffer(timestrB.GetLength()),"%d-%d-%d",&a,&b,&c);
    CTime   timeB(a,b,c,0,0,0);
    m_rsStudentSet.m_SBirthDate = timeB;
    CString   timestrS = m_strSSDate;
    sscanf(timestrS.GetBuffer(timestrS.GetLength()),"%d-%d-%d",&a,&b,&c);
    CTime   timeS(a,b,c,0,0,0);
    m_rsStudentSet.m_SSchoolDate = timeS;
}
```

- SetMoveBNState——根据记录集是否为空、记录指针的位置及对数据库的操作类型,来设置"滚动记录指针"按钮的使用状态。

```
void CCh7Demo1Dlg∷SetMoveBNState(void)
{
    CWnd * pWnd;
    if(m_bEmpty||m_bEdit)
    {
        pWnd = GetDlgItem(IDC_BN_FIRST);
        pWnd->EnableWindow(FALSE);
        pWnd = GetDlgItem(IDC_BN_PREV);
        pWnd->EnableWindow(FALSE);
        pWnd = GetDlgItem(IDC_BN_LAST);
        pWnd->EnableWindow(FALSE);
        pWnd = GetDlgItem(IDC_BN_NEXT);
        pWnd->EnableWindow(FALSE);
        return;
    }
    if(m_bFirst)
    {
        pWnd = GetDlgItem(IDC_BN_FIRST);
        pWnd->EnableWindow(FALSE);
        pWnd = GetDlgItem(IDC_BN_PREV);
        pWnd->EnableWindow(FALSE);
        pWnd = GetDlgItem(IDC_BN_LAST);
        pWnd->EnableWindow(TRUE);
        pWnd = GetDlgItem(IDC_BN_NEXT);
        pWnd->EnableWindow(TRUE);
    }
    else if(m_bLast)
    {
        pWnd = GetDlgItem(IDC_BN_FIRST);
        pWnd->EnableWindow(TRUE);
        pWnd = GetDlgItem(IDC_BN_PREV);
        pWnd->EnableWindow(TRUE);
        pWnd = GetDlgItem(IDC_BN_LAST);
        pWnd->EnableWindow(FALSE);
        pWnd = GetDlgItem(IDC_BN_NEXT);
        pWnd->EnableWindow(FALSE);
    }
    else
    {
        pWnd = GetDlgItem(IDC_BN_FIRST);
        pWnd->EnableWindow(TRUE);
        pWnd = GetDlgItem(IDC_BN_PREV);
        pWnd->EnableWindow(TRUE);
        pWnd = GetDlgItem(IDC_BN_LAST);
        pWnd->EnableWindow(TRUE);
        pWnd = GetDlgItem(IDC_BN_NEXT);
        pWnd->EnableWindow(TRUE);
    }
    return;
}
```

• SetEditState——根据对数据库的操作类型设置编辑框控件的可编辑状态。

```
void CCh7Demo1Dlg∷SetEditState(void)
```

```
{
    CWnd * pWnd;
    if(m_bEdit)
    {
        pWnd = GetDlgItem(IDC_BN_ADD);
        pWnd->EnableWindow(FALSE);
        pWnd = GetDlgItem(IDC_BN_EDIT);
        pWnd->EnableWindow(FALSE);
        pWnd = GetDlgItem(IDC_BN_DELETE);
        pWnd->EnableWindow(FALSE);
        pWnd = GetDlgItem(IDC_BN_QUERY);
        pWnd->EnableWindow(FALSE);
        pWnd = GetDlgItem(IDC_BN_SAVE);
        pWnd->EnableWindow(TRUE);
        pWnd = GetDlgItem(IDC_BN_CANCEL);
        pWnd->EnableWindow(TRUE);

        pWnd = GetDlgItem(IDC_EDIT_SNo);
        if(m_bAdd)
            pWnd->EnableWindow(TRUE);
        else
        pWnd->EnableWindow(FALSE);
        pWnd = GetDlgItem(IDC_EDIT_SNAME);
        pWnd->EnableWindow(TRUE);
        pWnd = GetDlgItem(IDC_EDIT_SSEX);
        pWnd->EnableWindow(TRUE);
        pWnd = GetDlgItem(IDC_EDIT_SMAJOR);
        pWnd->EnableWindow(TRUE);
        pWnd = GetDlgItem(IDC_EDIT_SBDATE);
        pWnd->EnableWindow(TRUE);
        pWnd = GetDlgItem(IDC_EDIT_SSDATE);
        pWnd->EnableWindow(TRUE);
    }
    else
    {
        pWnd = GetDlgItem(IDC_BN_ADD);
        pWnd->EnableWindow(TRUE);
        pWnd = GetDlgItem(IDC_BN_EDIT);
        pWnd->EnableWindow(TRUE);
        pWnd = GetDlgItem(IDC_BN_DELETE);
        pWnd->EnableWindow(TRUE);
        pWnd = GetDlgItem(IDC_BN_QUERY);
        pWnd->EnableWindow(TRUE);
        pWnd = GetDlgItem(IDC_BN_SAVE);
        pWnd->EnableWindow(FALSE);
        pWnd = GetDlgItem(IDC_BN_CANCEL);
        pWnd->EnableWindow(FALSE);

        pWnd = GetDlgItem(IDC_EDIT_SNo);
        pWnd->EnableWindow(FALSE);
        pWnd = GetDlgItem(IDC_EDIT_SNAME);
        pWnd->EnableWindow(FALSE);
```

```
        pWnd = GetDlgItem(IDC_EDIT_SSEX);
        pWnd->EnableWindow(FALSE);
        pWnd = GetDlgItem(IDC_EDIT_SMAJOR);
        pWnd->EnableWindow(FALSE);
        pWnd = GetDlgItem(IDC_EDIT_SBDATE);
        pWnd->EnableWindow(FALSE);
        pWnd = GetDlgItem(IDC_EDIT_SSDATE);
        pWnd->EnableWindow(FALSE);
    }
    return;
}
```

③ 对话框初始化代码

打开对话框时,需要完成的工作包括打开记录集,并根据打开的状态完成记录的显示及"滚动记录指针"按钮状态和编辑框状态的设置。这些代码应该添加在对话框初始化函数中。

```
BOOL CCh7Demo1Dlg::OnInitDialog()
{
    CDialogEx::OnInitDialog();

    //TODO: 在此添加额外的初始化
    m_rsStudentSet.Open(AFX_DB_USE_DEFAULT_TYPE);
    if(!m_rsStudentSet.IsOpen())
    {
        AfxMessageBox("数据库打开失败!");
        return TRUE;
    }
    else if(m_rsStudentSet.IsBOF())
    {
        AfxMessageBox("数据集空!");
        m_bEmpty = true;
        ClearEditData();
        SetMoveBNState();
        SetEditState();
    }
    else
    {
        m_bEmpty = false;
        m_rsStudentSet.MoveFirst();
        m_bFirst = true;
        m_bLast = false;
        ReadRecord();
        SetMoveBNState();
        SetEditState();
    }

    return TRUE;   //return TRUE unless you set the focus to a control
}
```

④ 按钮功能实现代码

在对话框模板资源中,双击按钮控件,在其对应 CCh7Demo1Dlg::OnBnClicked 函数中编写单击事件处理程序代码。

"第一条"按钮:

```
void CCh7Demo1Dlg::OnBnClickedBnFirst()
{
    //TODO：在此添加控件通知处理程序代码
    m_rsStudentSet.MoveFirst();
    m_bFirst = true;
    m_bLast = false;
    SetMoveBNState();
    ReadRecord();
}
```

"上一条"按钮：

```
void CCh7Demo1Dlg::OnBnClickedBnLast()
{
    //TODO：在此添加控件通知处理程序代码
    m_rsStudentSet.MoveLast();
    m_bFirst = false;
    m_bLast = true;
    SetMoveBNState();
    ReadRecord();
}
```

"下一条"按钮：

```
void CCh7Demo1Dlg::OnBnClickedBnNext()
{
    //TODO：在此添加控件通知处理程序代码
    m_bFirst = false;
    m_bLast = false;
    m_rsStudentSet.MoveNext();
    if(m_rsStudentSet.IsEOF())
    {
        m_rsStudentSet.MoveLast();
        m_bLast = true;
    }
    SetMoveBNState();
    ReadRecord();
}
```

"末一条"按钮：

```
void CCh7Demo1Dlg::OnBnClickedBnLast()
{
    //TODO：在此添加控件通知处理程序代码
    m_rsStudentSet.MoveLast();
    m_bFirst = false;
    m_bLast = true;
    SetMoveBNState();
    ReadRecord();
}
```

"查询"按钮：

```
void CCh7Demo1Dlg::OnBnClickedBnQuery()
{
    //TODO：在此添加控件通知处理程序代码
    UpdateData(TRUE);
    if(m_strSNo_Q.IsEmpty() && m_strSNAME_Q.IsEmpty())
    {
```

```
        m_rsStudentSet.m_strFilter = "";
        m_rsStudentSet.Requery();
        if(m_rsStudentSet.IsBOF())
        {
            AfxMessageBox("数据集空!");
            m_bEmpty = true;
            ClearEditData();
            SetMoveBNState();
        }
        else
        {
            m_bEmpty = false;
            m_rsStudentSet.MoveFirst();
            m_bFirst = true;
            m_bLast = false;
            ReadRecord();
            SetMoveBNState();
        }
        return;
    }
    BOOL mbSNoQInput = FALSE;
    if(!m_strSNo_Q.IsEmpty())
    {
        m_rsStudentSet.m_strFilter = "SNo = '" + m_strSNo_Q;
        m_rsStudentSet.m_strFilter = m_rsStudentSet.m_strFilter + "'";

        mbSNoQInput = TRUE;
    }
    if(!m_strSNAME_Q.IsEmpty())
    {
        if(mbSNoQInput)
        {
            m_rsStudentSet.m_strFilter = m_rsStudentSet.m_strFilter
                              + " AND SName = '";
            m_rsStudentSet.m_strFilter = m_rsStudentSet.m_strFilter
                              + m_strSNAME_Q;
            m_rsStudentSet.m_strFilter = m_rsStudentSet.m_strFilter
                              + "'";
        }
        else
        {
            m_rsStudentSet.m_strFilter = "SName = '" + m_strSNAME_Q;
            m_rsStudentSet.m_strFilter = m_rsStudentSet.m_strFilter + "'";

        }

    }
    m_rsStudentSet.Requery();
    if(m_rsStudentSet.IsEOF())
    {
        AfxMessageBox("没有查到相关记录!");
        m_bEmpty = true;
```

```
            ClearEditData();
            SetMoveBNState();
        }
        else
        {
            m_bEmpty = false;
            m_rsStudentSet.MoveFirst();
            m_bFirst = true;
            ReadRecord();
            SetMoveBNState();
        }

}
```

"添加"按钮:

```
void CCh7Demo1Dlg::OnBnClickedBnAdd()
{
    //TODO: 在此添加控件通知处理程序代码
    ClearEditData();
    m_bEdit = true;
    m_bAdd = true;
    SetMoveBNState();
    SetEditState();
    CWnd *pWnd;
    pWnd = GetDlgItem(IDC_EDIT_SNo);
    pWnd->SetFocus();
}
```

"修改"按钮:

```
void CCh7Demo1Dlg::OnBnClickedBnEdit()
{
    //TODO: 在此添加控件通知处理程序代码
    m_bEdit = true;
    m_bAdd = false;
    SetMoveBNState();
    SetEditState();
    CWnd *pWnd;
    pWnd = GetDlgItem(IDC_EDIT_SNAME);
    pWnd->SetFocus();
}
```

"删除"按钮:

```
void CCh7Demo1Dlg::OnBnClickedBnDelete()
{
    //TODO: 在此添加控件通知处理程序代码
    if(AfxMessageBox("确定要删除此条记录吗?",MB_YESNO)!=IDYES)
        return;
    m_rsStudentSet.Delete();
    m_rsStudentSet.Requery();
    if(m_rsStudentSet.IsBOF())
    {
        AfxMessageBox("表中已没有记录了!");
        ClearEditData();
        m_bEmpty = true;
```

```
        SetMoveBNState();
        return;
    }
    m_bFirst = true;
    m_bLast = false;
    ReadRecord();
    SetMoveBNState();
}
```

"保存"按钮：

```
void CCh7Demo1Dlg::OnBnClickedBnSave()
{
    //TODO：在此添加控件通知处理程序代码
    UpdateData(TRUE);
    if(m_strSNo.IsEmpty() || m_strSName.IsEmpty())
    {
        AfxMessageBox("请输入相应数据！");
        CWnd * pWnd;
        pWnd = GetDlgItem(IDC_EDIT_SNo);
        pWnd->SetFocus();
        return;
    }
    if(m_bAdd)
    {
        m_rsStudentSet.AddNew();
    }
    else
    {
        m_rsStudentSet.Edit();
    }
    WriteRecord();
    m_rsStudentSet.Update();
    m_rsStudentSet.Requery();
    m_rsStudentSet.MoveFirst();
    m_bFirst = true;
    m_bLast = false;
    m_bAdd = false;
    m_bEdit = false;
    ReadRecord();
    SetMoveBNState();
    SetEditState();
}
```

"取消"按钮：

```
void CCh7Demo1Dlg::OnBnClickedBnCancel()
{
    //TODO：在此添加控件通知处理程序代码
    m_bAdd = false;
    m_bEdit = false;
    ReadRecord();
    SetMoveBNState();
    SetEditState();
}
```

程序运行后，对话框窗口如图 7-2 所示。

7.4　学生信息管理程序 StudentInfo 的实现

项目设计阶段已经完成了系统功能模块的设计,并给出了每个模块功能的具体描述,如图 7-3 所示。前面还完成了数据库设计,包括概念设计和逻辑设计,并使用 Access 创建了该数据库 SCDB,如图 7-8 所示。这一节完成程序的实现。

为了在应用程序中能访问到 SCDB 数据库,需要先注册 ODBC 数据源。数据源的名字指定为 StudentInfo,创建数据源的步骤可参见例 7-4。

例 7-4 仅仅展示了学生基本信息的管理,作为一个完整的应用软件,还需要处理课程信息管理、学生选课信息管理、学生成绩查询等功能。

7.4.1　主界面的设计与实现

使用"MFC 应用程序向导"创建一个基于对话框的应用程序,并指定项目名称为"StudentInfo"。创建项目的具体步骤请参考本书 3.4.1 小节。应用程序框架搭建完成后,Visual C++会呈现一个对话框模板资源,应用程序主界面的设计就是在这个对话框的基础上进行的。

1. 界面设计

(1)设计界面

根据主模块的功能需求,设计的界面如图 7-1 所示。主要功能是 5 个按钮,当按钮被单击时,弹出另一个对话框展示具体的信息。

(2)对话框主要属性设置

ID:IDD_STUDENTINGFO_DIALOG

Caption:学生信息管理程序

(3)主要控件属性设置

在对话框资源上添加的主要控件及属性设置如表 7-6 所示。

表 7-6　IDD_STUDENTINFO_DIALOG 对话框中的主要控件

控件类型	控件 ID	Caption	其他属性
Button	IDC_BN_STUDENT	学生信息	
Button	IDC_BN_COURSE	课程信息	
Button	IDC_BN_SCCHOICE	选课信息	
Button	IDC_BN_GRADE	成绩信息	
Button	IDC_BN_EXIT	退出	
Static Text	默认	学生基本信息的管理和查询	Client Edge
Static Text	默认	课程基本信息的管理和查询	Client Edge
Static Text	默认	选课基本信息的管理和查询	Client Edge
Static Text	默认	学生成绩的查询和统计	Client Edge
Static Text	默认	退出系统	Client Edge
Picture	默认		Type:Bitmap

（4）对话框类

IDD_STUDENTINFO_DIALOG 对话框已添加 CStudentInfoDlg 类。

（5）增加学生管理对话框及类

在项目的"资源视图"中右击，在弹出的菜单中选择"添加资源"。我们需要新建一个对话框，如图 7-23 所示。

图 7-23　添加一个对话框

设置它的 ID 为 IDD_DIALOG_STUDENT，Caption 为学生基本信息。

在对话框上右击，在弹出的菜单中选择"添加类"，为 IDD_DIALOG_STUDENT 对话框添加类，命名为 CStudentDlg 类。

（6）增加课程管理对话框及类

按照第（5）步做法，添加一个对话框，ID 为 IDD_DIALOG_COURSE，Caption 为课程基本信息。为 IDD_DIALOG_COURSE 对话框添加 CCourseDlg 类。

（7）增加选课管理对话框及类

按照第（5）步做法，添加一个对话框，ID 为 IDD_DIALOG_SCCHOICE，Caption 为学生选课信息。为 IDD_DIALOG_SCCHOICE 对话框添加 CSCChoiceDlg 类。

（8）增加成绩查询对话框及类

按照第（5）步做法，添加一个对话框，ID 为 IDD_DIALOG_GRADE，Caption 为学生成绩查询。为 IDD_DIALOG_GRADE 对话框添加 CGradeDlg 类。

2. 代码编写

这里主要是按钮功能实现代码。在对话框模板资源中，双击按钮控件，在其对应 CStudentDlg∷OnBnClicked 函数中编写单击事件处理程序代码。

"学生信息"按钮：

```
void CStudentInfoDlg∷OnBnClickedBnStudent()
{
    //TODO:在此添加控件通知处理程序代码
    CStudentDlg dlg;
    dlg.DoModal();
}
```

"课程信息"按钮：

```
void CStudentInfoDlg∷OnBnClickedBnCourse()
```

```
    {
        //TODO：在此添加控件通知处理程序代码
        CCourseDlg dlg;
        dlg.DoModal();
    }
```
"选课信息"按钮：
```
void CStudentInfoDlg::OnBnClickedBnScchoice()
    {
        //TODO：在此添加控件通知处理程序代码
        CSCChoiceDlg dlg;
        dlg.DoModal();
    }
```
"成绩信息"按钮：
```
void CStudentInfoDlg::OnBnClickedBnGrade()
    {
        //TODO：在此添加控件通知处理程序代码
        CGradeDlg dlg;
        dlg.DoModal();
    }
```
"退出"按钮：
```
void CStudentInfoDlg::OnBnClickedBnExit()
    {
        //TODO：在此添加控件通知处理程序代码
        //int nResponse = MessageBox("是否真的要退出？","提示信息",MB_YESNO);
        int nResponse = AfxMessageBox("是否真的要退出系统？",MB_YESNO);
        if(nResponse == IDYES)
            CDialog::OnOK();

    }
```
当单击标题栏中的关闭按钮退出程序时,功能应该同单击"退出"按钮,需添加如下代码:
```
void CStudentInfoDlg::OnClose()
    {
        //TODO：在此添加消息处理程序代码和/或调用默认值
        CStudentInfoDlg::OnBnClickedBnExit();
    }
```
需要注意,因为我们在上面的代码编写中使用了前面已定义的对话框类,所以要在CStudentInfo.h头文件中,包含如下预处理指令:
```
# include"CStudentDlg.h"
# include"CCourseDlg.h"
# include"CSCChoiceDlg.h"
# include"CGradeDlg.h"
```
当运行 StudentInfo 程序时,应用程序界面如图 7-1 所示,单击功能按钮后,就可以进入相应的功能模块。

7.4.2 学生基本信息管理模块

按照例 7-4 的步骤设计并编写学生基本信息管理页面和相应的代码,当从主界面中选择进入该模块后,运行效果如图 7-2 所示。

7.4.3 课程基本信息管理模块

1. 界面设计

（1）设计界面

根据课程基本信息管理模块的功能描述，设计的界面如图 7-24 所示。

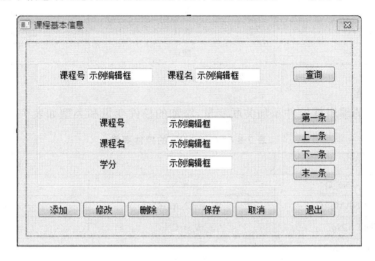

图 7-24 课程基本信息管理模块界面设计

（2）主要控件属性设置

在对话框资源上添加的主要控件及属性设置如表 7-7 所示。

表 7-7 IDD_DIALOG_COURSE 对话框中的主要控件

控件类型	控件 ID	Caption
Button	IDC_BN_QUERY	查询
Button	IDC_BN_FIRST	第一条
Button	IDC_BN_PREV	上一条
Button	IDC_BN_NEXT	下一条
Button	IDC_BN_LAST	末一条
Button	IDC_BN_ADD	添加
Button	IDC_BN_EDIT	修改
Button	IDC_BN_DELETE	删除
Button	IDC_BN_SAVE	保存
Button	IDC_BN_CANCEL	取消
Button	IDC_BN_EXIT	退出
Edit Box	IDC_EDIT_CNo_Q	
Edit Box	IDC_EDIT_CNAME_Q	
Edit Box	IDC_EDIT_CNo	
Edit Box	IDC_EDIT_CNAME	

控件类型	控件 ID	Caption
Edit Box	IDC_EDIT_CREDIT	
Static Text	默认	课程号
Static Text	默认	课程名
Static Text	默认	课程号
Static Text	默认	课程名
Static Text	默认	学分

（3）控件变量

为对话框中的编辑框控件添加关联变量，添加的控件变量和类型如表 7-8 所示。

表 7-8　CCourseDlg 的控件变量

控件 ID	变量名	数据类型
IDC_EDIT_CNo_Q	m_strCNo_Q	CString
IDC_EDIT_CNAME_Q	m_strCNAME_Q	CString
IDC_EDIT_CNo	m_strCNo	CString
IDC_EDIT_CNAME	m_strCName	CString
IDC_EDIT_CREDIT	m_strCRedit	CString

2．创建记录集类

使用"MFC 类向导"创建和 SCDB 数据库中 Course 表关联的记录集类 CCourseSet 类。具体操作步骤可参见例 7-4。

3．代码编写

因为该模块代码编写和上面的"学生基本信息管理"模块基本类似，在这里就不一一列出了。当从主界面中选择进入该模块后，模块界面如图 7-25 所示。

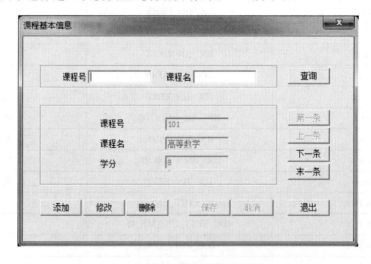

图 7-25　课程基本信息管理模块

7.4.4 学生选课信息管理模块

1.界面设计

（1）设计界面

根据学生选课信息管理模块的功能描述，设计的界面如图 7-26 所示。

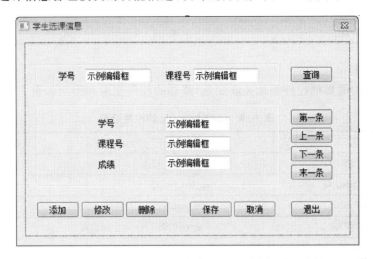

图 7-26　学生选课信息管理模块界面设计

（2）主要控件属性设置

在对话框资源上添加的主要控件及属性设置如表 7-9 所示。

表 7-9　IDD_DIALOG_SCCHOICE 对话框中的主要控件

控件类型	控件 ID	Caption
Button	IDC_BN_QUERY	查询
Button	IDC_BN_FIRST	第一条
Button	IDC_BN_PREV	上一条
Button	IDC_BN_NEXT	下一条
Button	IDC_BN_LAST	末一条
Button	IDC_BN_ADD	添加
Button	IDC_BN_EDIT	修改
Button	IDC_BN_DELETE	删除
Button	IDC_BN_SAVE	保存
Button	IDC_BN_CANCEL	取消
Button	IDC_BN_EXIT	退出
Edit Box	IDC_EDIT_SNo_Q	
Edit Box	IDC_EDIT_CNo_Q	
Edit Box	IDC_EDIT_SNo	
Edit Box	IDC_EDIT_CNo	
Edit Box	IDC_EDIT_SCGRADE	

控件类型	控件 ID	Caption
Static Text	默认	学号
Static Text	默认	课程号
Static Text	默认	学号
Static Text	默认	课程号
Static Text	默认	成绩

（3）控件变量

为对话框中的编辑框控件添加关联变量，添加的控件变量和类型如表 7-10 所示。

表 7-10　CSCChoiceDlg 的控件变量

控件 ID	变量名	数据类型
IDC_EDIT_SNo_Q	m_strSNo_Q	CString
IDC_EDIT_CNo_Q	m_strCNo_Q	CString
IDC_EDIT_SNo	m_strSNo	CString
IDC_EDIT_CNo	m_strCNo	CString
IDC_EDIT_SCGRADE	m_strSCGrade	CString

2．创建记录集类

使用“MFC 类向导”创建和 SCDB 数据库中 SCChoice 表关联的记录集类 CSCChoiceSet 类。具体操作步骤可参见例 7-4。

3．代码编写

因为该模块代码编写和上面的“学生基本信息管理”模块基本类似，在这里就不一一列出了。

7.4.5　学生成绩信息查询模块

1．界面设计

（1）设计界面

根据学生成绩信息查询模块的功能描述，设计的界面如图 7-27 所示。

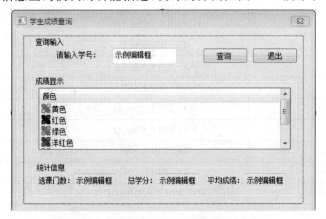

图 7-27　学生成绩信息查询模块界面设计

（2）主要控件属性设置

在对话框资源上添加的主要控件及属性设置如表 7-11 所示。

表 7-11　IDD_DIALOG_GRADE 对话框中的主要控件

控件类型	控件 ID	Caption	其他属性
Button	IDC_BN_QUERY	查询	
Button	IDC_BN_EXIT	退出	
Edit Box	IDC_EDIT_SNo_Q		
Edit Box	IDC_EDIT_CCOUNT		ReadOnly
Edit Box	IDC_EDIT_CReditS		ReadOnly
Edit Box	IDC_EDIT_CAVG		ReadOnly
ListControl	IDC_LIST_DISP		
Group Box	默认	查询输入	
Group Box	默认	成绩显示	
Group Box	默认	统计信息	
Static Text	默认	请输入学号	
Static Text	默认	选课门数	
Static Text	默认	总学分	
Static Text	默认	平均成绩	

（3）控件变量

为对话框中的编辑框控件添加关联变量，添加的控件变量和类型如表 7-12 所示。

表 7-12　CGradeDlg 的控件变量

控件 ID	变量名	数据类型
IDC_EDIT_SNo_Q	m_strSNo_Q	CString
IDC_EDIT_CCOUNT	m_strCCount	CString
IDC_EDIT_CReditS	m_strCReditS	CString
IDC_EDIT_CAVG	m_strCAvg	CString
IDC_LIST_DISP	m_listDisp	CListCtrl

2. 创建记录集类

使用"MFC 类向导"创建和 SCDB 数据库中 Student、Course 和 SCChoice 三个表关联的记录集类 CGradeSet 类。具体操作步骤可参见例 7-4。

3. 代码编写

（1）添加数据成员

使用"添加成员变量向导"为 CStudentDlg 类添加的数据成员如表 7-13 所示。

表 7-13　CGradeDlg 的数据成员

数据成员名	类型	主要用途
m_rsGradeSet	CGradeSet	对应于建立的记录集
m_strConnConditon	CString	存储连接 3 个数据库表的字符串

注意,因为我们添加了 CGradeSet 类的数据成员,所以就需要在 CGradeDlg 类的 CGradeDlg. h 头文件中,包含如下预处理指令:#include "CGradeSet. h"。

（2）模块初始化代码

进入模块后,设置数据库表的连接条件,并按此条件过滤打开记录集。另外还要完成对话框中的列表控件的初始化。这些代码应该添加在对话框初始化函数中。

```
BOOL CGradeDlg::OnInitDialog()
{
    CDialogEx::OnInitDialog();
    //TODO: 在此添加额外的初始化
    m_strConnCondition = "STUDENT.SNo = SCCHOICE.SNo
AND COURSE.CNo = SCCHOICE.CNo";
    m_rsGradeSet.m_strFilter = m_strConnCondition;
    if(! m_rsGradeSet.Open(AFX_DB_USE_DEFAULT_TYPE))
    {
        AfxMessageBox("数据库打开失败!");
        return TRUE;
    }
    m_listDisp.InsertColumn(0,"姓名");
    m_listDisp.InsertColumn(1,"课程号");
    m_listDisp.InsertColumn(2,"课程名");
    m_listDisp.InsertColumn(3,"学分");
    m_listDisp.InsertColumn(4,"成绩");

    RECT rect;
    m_listDisp.GetWindowRect(&rect);
    int wid = rect.right-rect.left;
    m_listDisp.SetColumnWidth(0,wid/5);
    m_listDisp.SetColumnWidth(1,wid/5);
    m_listDisp.SetColumnWidth(2,wid/5);
    m_listDisp.SetColumnWidth(3,wid/5);
    m_listDisp.SetColumnWidth(4,wid/5);

    m_listDisp.SetExtendedStyle(LVS_EX_FULLROWSELECT
        |LVS_EX_GRIDLINES);

    return TRUE;   //return TRUE unless you set the focus to a control

}
```

（3）按钮功能实现代码

在对话框模板资源中,双击按钮控件,在其对应 CStudentDlg::OnBnClicke 函数中编写单击事件处理程序代码。

"查询"按钮:

```
void CGradeDlg::OnBnClickedBnQuery()
{
    //TODO:在此添加控件通知处理程序代码
    UpdateData(TRUE);

    m_rsGradeSet.m_strFilter = m_strConnCondition +
" AND STUDENT.SNo = '" + m_strSNo_Q + "'";
```

```
m_rsGradeSet.Requery();

m_listDisp.DeleteAllItems();
m_listDisp.SetRedraw(FALSE);
UpdateData(TRUE);
if(m_strSNo_Q.IsEmpty())
{
    AfxMessageBox("请输入学生的学号!");
    m_strCCount = "";
    m_strCReditS = "";
    m_strCAvg = "";

    UpdateData(FALSE);
    return;
}

if(m_rsGradeSet.IsBOF())
{
    AfxMessageBox("该学生没有选课!");
    m_strCCount = "";
    m_strCReditS = "";
    m_strCAvg = "";

    UpdateData(FALSE);
    return;
}

m_rsGradeSet.MoveFirst();
int i = 0;
int iCCount = 0;
int iCReditS = 0;
int iCSum = 0;
CString strNum;
while(!m_rsGradeSet.IsEOF())
{
    m_listDisp.InsertItem(i,m_rsGradeSet.m_STUDENTSName);
    m_listDisp.SetItemText(i,1,m_rsGradeSet.m_COURSECNo);
    m_listDisp.SetItemText(i,2,m_rsGradeSet.m_COURSECName);
    strNum.Format("%d",m_rsGradeSet.m_COURSECRedit);
    m_listDisp.SetItemText(i,3,strNum);
    strNum.Format("%d",m_rsGradeSet.m_SCCHOICESCGrade);
    m_listDisp.SetItemText(i,4,strNum);

    iCCount ++;
    iCReditS += m_rsGradeSet.m_COURSECRedit;
    iCSum += m_rsGradeSet.m_SCCHOICESCGrade;

    m_rsGradeSet.MoveNext();
    i ++;
}
m_listDisp.SetRedraw(TRUE);
m_strCCount.Format("%d",iCCount);
```

```
        m_strCReditS.Format("%d",iCReditS);
        m_strCAvg.Format("%.2f",(float)iCSum/iCCount);
        UpdateData(FALSE);
}
```
"退出"按钮：
```
void CGradeDlg::OnBnClickedBnExit()
{
        //TODO：在此添加控件通知处理程序代码
        CDialog::OnOK();
}
```

当从主界面中选择进入该模块后，输入学生学号，单击"查询"按钮后，模块界面如图 7-28 所示。

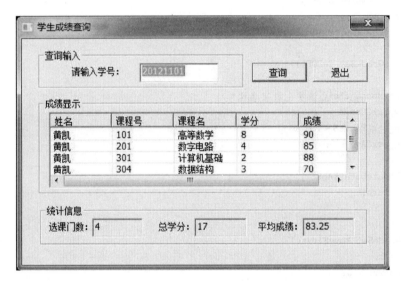

图 7-28　学生成绩信息查询模块

【例 7-5】建立一个基于对话框的 MFC 应用程序，实现本书 7.1 节设计的项目功能。

解　按照本书 7.4.1～7.4.5 小节介绍的步骤来实现后台数据库和前台操作界面。

深入思考

1. 仿照本书 7.4.1 小节讲解的"学生基本信息管理模块"的实现方法，完成"课程基本信息管理模块"和"学生选课信息管理模块"的实现。

2. 模块中所有信息的输入都是使用编辑框，尝试使用其他 MFC 控件方便用户输入。例如，下拉列表控件可以用于选课时学号、课程号的输入。

3. 添加登录窗口，同时数据库中有用户表，查询用户名和密码都正确，才能登录。

4. 考虑改用 ADO 对象访问数据库方式实现学生信息管理前台功能。

第8章 加密解密程序

本章主要介绍常用的多种加密技术，主要包括古典密码体制（Caesar 密码、置换密码）、对称密码算法 DES、非对称密码算法 RSA、消息摘要算法 MD5 以及 LSB 算法实现的数字水印技术。

本章将介绍这些算法的基本概念，阐述其中加密算法的基本原理，并给出这些算法的 C++实现，限于篇幅，这些程序都是基本的控制台应用程序。

8.1 加密技术简介

加密就是对原内容为明文的文件或数据按某种算法进行处理，使其成为不可读的代码，经过这样处理的数据通常称为"密文"，密文只能在经过相对应的反向算法处理后才能恢复原来的内容，通过这样的途径来达到保护数据不被非法窃取、阅读的目的，而将该编码信息转化为其原来数据的过程，就是"解密"。

一个密码系统，通常简称密码体制。可由五元组 (m,c,k,e,d) 构成密码体制模型。其中，m 代表明文空间，c 代表密文空间，k 代表密钥空间，e 代表加密算法，d 代表解密算法。密钥空间是全体密钥的集合，每一个密钥 k 均由加密密钥 k_e 和解密密钥 k_d 组成，即有 $k=<k_e,k_d>$。加密算法是一簇由 m 到 c 的加密变换，即有 $c=(m,k_e)$。解密算法是一簇由 c 到 m 的加密变换，即有 $m=(c,k_d)$。

加密算法种类很多，可以按照密钥的特点来进行分类，分为对称密钥算法和非对称密钥算法。

- 对称算法（Symmetric Algorithm）：该算法规定通信双方共享一个密钥，并使用相同的加密方法和解密方法。1976 年以前的加密算法毫无例外地全部基于对称算法。如今对称密码仍广泛应用于各个领域，尤其是在数据加密和消息完整性检查方面。

- 非对称算法（Asymmetric Algorithm）或公钥算法（Public-Key Algorithm）：Whitfield Diffie、Martin Hellman 和 Ralph Merkle 在 1976 年提出了一个完全不同的密码类型。与对称密码不同的是，非对称密码体制中有一对密钥，加密和解密过程需要不同的密钥。这种加密算法有两个重要的原则：第一，要求在加密算法和公钥都公开的前提下，其加密的密文必须是安全的；第二，要求所有加密的人和掌握私人秘密密钥的解密人，计算或处理都应比较简单，但对其他不掌握秘密密钥的人，破译应是极困难的。非对称算法既可以用在诸如数字签名和密钥建立的应用中，也可用于传统的数据加密中。

本章后续将对欲实现的多种加密算法进行介绍，包括古典密码体制（Caesar 密码、置换密码）、对称密码算法 DES、非对称密码算法 RSA、消息摘要算法 MD5 以及 LSB 算法实现的数字水印。

8.2　古典加密算法

8.2.1　凯撒密码

1. 凯撒密码原理

凯撒(Caesar)密码,又叫循环移位密码,实际上是替换密码的一个特例,它有非常严密的数学描述。移位密码本身非常简单,即将明文中的每个字母在字母表中移动固定长度的位置。例如,如果设定移位长度为3,则字母 A 将会被 d 替换,B 将会被 e 替换,依此类推,而 X 应该替换为 a,Y 应该替换为 b,Z 应该替换为 c。

可以使用模运算来准确地描述移位密码。在密码的数学描述中,字母表中的所有字母都被编码为数字,如表 8-1 所示。

表 8-1　移位密码中的字母编码

A	B	C	D	E	F	G	H	I	J	K	L	M
0	1	2	3	4	5	6	7	8	9	10	11	12
N	O	P	Q	R	S	T	U	V	W	X	Y	Z
13	14	15	16	17	18	19	20	21	22	23	24	25

移位密码的加密过程和解密过程如下:

假设 $x, y, k \in \mathbf{Z}_{26}$,则

加密过程:

$$e_k(x) = (x + k) \bmod 26 \tag{8-1}$$

解密过程:

$$d_k(y) = (y - k) \bmod 26 \tag{8-2}$$

2. 凯撒密码实现

Caesar 类的实现如下:

```
#define alpha_L 26
#define test_L 512

class Caesar
{ private:
    char alphabet[alpha_L];              //替代算法使用的表,默认为 26 个字母顺序
    void print(char str[]);              //字符数组的输出
    int  searchnum(char);                //搜寻字符在字母表中的序号
                                         //输入为字符,输出为位置序号

  public:
    int  key;                            //密钥,整数
    char cleartext[test_L];              //明文的字符数组
    char ciphertext[test_L];             //密文的字符数组
    void Encrypt();                      //加密函数
    void Decrypt();                      //解密函数
    void Set_key();                      //设置密钥(从屏幕中输入)
    void Set_alphabet();                 //设置字母表
```

```
        void Set_clear();                          //设置明文
        void Set_cipher();                         //设置密文
        void Print_clear();                        //输出明文
        void Print_cipher();                       //输出密文
};
```

Caesar 类包含了凯撒密码的数据结构(明文、密文、密钥)以及加密解密操作。其中,alphabet[alpha_L]数组中存放了用于循环移位的字母表,默认情况按 26 个字母顺序排列。

默认的 alphabet[]设置为 26 个字母顺序的数组:

```
void Caesar::Set_alphabet()
{   for(int i = 0,c = 'A';i<alpha_L;i++ ,c++)
        {
                alphabet[i] = c;
        }
}
```

Caesar::searchnum(char)是字母表的查找函数,根据输入的字符在 alphabet[alpha_L]数组查找并返回该字母在此表中的序号:

```
int Caesar::searchnum(char a)
{       for(int i = 0;i<alpha_L;i++)
        {
                if(a == alphabet[i])
                return i;
        }
}
```

Caesar::Encrypt()为加密函数:

```
void Caesar::Encrypt()
{   Set_alphabet();
    int i;
    for(i = 0;cleartext[i]!= '\0';i++)
    {   int m = searchnum(cleartext[i]);
        int n = (m + key) % alpha_L;        //alpha_L 为字母表长度
        if (n<0) n += alpha_L;              //n 为移位后序号
        char c = alphabet[n];
        ciphertext[i] = c;
    }
    ciphertext[i] = '\0';
}
```

Encrypt()函数根据序号 n 在 alphabet[alpha_L]数组中查找密文。

类似地,有解密函数 Caesar::Decrypt(),根据序号 n 在 alphabet[alpha_L]数组中查找明文:

```
void Caesar::Decrypt()
{   Set_alphabet();
    int i;
    for(i = 0;ciphertext[i]!= '\0';i++)
    {   int m = searchnum(ciphertext[i]);
        int n = (m - key) % alpha_L;
        if (n<0) n += alpha_L;              //n 为移位后序号
        char c = alphabet[n];
        cleartext[i] = c;
    }
}
```

```
        cleartext[i] = '\0';
    }
```

使用该类实现一个简单的例子如下:

```
# include "Caesar.h"
# include <iostream>
using namespace std;

void main()
{
    Caesar mysaesar;
    cout << "请输入密钥:" << endl;
    mysaesar.Set_key();
    cout << "请输入明文:" << endl;
    mysaesar.Set_Clear();
    mysaesar.Encrypt();
    cout << "您的明文:" << endl;
    mysaesar.Print_clear();
    cout << "您的密文:" << endl;
    mysaesar.Print_cipher();
    system("PAUSE");

}
```

程序运行结果如图 8-1 所示。

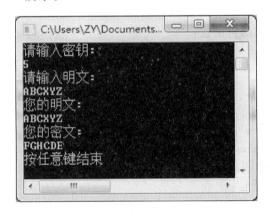

图 8-1　凯撒密码加密结果图

密钥 key 值可正可负,可以看出,凯撒密码为对称加密,密文与明文长度相同。

8.2.2　置换密码

1. 置换密码原理

置换密码算法的原理是不改变明文字符,按照某一规则重新排列消息中的比特或字符顺序,实现明文信息的加密。置换密码有时又称为换位密码。

矩阵换位法是实现置换密码的一种常用方法。它将明文中的字母按照给定的顺序安排在一个矩阵中,然后用根据密钥提供的顺序重新组合矩阵中的字母,从而形成密文。例如,明文为 attack begins at five,密钥为 cipher,将明文按照每行 6 个字母的形式排在矩阵中,形成如下形式:

```
a t t a c k
b e g i n s
a t f i v e
```

根据密钥 cipher 中各个字母在字母表中出现的先后顺序，给定一个置换：

$$f=\begin{bmatrix}1\ 2\ 3\ 4\ 5\ 6\\1\ 4\ 5\ 3\ 2\ 6\end{bmatrix}$$

根据上面的置换，将原有矩阵中的字母按照第 1 列、第 4 列、第 5 列、第 3 列、第 2 列、第 6 列的顺序排列，则有下面的形式：

```
a a c t t k
b i n g e s
a i v f t e
```

可以按上述方法，再次置换，从而得到密文：abatgftetcnvaiikse。

其解密过程是以密钥的字母数为列数，将密文按照列、行的顺序写出，再根据由密钥给出的矩阵置换产生新的矩阵，从而恢复明文。

由于密文字符与明文字符相同，所以对密文的频数分析将揭示每个字母和英语有相似的似然值。攻击者可以使用各种技术决定字母的准确顺序，从而得到明文。

2. 置换密码实现

```cpp
class Permutation
{ private:
    char key[key_L];                  //密钥
    char key_s[key_L];                //排序后的密钥
    int len;                          //密钥长度，即加密矩阵的列数
    int row;

  public:
    void Encrypt();
    void Decrypt();
    void Set_key();
    void Set_clear();
    void Set_cipher();
    void Sort_key();
    void Print_clear();
    void Print_cipher();
    char cleartext[key_L][text_L];     //明文
    char ciphertext1[key_L][text_L];   //密文
    char ciphertext2[key_L][text_L];
    char ciphertext[text_L];
};
```

加密函数 Encrypt() 根据此顺序对明文二维数组进行行的换位。

Set_key() 接收密钥输入，注意密钥的长度决定明文或译文矩阵的形式，所以在 Set_key() 接收密钥输入后，得到密钥的长度：

```cpp
void Permutation::Set_key()
{   cin>>key;
    len = strlen(key);
}
```

Set_clear()，Set_cipher() 接收明文数组或密文数组的输入，分别用于加密或解密，功能都

是将输入的一维字符数组根据密钥长度作为列数转换为二维数组，Set_clear()如下：

```cpp
void Permutation∷Set_clear()
{
    char clear[text_L];                  //一维数组形式的明文
    cin>>clear
    for(int k = 0,i = 0,j = 0;cle)ar[k]!= '\0';k ++ )
    {
        if(clear[k]!= ' ')
        {   cleartext[i][j] = clear[k];   //将输入的一维数组转化为二维数组
            row = i + 1;                  //矩阵的行数
            j ++ ;
            if(j>= len)                   //key 的长度决定矩阵列数
            { j = 0; i ++ ;}
        }

    }
}
```

Sort_key()函数对密钥数组排序，从而得到密钥中各字母在字母表中的排列顺序，即加密需要的一个置换。key_s[]为排序得到的置换表。

```cpp
void Permutation∷Sort_key()
{   strcpy(key_s,key);
    for(int i = 0;i<len;i ++ )
    {
        for(int j = 0;j<len − i − 1;j ++ )
        {
         if(key_s[j]>key_s[j + 1])
            {
                char temp = key_s[j];
                key_s[j] = key_s[j + 1];
                key_s[j + 1] = temp;
            }
        }
    }
}
```

加密函数 Encrypt()根据此顺序对明文二维数组进行列的换位。

```cpp
void Permutation∷Encrypt()
{   Sort_key();
    for(int i = 0;i<len;i ++ )
    {
      for(int j = 0;j<len;j ++ )
        {
            if(key[i] == key_s[j])
                {   for(int k = 0;k<row;k ++ )
                    {ciphertext1[k][i] = cleartext[k][j];}
                }
        }
    }

    for(int i = 0;i<len;i ++ )
    {
        for(int j = 0;j<len;j ++ )
```

```
                {
                    if(key[i] = = key_s[j])
                    {
                        for(int k = 0;k<row;k ++ )
                        {
                            ciphertext2[k][i] = ciphertext1[k][j];
                        }
                    }
                }
        }


}
```

使用该类实现一个简单的应用实例如下:

```
# include "permutation. h"
# include <iostream>
# include <cstring>
using namespace std;

void main()
{
    Permutation myper;
    cout << "请输入密钥:" << endl;
    myper. Set_key();
    cout << "请输入明文:" << endl;
    myper. Set_clear();
    myper. Encrypt();
    cout << "信息的明文:" << endl;
    myper. Print_clear();
    cout << "信息的密文:" << endl;
    myper. Print_cipher();
}
```

该置换密码考虑进行两次换位,可以得到加密结果如图 8-2 所示。

图 8-2　置换密码加密结果图

从结果可以看出,这种基于矩阵换位的置换密码加密后密文与明文的长度相同,且加密过程不改变明文中的字符组成和数目,只是改变了字母的次序。这种古老的置换密码在如今的技术手段下并不具备可靠性。

8.3 对称密码 DES

8.3.1 DES 加密原理

数据加密标准(Data Encryption Standard,DES)是一种典型的分组密码算法。1976 年被美国联邦政府的国家标准局确定为联邦资料处理标准(FIPS),随后在国际上广泛流传开来。DES 加密流程如图 8-3 所示。

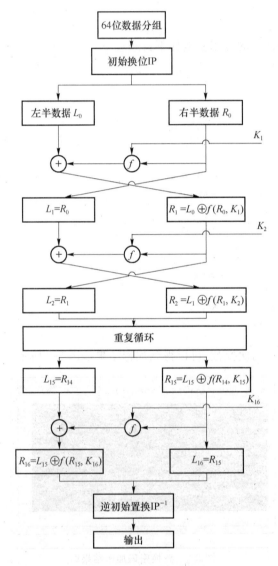

图 8-3 DES 加密流程

DES 算法把 64 位的明文输入块变为 64 位的密文输出块,所使用的密钥也是 64 位,DES 对 64 位的明文分组进行操作。通过一个初始置换 IP,将明文分组分成左半部分和右半部分,各长 32 位。然后进行 16 轮相同的运算,这些相同的运算被称为函数 f,在运算过程中数据和密钥相结合。经过 16 轮运算后左、右部分在一起经过一个置换 IP^{-1}（初始置换的逆置换）得到密文。整个过程包括 3 个基本函数。

1. 初始换位 IP

初始置换的作用是把输入的 64 位数据块的排列顺序打乱，每位数据按照下面换位规则重新组合。IP 的置换规则如下：

$$58,50,42,34,26,18,10,2,60,52,44,36,28,20,12,4$$
$$62,54,46,38,30,22,14,6,64,56,48,40,32,24,16,8$$
$$57,49,41,33,25,17,9,1,59,51,43,35,27,19,11,3$$
$$61,53,45,37,29,21,13,5,63,55,47,39,31,23,15,7$$

即将输入的第 58 位换到第 1 位，第 50 位换到第 2 位，……，依此类推，最后一位是原来的第 7 位。

2. f 函数

f 函数是多个置换和替代函数的组合函数，它将 32 位比特的输入变换为 32 位的输出，如图 8-4 所示。R_i 经过扩展运算 E 变换后扩展为 48 位的 $E(R_i)$，与 K_{i+1} 进行异或运算后输出的结果分为 8 组，每组 6 bit 的并联 B，$B = B_1 B_2 B_3 B_4 B_5 B_6 B_7 B_8$，再经过 8 个 S 盒的选择压缩运算转换为 4 位，8 个 4 位合并为 32 位后再经过 P 变换输出为 32 位的 $f(R_i, K_{i+1})$。其中，扩展运算 E 与置换 P 的主要作用是增加算法的扩散效果。

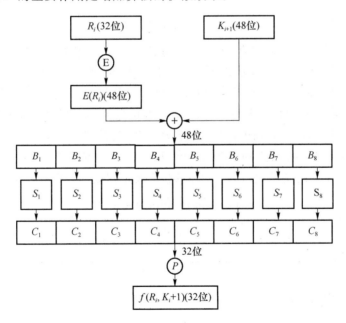

图 8-4 DES算法中 f 函数的处理流程

3. 逆初始置换 IP^{-1}

逆初始置换是初始置换的逆运算，运算规则如下：

$$40,8,48,16,56,24,64,32,39,7,47,15,55,23,63,31,$$
$$38,6,46,14,54,22,62,30,37,5,45,13,53,21,61,29,$$
$$36,4,44,12,52,20,60,28,35,3,43,11,51,19,59,27,$$
$$34,2,42,10,50,18,58\ 26,33,1,41,9,49,17,57,25,$$

DES 还有一个重要的功能模块，DES 的子密钥生成模块，流程如图 8-5 所示。

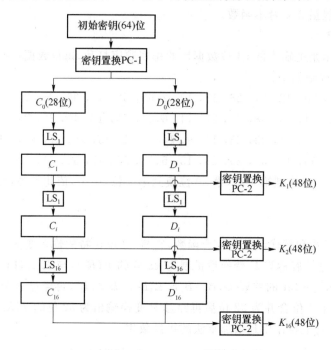

图 8-5　子密钥的产生流程

开始，由于不考虑每个字节的第 8 位，DES 的密钥从 64 位变为 48 位，如图 8-5 所示，首先56 位 密钥被分成两个部分，每部分 28 位，然后根据轮数，两部分分别循环左移 1 或 2 位。DES 算法规定，其中第 $8,16,\cdots,64$ 位是奇偶校验位，不参与 DES 运算。故 Key 实际可用 位数只有 56 位。即：经过密钥置换表的变换后，Key 的位数由 64 位变成了 56 位，此 56 位分为C_0,D_0 两部分，各 28 位，然后分别进行第一次循环左移，得到 C_1,D_1，将 C_1（28 位），D_1（28 位 ）合并得到 56 位，再经过压缩置换，便得到了密钥 K_0（48 位）。依此类推，便可得到 $K_1,K_2,\cdots,$$K_{15}$。需要注意的是，16 次循环左移对应的左移位数要依据表 8-1 所示的规则进行。

表 8-1　移位密码中的字母编码

i	1	2	3	4	5	6	7	8	9	10	11	12	13	14	15	16
LS_i	1	1	2	2	2	2	2	2	1	2	2	2	2	2	2	1

8.3.2　DES 算法的实现

定义了 DES 类如下：

```
class DES
{
    private:
        unsigned char msg[8];                    //8 字节明文
        bool bitmsg[64];                         //64 位明文
        unsigned char key[8];                    //8 字节密钥
        bool bitkey[64];                         //64 位密钥
        bool subkeys[16][48];                    //子密钥
```

```
        bool lmsgi[32],rmsgi[32];                        //第 i 个左、右部分数据
        bool lmsgi1[32],rmsgi1[32];                      //第 i+1 个左、右部分数据
        unsigned char cipher[8];                         //8 字节密文
        bool bitcipher[64];                              //64 位密文
        unsigned char clear[8];                          //解密得到的明文
        bool bitclear[64];                               //解密得到 64 位明文

        const static int ip_table[64];                   //初始置换 IP
        const static int ipr_table[64];                  //逆初始置换表 IP-1
        const static int PC1_0_table[28];                //密钥置换 PC-1
        const static int PC1_1_table[28];
        const static int PC2_table[48];                  //密钥置换 PC-2
        const static int LS_table[16];                   //循环左移规则表
        const static int e_table[48];                    //e 运算表
        const static int sbox_table[8][64];              //S 盒表
        const static int p_table[32];                    //P 置换运算表
        const static unsigned char bitmask[8];

        void IP(bool str[64]);                           //初始置换
        void IPR(bool str[64]);                          //初始逆置换
        void funcf(bool in[32],int i,bool out[32]);      //子密钥控制下的 f 变换
        void LS(bool * keypart,int n);                   //循环左移
        void funce(bool a[32],bool b[48]);               //扩展运算 e
        void XOR(bool a[],bool b[],bool c[],int length); //模二加(异或)运算
        void SBox(bool in[48],bool out[32]);
        void subSBox(bool in[6],bool out[4],int box);
        void funcp(bool bitin[32],bool bitout[32]);      //置换 P
        //二进制和字符数组之间的转换
        void Bit2Char(bool * bitarr,unsigned char * chararr);
        void Char2Bit(unsigned char * chararr,bool * bitarr,int length);
        void CopyArray(bool a[],bool b[],int size);
    public:
        void SetMsg(unsigned char * _msg,int _length);   //设置明文
        void SetKey(unsigned char * _msg,int _length);   //设置密钥
        void ProduceSubKey();
        void Encrypt();                                  //加密函数
        void Decrypt();                                  //解密函数
        void Outputclear();                              //输出明文(解密结果)
        void Outputcipher();                             //输出密文(加密结果)
};
```

下面介绍主要的成员函数。

DES::Encrypt()函数执行整个加密流程,包括 IP 置换、在子密钥控制下的 16 轮 f 运算以及最后的逆初始置换。

```
void DES::Encrypt()
{
    bool temp1[32],temp2[32];
    IP(bitmsg);                                          //初始置换 IP
    for (int i = 0; i < 16; i++)
```

```
    {
        if (i % 2 == 0)
        {
            CopyArray(rmsgi,lmsgi1,32);                        //L1 = R0
            funcf(rmsgi,i,temp1);                              //f(R0,k0)
            XOR(lmsgi, temp1, temp2, 32);                      //L0 + f(R0,k0)
            CopyArray(temp2,rmsgi1,32);                        //R1 = L0 + f(R0,k0)
        }
        else
        {

            CopyArray(rmsgi1,lmsgi,32);                        //L2 = R1
            funcf(rmsgi1,i,temp1);                             //f(R1,k1)
            XOR(lmsgi1, temp1, temp2, 32);                     //L1 + f(R1,k1)
            CopyArray(temp2,rmsgi,32);                         //R2 = L1 + f(R1,k1)
        }
    }
    IPR(bitcipher);                                            //逆初始置换 IP
    Bit2Char(bitcipher,cipher);
};
```

解密函数 DES::Decrypt()与加密函数类似,区别在于子密钥顺序与加密相反。

...

```
funcf(rmsgi1,15 - i,temp1);
```

...

DES::ProduceSubKey()函数产生 16 个子密钥,包含密钥置换 PC-1,循环左移和密钥置换 PC-2。函数将产生 16 个子密钥,每个 48 位,存放在 subkeys[16][48]。

```
void DES::ProduceSubKey()
{
    bool ctemp[28],dtemp[28];                        //存放每轮左、右各 28 位数据
    bool keytemp[56];                                //存放移位并组合后 56 位数据
    for (int i = 0; i < 28; i++)                     //密钥置换 PC-1
    {
        ctemp[i] = bitkey[PC1_0_table[i] - 1];
        dtemp[i] = bitkey[PC1_1_table[i] - 1];
    }

    for (int i = 0; i < 16; i++)
    {
        LS(ctemp, LS_table[i]);                      //两部分分别进行循环移位
        LS(dtemp, LS_table[i]);
        for (int j = 0; j <28; j++)
        {
            keytemp[j] = ctemp[j];
            keytemp[28 + j] = dtemp[j];
        }
        for (int j = 0; j < 48; j++)                 //密钥置换 PC-2
        {
            subkeys[i][j] = keytemp[PC2_table[j] - 1];
```

```
        }
    }
};
```

DES::funcf 实现在 subkeyi 控制下的 f 函数。包含扩展运算 e，与子密钥模二加后经过 s 盒压缩，再通过置换运算 P 得到结果。输入、输出都是 32 位，i 是子密钥序号，$0<i<16$。

```cpp
void DES::funcf(bool in[32],int i,bool out[32])          //i 是子密钥序号
{
    bool temp1[48];
    funce(in,temp1);                                     //扩展运算 e
    bool temp2[48];
    XOR(temp1, (bool *)subkeys[i], temp2, 48);
    bool temp3[48];                                      //S 盒运算
    SBox(temp2,temp3);
    funcp(temp3,out);                                    //置换运算 P
};
```

通过使用 DES 类可以实现 8 字节的明文加密。以下的程序演示调用过程。

```cpp
# include<iostream>
# include"DES.h"
# include<string.h>
using namespace std;

void main()
{
    unsigned char str[8] = {'a','b','c','d','e','f','g','h'};
    unsigned char key[8] = {'a','b','c','d','a','b','c','d'};
    cout<<"请输入明文:";
    for (int i = 0; i < 8; i++)
        cout<<str[i]<<' ';
    DES mdes;
    mdes.SetMsg(str,8);
    mdes.SetKey(key,8);
    mdes.ProduceSubKey();
    mdes.Encrypt();                                       //加密
    mdes.Outputcipher();                                 //输出密文
    mdes.Decrypt();                                      //对加密结果解密
    mdes.Outputclear();                                  //输出解密后的明文
    system("pause");
}
```

程序的执行结果如图 8-6 所示，加密的密文用十六进制表示。

图 8-6 DES 加密解密结果图

8.4　非对称密码算法 RSA

8.4.1　公钥密码体制

公钥密码学的发展是密码学发展历史中的最伟大的一次革命,在公钥密码出现之前,几乎所有的密码体制都是基于替代或置换这些初等方法,而公钥密码则是基于数学函数,与只使用一个密钥的对称密码不同,公钥密码是非对称的。公钥算法最重要的特点是,仅根据密码算法和加密密钥来确定解密密钥在计算上是不可行的。公钥加密都是源自同一个公共原理,即单向函数:

函数 f 满足:

(1) $y=f(x)$ 在计算上是容易的;

(2) $x=f^{-1}(y)$ 在计算上是不可行的。

公钥加密方案的步骤如下:

(1) 每一用户产生一对密钥,用来加密和解密消息。

(2) 每一用户将其中一个密钥存于公开的寄存器或其他可访问的文件中,该密钥称为公钥,另一密钥是私钥。每一用户可拥有若干其他用户的公钥。

(3) A 用户要发消息给 B,则 A 用户使用 B 的公钥对消息加密。

(4) B 收到消息后,用私钥对消息解密。由于只有 B 知道其自身的私钥,所以其他接收者不能解密出消息。

目前主要的非对称密码主要有以下三种解决方案。

(1) 整数分解方案:有效公钥方案基于这样一个事实,因式分解大整数是非常困难的。这类算法最突出的代表就是 RSA。

(2) 离散对数方案:有不少算法基于有限域内的离散对数问题,最典型的例子包括 Diffie-Hellman 密钥交换、Elgamal 加密或数字签名算法(DSA)。

(3) 椭圆曲线(EC)方案:离散对数算法的一个推广就是椭圆曲线公钥方案。典型例子包括椭圆曲线 Diffie-Hellman 密钥交换(ECDH)和椭圆曲线数字签名算法(ECDSA)。

8.4.2　RSA 加密原理

RSA 的密钥产生算法描述如下:

(1) 选择两个大素数 p 和 q,且 p、q 互异。

(2) 计算 $n=p\times q$。

(3) 计算欧拉函数

$$\varphi(n)=(p-1)\times(q-1) \tag{8-3}$$

(4) 选择一个整数 e 满足 e 与 $\varphi(n)$ 互质,即

$$\gcd(e,\varphi(n))=1 \tag{8-4}$$

其中,$\gcd(a,b)$ 表示 a,b 的最大公约数。

(5) 计算密钥指数 d,满足

$$e\times d=1(\bmod \varphi(n)) \tag{8-5}$$

则公钥是(n,e),私钥是(n,d)。

信息的发送方需要用公钥(n,e)加密:

$$C = M^e \bmod n \tag{8-6}$$

接收方使用私钥(n,d)解密:

$$M = C^d \bmod n \tag{8-7}$$

如果窃密者获得了n,e和密文C,为了破解密文必须计算出私钥d,为此需要先分解n。为了提高破解难度,达到更高的安全性,一般商业应用要求n的长度不小于1 024 位,更重要的场合不小于2 048 位。

8.4.3　RSA 加密算法的实现

设计一个 RSA 类,满足对于小素数的 RSA 加密解密试验。

```
class RSA
{  private:
        int p,q,n;
        int e,d;
        int m;
        int c;
        int fn;
        bool primetest(int m);                        //素数检测
        int gcd(int a, int b);                        //求解最大公约数
        int extend_euclid(int x, int y);              //扩展欧几里得算法
        int modular_multiplication(int a, int b, int n);  //快速模幂算法
        void int_to_binarr(int i, int binarr[]);      //十进制数组转换为二进制数组
        void order(int &a, int &b);                   //排序函数
    public:
        RSA(int p, int q);
        bool intest;
        bool flag;
        void produce_key();                           //生成密钥
        void encrypt(int m);                          //加密
        void decrypt(int c);                          //解密
        int getn(){return n;}
        int gete(){return e;}
        int getd(){return d;}
        int getm(){return m;}
        int getc(){return c;}
};
```

RSA 算法中要求 p,q 为素数,因此算法需要对 p,q 进行素数检测。

primetest(int)函数判断整形输入是否为素数,判断结果为布尔型返回值:

```
bool RSA::primetest(int m)
{
    if (m <= 1)
    return false;
    else if (m == 2)
        return true;
        else
        {
            for(int i = 2; i <= sqrt(double(m)); i++)
```

```
            {
                if((m % i) == 0)
                {   return false;
                    break;
                }
            }
            return true;
        }
}
```

构造函数 RSA::RSA(int，int)获取输入 p、q，并判断输入是否合法：

```
RSA::RSA(int ps, int qs)
{
    flag = 0;
    p = ps;
    q = qs;
    n = p * q;
    fn = (p - 1) * (q - 1);
    intest = (primetest(p)&&primetest(q)&&(p!= q));
    flag = 0;
}
```

选取整数 e 时需要判断 e 与 $\varphi(n)$ 互质，等价于判断二者最大公约数为 1。

int RSA::gcd(int，int)计算输入两个整数的最大公约数：

```
int RSA::gcd(int a, int b)
{
    order(a,b);                              //将输入的a,b排序
    int r;
    if(b == 0)
        return a;
    else
        {   while(true)                      //辗转相除法
        {   r = a % b;
            a = b;
            b = r;
            if (b == 0)
            {   return a;
                break;}
        }
    }
}
```

　　密钥生成函数将根据 p,q 等参数确定公钥模数 e 和私钥模数 d。在实际应用中公钥模数 e 最常用的三个值是 3，17 和 65 537。这里我们选择满足式(8-4)的最小值。使用扩展欧几里得算法求解式(8-5)得到私钥模数 d。密钥生成函数 RSA::produce_key()如下：

```
    void RSA::produce_key()
    {
        if (intest == 1)
            e = 2;
        while((gcd(fn,e)!= 1))
            e ++;
        d = (extend_euclid(fn,e) + fn) % fn;    //扩展欧几里得算法求逆元
        flag = 1;
```

```
    }
```

extend_euclid()函数为扩展欧几里得算法。

$$e \times d = 1 (\bmod \varphi(n))$$

上式中 e,d 互为乘法逆元,扩展欧几里得算法可以求出一个数关于模数的逆元:

```cpp
int RSA::extend_euclid(int m, int bin)
{
    order(m,bin);
    int a[3],b[3],t[3];
    a[0] = 1, a[1] = 0, a[2] = m;
    b[0] = 0, b[1] = 1, b[2] = bin;
    if (b[2] == 0)
    {   return a[2] = gcd(m, bin);   }
    if (b[2] == 1)
    {   return b[2] = gcd(m, bin);   }
    while(true)
    {
        if (b[2] == 1)
        {   return b[1];
            break;
        }
        int q = a[2] / b[2];
        for(int i = 0; i<3; i++)
        {   t[i] = a[i] - q * b[i];
            a[i] = b[i];
            b[i] = t[i];
        }
    }
}
```

在系统已经存在公钥 (n,e) 的情况下,就可以使用 RSA 算法对 m 加密。

```cpp
c = modular_multiplication(m,e,n);
```

函数通过模幂计算由公钥计算出密文 c。由于模幂运算是 RSA 的核心算法,直接地决定了 RSA 算法的性能,所以一般都会使用优化过的快速模幂算法,在本程序中使用蒙哥玛利模幂算法,通过这个算法,可将模幂运算转化为乘模运算:

```cpp
int RSA::modular_multiplication(int a, int b, int n)
{
    int f = 1;
    int bin[32];
    int_to_binarr(b,bin);
    for(int i = 31; i>= 0; i--)
    {   f = (f * f) % n;
        if(bin[i] == 1)
        {   f = (f * a) % n;   }
    }
    return f;
}
```

RSA::encrypt(int m)函数调用模幂算法对明文加密:

```cpp
void RSA::encrypt(int m)
{   if(flag == 0)
        produce_key();
```

```
        c = modular_multiplication(m,e,n);
}
```

类似地,使用模幂算法,RSA::decrypt(int c)函数对密文解密:

```
void RSA::decrypt(int c)
{
    if(flag == 0)
        produce_key();
    m = modular_multiplication(c,d,n);
}
```

下面一段程序通过 RSA 类实现加密。

```
#include "RSA.h"
#include <iostream>
using namespace std;

void main()
{   RSA myRSA(3,11);
    if (myRSA.intest == 1)
        {   myRSA.produce_key();
            cout << "公钥对:("<< myRSA.getn() << "," << myRSA.gete() << ")"<<endl;
            cout << "私钥对:("<< myRSA.getn() << "," << myRSA.getd() << ")"<<endl;
            myRSA.encrypt(25);
            cout << "密文:"<< myRSA.getc() << endl;
        }
    else cout << "输入错误" << endl;
    system("pause");
}
```

程序的运行结果如图 8-7 所示。

公钥对:(33,3)
私钥对:(33,7)
密文: 16
请按任意键继续. . .

图 8-7　RSA 加密结果图

8.5　消息摘要算法 MD5

8.5.1　消息摘要算法

消息摘要(Message Digest)又称为数字摘要(Digital Digest)。它是一个唯一对应一个消息或文本的固定长度的值,由一个单向 Hash 加密函数对消息进行作用而产生。

消息摘要是把任意长度的输入糅合而产生长度固定的伪随机输出的算法,有以下特点:

① 无论输入的消息有多长,计算出来的消息摘要的长度总是固定的。例如,应用 MD5 算法摘要的消息有 128 个比特位,用 SHA-1 算法摘要的消息最终有 160 比特位的输出,SHA-1

的变体可以产生 192 比特位和 256 比特位的消息摘要。一般认为,摘要的最终输出越长,该摘要算法就越安全。

② 消息摘要看起来是"随机的"。这些比特看上去是胡乱地杂凑在一起的。可以用大量的输入来检验其输出是否相同,一般,不同的输入会有不同的输出,而且输出的摘要消息可以通过随机性检验。但是,一个摘要并不是真正随机的,因为用相同的算法对相同的消息求两次摘要,其结果必然相同;而若是真正随机的,则无论如何都是无法重现的。因此消息摘要是"伪随机的"。

③ 一般地,只要输入的消息不同,对其进行摘要以后产生的摘要消息也必不相同;但相同的输入必会产生相同的输出。

④ 消息摘要函数是无陷门的单向函数。即只能进行正向的信息摘要,而无法从摘要中恢复出任何的消息,甚至根本就找不到任何与原信息相关的信息。

⑤ 好的摘要算法,没有人能从中找到"碰撞",虽然"碰撞"是肯定存在的。即对于给定的一个摘要,不可能找到一条信息使其摘要正好是给定的。或者说,无法找到两条消息,使它们的摘要相同。

Hash 算法的一个重要应用是数字签名。当公钥算法与摘要算法结合起来使用时,便构成了一种有效的数字签名方案。

先用摘要算法对消息进行摘要,然后再把摘要值用信源的私钥加密;接收方先把接收的明文用同样的摘要算法摘要,然后再把摘要与用信源的公钥解密出的结果进行比较,如果相同就认为消息是完整的,否则消息不完整。这种方法使公钥加密只对消息摘要进行操作,因为一种摘要算法的摘要消息长度是固定的,而且相比于消息本身都比较短,正好符合公钥加密的要求。这样效率得到了提高,而其安全性也并未因为使用摘要算法而减弱。

著名的摘要算法有 RSA 公司的 MD5 算法和 SHA-1 算法及其大量的变体。

8.5.2　消息摘要算法 MD5

消息摘要算法(Message Digest Algorithm)MD5 是计算机安全领域广泛使用的一种散列函数,由 Rivest 于 1991 年在 MD4 基础上增加了"安全-带子"(safety-belts)的概念改进而成,是更为成熟的 MD 系列单向散列函数。MD5 算法可简要地叙述为:MD5 以 512 位分组来处理输入的信息,且每一分组又被划分为 16 个 32 位子分组,经过了一系列的处理后,算法的输出由四个 32 位分组组成,将这四个 32 位分组级联后将生成一个 128 位散列值。

MD5 算法具体步骤如下:

在 MD5 算法中,首先需要对信息进行填充,使其位长对 512 求余的结果等于 448。因此,信息的位长(Bits Length)将被扩展至 $N*512+448$,N 为一个非负整数,N 可以是零。填充的方法如下,在信息的后面填充一个 1 和无数个 0,直到满足上面的条件时才停止用 0 对信息的填充。然后,在这个结果后面附加一个以 64 位二进制表示的填充前信息长度。经过这两步的处理,信息的位长=$N*512+448+64=(N+1)*512$,即长度恰好是 512 的整数倍。这样做的原因是满足后面处理中对信息长度的要求。

MD5 算法总结构如图 8-8 所示。

图 8-9 中,Y_i 表示 N 个分组中第 i 个分组,每次的运算都由前一轮的 128 位结果值和第 i 块 512 bit 值进行运算。f 为压缩函数。CV_i 为连接变量,CV_L 为最终的消息摘要,IV 为连接变量的初始值,这些参数用于第一轮的运算,以大端字节序来表示,它们分别为:$A=$

$0x01234567, B=0x89ABCDEF, C=0xFEDCBA98, D=0x76543210。$

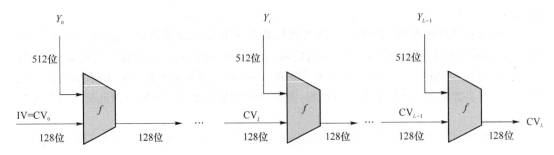

图 8-8　MD5 算法的总结构

每一分组的算法流程如图 8-9 所示。

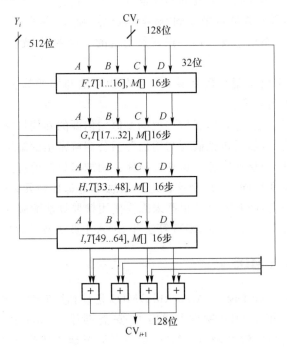

图 8-9　每分组的 4 轮函数

第一分组需要将上面四个链接变量复制到另外四个变量中：A 到 a，B 到 b，C 到 b，D 到 d。从第二分组开始的变量为上一分组的运算结果。

有主循环四轮，每轮循环都很相似。第一轮进行 16 次操作。每次操作对 a、b、c 和 d 中的其中三个作一次非线性函数运算，然后将所得结果加上第四个变量，文本的一个子分组和一个常数。再将所得结果向左环移一个不定的数，并加上 a、b、c 或 d 中之一。最后用该结果取代 a、b、c 或 d 中之一。以下是每次操作中用到的四个非线性函数（每轮一个）。

$F(X,Y,Z) = (X\&Y)|((\sim X)\&Z)$

$G(X,Y,Z) = (X\&Z)|(Y\&(\sim Z))$

$H(X,Y,Z) = X\char`^Y\char`^Z$

$I(X,Y,Z) = Y\char`^(X|(\sim Z))$

（& 是与，| 是或，~ 是非，^ 是异或）

234

这四个函数的说明：如果 X、Y 和 Z 的对应位是独立和均匀的，那么结果的每一位也应是独立和均匀的。

F 是一个逐位运算的函数。即：如果 X，那么 Y，否则 Z。函数 H 是逐位奇偶操作符。

下面是每一轮 16 步操作中的 4 次操作，16 步操作按照一定次序顺序进行，其中 M_j 表示消息的第 j 个子分组（从 0 到 15），常数 t_i 是 $4\,294\,967\,296 * \mathrm{abs}(\sin i)$ 的整数部分，i 取值从 1 到 64，单位是弧度。（$4\,294\,967\,296$ 等于 2 的 32 次方）

$\mathrm{FF}(a,b,c,d,M_j,s,t_i)$ 表示 $a = b + ((a + F(b,c,d) + M_j + t_i) << s)$

$\mathrm{GG}(a,b,c,d,M_j,s,t_i)$ 表示 $a = b + ((a + G(b,c,d) + M_j + t_i) << s)$

$\mathrm{HH}(a,b,c,d,M_j,s,t_i)$ 表示 $a = b + ((a + H(b,c,d) + M_j + t_i) << s)$

$\mathrm{II}(a,b,c,d,M_j,s,t_i)$ 表示 $a = b + ((a + I(b,c,d) + M_j + t_i) << s)$

4 轮循环的详细操作步骤如下：

第一轮

FF(a,b,c,d,M0,7,0xd76aa478)
FF(d,a,b,c,M1,12,0xe8c7b756)
FF(c,d,a,b,M2,17,0x242070db)
FF(b,c,d,a,M3,22,0xc1bdceee)
FF(a,b,c,d,M4,7,0xf57c0faf)
FF(d,a,b,c,M5,12,0x4787c62a)
FF(c,d,a,b,M6,17,0xa8304613)
FF(b,c,d,a,M7,22,0xfd469501)
FF(a,b,c,d,M8,7,0x698098d8)
FF(d,a,b,c,M9,12,0x8b44f7af)
FF(c,d,a,b,M10,17,0xffff5bb1)
FF(b,c,d,a,M11,22,0x895cd7be)
FF(a,b,c,d,M12,7,0x6b901122)
FF(d,a,b,c,M13,12,0xfd987193)
FF(c,d,a,b,M14,17,0xa679438e)
FF(b,c,d,a,M15,22,0x49b40821)

第二轮

GG(a,b,c,d,M1,5,0xf61e2562)
GG(d,a,b,c,M6,9,0xc040b340)
GG(c,d,a,b,M11,14,0x265e5a51)
GG(b,c,d,a,M0,20,0xe9b6c7aa)
GG(a,b,c,d,M5,5,0xd62f105d)
GG(d,a,b,c,M10,9,0x02441453)
GG(c,d,a,b,M15,14,0xd8a1e681)
GG(b,c,d,a,M4,20,0xe7d3fbc8)
GG(a,b,c,d,M9,5,0x21e1cde6)
GG(d,a,b,c,M14,9,0xc33707d6)
GG(c,d,a,b,M3,14,0xf4d50d87)
GG(b,c,d,a,M8,20,0x455a14ed)
GG(a,b,c,d,M13,5,0xa9e3e905)
GG(d,a,b,c,M2,9,0xfcefa3f8)
GG(c,d,a,b,M7,14,0x676f02d9)
GG(b,c,d,a,M12,20,0x8d2a4c8a)

第三轮

HH(a,b,c,d,M5,4,0xfffa3942)
HH(d,a,b,c,M8,11,0x8771f681)

```
HH(c,d,a,b,M11,16,0x6d9d6122)
HH(b,c,d,a,M14,23,0xfde5380c)
HH(a,b,c,d,M1,4,0xa4beea44)
HH(d,a,b,c,M4,11,0x4bdecfa9)
HH(c,d,a,b,M7,16,0xf6bb4b60)
HH(b,c,d,a,M10,23,0xbebfbc70)
HH(a,b,c,d,M13,4,0x289b7ec6)
HH(d,a,b,c,M0,11,0xeaa127fa)
HH(c,d,a,b,M3,16,0xd4ef3085)
HH(b,c,d,a,M6,23,0x04881d05)
HH(a,b,c,d,M9,4,0xd9d4d039)
HH(d,a,b,c,M12,11,0xe6db99e5)
HH(c,d,a,b,M15,16,0x1fa27cf8)
HH(b,c,d,a,M2,23,0xc4ac5665)
```

第四轮

```
II(a,b,c,d,M0,6,0xf4292244)
II(d,a,b,c,M7,10,0x432aff97)
II(c,d,a,b,M14,15,0xab9423a7)
II(b,c,d,a,M5,21,0xfc93a039)
II(a,b,c,d,M12,6,0x655b59c3)
II(d,a,b,c,M3,10,0x8f0ccc92)
II(c,d,a,b,M10,15,0xffeff47d)
II(b,c,d,a,M1,21,0x85845dd1)
II(a,b,c,d,M8,6,0x6fa87e4f)
II(d,a,b,c,M15,10,0xfe2ce6e0)
II(c,d,a,b,M6,15,0xa3014314)
II(b,c,d,a,M13,21,0x4e0811a1)
II(a,b,c,d,M4,6,0xf7537e82)
II(d,a,b,c,M11,10,0xbd3af235)
II(c,d,a,b,M2,15,0x2ad7d2bb)
II(b,c,d,a,M9,21,0xeb86d391)
```

所有这些完成之后,将 A、B、C、D 分别加上 a、b、c、d。然后用下一分组数据继续运行算法,最后的输出是 A、B、C 和 D 的级联,即为 MD5 消息摘要。

8.5.3 MD5 消息摘要算法的实现

一个 MD5 类实现如下:

```cpp
#define block_len 64
class MD5
{
    private:
    typedef unsigned char uchar;
    typedef unsigned int uint;
    uint state[4];                      //连接变量
    uchar digest[16];                   //消息摘要结果
    uchar buffer[block_len];            //每次处理的分组
    uint count[2];                      //比特计数器,64 位
    void md5_init();
    void transform(const uchar block[block_len]);
    void uchar_to_uint(uint output[], const uchar input[], uint len);
    //字符型数组转换为整形数组
```

```
        void uint_to_uchar(uchar output[], const uint input[], uint len);
        //整形数组转换为字符型数组
        bool finalized;
        static inline uint rotate_left(uint x, int n);
        static inline uint F(uint x, uint y, uint z);      //4 个基本运算
        static inline uint G(uint x, uint y, uint z);
        static inline uint H(uint x, uint y, uint z);
        static inline uint I(uint x, uint y, uint z);
        static inline void FF(uint &a, uint b, uint c, uint d, uint x, uint s, uint ac);      //4 个函数
        static inline void GG(uint &a, uint b, uint c, uint d, uint x, uint s, uint ac);
        static inline void HH(uint &a, uint b, uint c, uint d, uint x, uint s, uint ac);
        static inline void II(uint &a, uint b, uint c, uint d, uint x, uint s, uint ac);

    public:
        MD5();
        MD5(const string& text);
        void func(const uchar * buf, uint length);    //处理数据分组
        void func(const char * buf, uint length);
        void finalize();
        string hexdigest();                            //计算消息摘要的十六进制表示

};
```

类成员的具体实现如下。

```
//左移运算
inline MD5::uint MD5::rotate_left(uint x, int n)
{
    return (x << n) | (x >> (32 - n));
}


//一轮运算中的几个基本运算
inline MD5::uint MD5::F(uint x, uint y, uint z)
{     return x&y | ~x&z;
}
inline void MD5::FF(uint &a, uint b, uint c, uint d, uint x, uint s, uint ac)
{     a = rotate_left(a + F(b,c,d) + x + ac, s) + b;
}
G,H,I,GG,HH,II 运算与此类似
MD 构造函数：
MD5::MD5(const string &str)
{
    md5_init();                         //初始化
    func(str.c_str(), str.length());    //前部分分组变换
    finalize();                         //最后部分分组的变换
}
```

　　MD5 初始化，包括计数器（记录处理数据数目）初始化，以及 4 个链接变量的初始化。此处注意数据内存中的存放方式（小端字节序）。

```
void MD5::md5_init()
{
    finalized = false;
    count[0] = 0;                       //计数器置 0
    count[1] = 0;
```

```
        state[0] = 0x67452301;
        state[1] = 0xefcdab89;
        state[2] = 0x98badcfe;
        state[3] = 0x10325476;
    }
```

整形数组和字符型数组之间的转换：

```
void MD5::uint_to_uchar(uchar output[], const uint input[], uint len)
{
    for (uint i = 0, j = 0; j < len; i++, j += 4) {
        output[j] = input[i] & 0xff;
        output[j + 1] = (input[i] >> 8) & 0xff;
        output[j + 2] = (input[i] >> 16) & 0xff;
        output[j + 3] = (input[i] >> 24) & 0xff;
    }
}

void MD5::uchar_to_uint(uint output[], const uchar input[], uint len)
{
    for (unsigned int i = 0, j = 0; j < len; i++, j += 4)
        output[i] = ((uint)input[j]) | (((uint)input[j + 1]) << 8) |
            (((uint)input[j + 2]) << 16) | (((uint)input[j + 3]) << 24);
}
```

成员函数 MD5::transform(const uchar block[block_len])实现每个 512 位 block 执行的 4 轮(64 步)运算。

```
void MD5::transform(const uchar block[block_len])
{
    uint a = state[0], b = state[1], c = state[2], d = state[3], x[16];
    uchar_to_uint (x, block, block_len);
    //1-16 第一轮
    FF (a, b, c, d, x[ 0], 7, 0xd76aa478);
    FF (d, a, b, c, x[ 1], 12, 0xe8c7b756);
    …
    //17-32 第二轮
    GG (a, b, c, d, x[ 1], 5, 0xf61e2562);
    GG (d, a, b, c, x[ 6], 9, 0xc040b340);
    …
    //33-48 第三轮
    HH (a, b, c, d, x[ 5], 4, 0xfffa3942);
    HH (d, a, b, c, x[ 8], 11, 0x8771f681);
    …
    //49-64 第四轮
    II (a, b, c, d, x[ 0], 6, 0xf4292244);
    II (d, a, b, c, x[ 7], 10, 0x432aff97);
    state[0] += a;
    state[1] += b;
    state[2] += c;
    state[3] += d;
    memset(x, 0, sizeof x);
}
```

MD5::func(const uchar input[], uint length)函数对输入的 input[]数据块根据 length 加以处理。由于 transform()函数只对 512 位数据执行变换,所以由 func()函数将输入 input

[]填充成完整的 512 位分组形式。函数前部分填充至 buffer[64]补满,填充完整后全部数据批量进行多次变换,多余的数据填充至 buffer[64]等待下一次函数调用,再继续填充并执行变换。

```cpp
void MD5::func(const uchar input[], uint length)
{
    uint index = count[0] / 8 % block_len;
    if ((count[0] += (length << 3)) < (length << 3))
        count[1]++;
    count[1] += (length >> 29);              //更新已处理数据计数器
    uint firstpart = 64 - index;             //确定填充数目
    uint i;
    if (length >= firstpart)
    {
        memcpy(&buffer[index], input, firstpart); //输入数据最前部分填充满 buffer
        transform(buffer);
        for (i = firstpart; i + block_len <= length; i += block_len)
            transform(&input[i]);            //多次变换,每次变换 64 字节
        index = 0;
    }
    else
        i = 0;
    memcpy(&buffer[index], &input[i], length-i); //不足部分填充至 buffer
}
```

整个文档的最后需要进行填充,扩展至 $n \times 512 + 448$ 位,并附加上 64 位二进制表示的填充前信息长度,由 MD5::finalize()函数完成。

```cpp
void MD5::finalize()
{
    static unsigned char append[64] =
    {  0x80, 0, 0, 0, 0, 0, 0, 0, 0, 0, 0, 0, 0, 0, 0, 0, 0, 0, 0, 0, 0, 0,
       0, 0, 0, 0, 0, 0, 0, 0, 0, 0, 0, 0, 0, 0, 0, 0, 0, 0, 0, 0, 0, 0,
       0, 0, 0, 0, 0, 0, 0, 0, 0, 0, 0, 0, 0, 0, 0, 0, 0, 0, 0, 0
    };

    if (!finalized)
    {
        unsigned char size_bits[8];
        uint_to_uchar(size_bits, count, 8);        //填充前长度转化为字符
        uint index = count[0] / 8 % 64;
        uint append_len = (index < 56) ? (56 - index) : (120 - index);   //计算填充数目
        func(append, append_len);                  //填充至 buffer
        func(size_bits, 8);                        //填充至 buffer 进行变换
        //最终的链接变量即为消息摘要
        uint_to_uchar(digest, state, 16);
        //摘要计算完成后,buffer,count 置 0
        memset(buffer, 0, sizeof buffer);
        memset(count, 0, sizeof count);
        finalized = true;
    }
}
```

实际应用中,MD5 常用十六进制表示,MD5::hexdigest()函数得到消息摘要的十六进制

表示。

```cpp
string MD5::hexdigest()
{
    if (!finalized)
        return "";
    char hex[33];
    for (int i = 0; i<16; i++)
        sprintf(hex + i * 2, "%02x", digest[i]);
    hex[32] = 0;
    return string(hex);
}
```

一段调用 MD5 类对指定字符串进行 MD5 消息摘要计算的程序如下：

```cpp
#include "md5.h"
#include <iostream>
#include <string>
using namespace std;

void main()
{
    string str = "abc";
    MD5 mymd5(str);
    cout << "'abc'的 MD5: " <<mymd5.hexdigest()<<endl;
    system("PAUSE");
}
```

程序运行得到的结果如图 8-10 所示。

图 8-10　置换密码加密结果图

8.6　时域隐藏算法 LSB

8.6.1　信息隐藏技术

信息隐藏是指在不使信息载体发生显著变化的情况下，将需要保密的信息保存在载体中，在实现信息与载体之间相结合之后，形成一个伪装信息，伪装后的信息和载体在感官上是不可区分的。然后，将伪装后的信息通过公共渠道将其发送到对方，接收方通过特定的步骤将隐藏在载体之中的信息提取出来。信息隐藏如图 8-11 所示。

信息隐藏根据采用的载体不同，分为图像中的信息隐藏、视频中的信息隐藏、音频中的信息隐藏和文本中的信息隐藏等类型，在不同的载体中信息隐藏的方法不同，需要根据信息的类别而采用不同的载体和合适的隐藏算法。目前已经提出的信息隐藏技术中，最常采用的是时域替换技术和交换域技术。

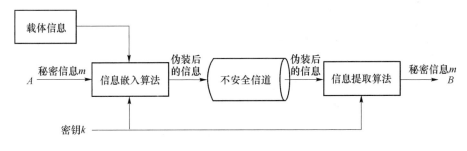

图 8-11　信息隐藏的原理图

8.6.2　LSB 算法

LSB 算法一种时域替换的信息隐藏算法,将秘密信息嵌入到载体图像像素值的最低有效位,也称最不显著位,因为改变这一位置对载体图像的品质影响最小。

LSB 算法的基本原理:

对空域的 LSB 做替换,用来替换 LSB 的序列就是需要加入的水印信息、水印的数字摘要或者由水印生成的伪随机序列。由于水印信息嵌入的位置是 LSB,为了满足水印的不可见性,允许嵌入的水印强度不可能太高。然而针对空域的各种处理,如游程编码前的预处理,会对不显著分量进行一定的压缩,所以 LSB 算法对这些操作很敏感。因此 LSB 算法最初是用于脆弱性水印的。

LSB 算法基本步骤:

(1) 将得到的隐藏有秘密信息的十进制像素值转换为二进制数据;

(2) 用二进制秘密信息中的每一比特信息替换与之相对应的载体数据的最低有效位;

(3) 将得到的含秘密信息的二进制数据转换为十进制像素值,从而获得含秘密信息的图像。

8.6.3　LSB 算法的实现

以. bmp 格式的文件为例,实现一个 LSB 算法。. bmp 文件的知识请参考本书 6.2.2 小节。

定义一个 LSB 算法类。

```
class LSB
{
private:
    BitmapFileHeader    * m_pBitmapFileHeader;        //指向文件头
    BitmapInfoHeader    * m_pBitmapInfoHeader;        //指向信息头
    RGBQUAD             * m_pRGB;                     //指向调色板
    BYTE                * m_pData;
    unsigned int        m_numberOfColors;            //颜色数
    bool                m_bmptest;                   //bmp 文件的正确性
    BitmapInfo          * m_pBitmapInfo;
    BYTE                * pbmp;                       //指向数据区
    DWORD               size;                        //调色板和数据区的总大小
public:
    LSB();
    ~LSB();
```

```
        char                m_fileName[256];                    //文件名
        unsigned int         getwidth();                         //获取图像宽度
        unsigned int         getheight();                        //获取图像高度
        DWORD                getsize();                          //获得数据区大小
        unsigned int         getnumofcolors();                   //获得颜色数
        void                 loadfile(const char * dibFileName); //载入文件
        void                 savefile(const char * filename);    //保存文件
        int                  Code(const char * textFileName);    //LSB 信息隐藏
        void                 Decode(const char * dibFileName);   //LSB 解码
};
```

构造函数如下:

```
LSB::LSB()
{
    size = 0;
    pbmp = NULL;
    m_pBitmapFileHeader = new BitmapFileHeader;        //文件头
    m_pBitmapInfoHeader = new BitmapInfoHeader;        //信息头
    m_pBitmapInfo = (BitmapInfo * )m_pBitmapInfoHeader;
}
```

LSB 类包含了对. bmp 文件的一系列基本操作,包括获取图像的宽度、高度、大小、颜色数以及对文件的读取和存放。

```
//获得图像宽度
unsigned int LSB::getwidth()
{
    return (unsigned int)m_pBitmapInfoHeader - >biWidth;
}
//获得图像高度
unsigned int LSB::getheight()
{
  return (unsigned int)m_pBitmapInfoHeader - >biHeight;
}
//获得数据区大小
DWORD LSB::getsize()
{
    if (m_pBitmapInfoHeader - >biDataSize != 0)
    {
        return m_pBitmapInfoHeader - >biDataSize;
    }
    else
    {
        DWORD height = (DWORD)getheight();
        DWORD width = (DWORD)getwidth();
        return height * width;
    }
}

//获得颜色数
unsigned int LSB::getnumofcolors()
{
    int numberOfColors;
    if ((m_pBitmapInfoHeader - >biColors == 0) && (m_pBitmapInfoHeader - >biBitPerPixel < 9))
```

```
    {
        switch (m_pBitmapInfoHeader->biBitPerPixel)
        {
        case 1:
            numberOfColors = 2; break;
        case 4:
            numberOfColors = 16; break;
        case 8:
            numberOfColors = 256;
        }
    }
    else
    {
        numberOfColors = (int)m_pBitmapInfoHeader->biColors;
    }
    return numberOfColors;
}
//读取图像信息
void LSB::loadfile(const char * bmpFileName)
{
    strcpy_s(m_fileName, bmpFileName);
    ifstream bmpfile;
    bmpfile.open(m_fileName, ios::binary | ios::in);

    bmpfile.read((char *)m_pBitmapFileHeader, sizeof(BitmapFileHeader));        //读文件头
    bmpfile.read((char *)m_pBitmapInfoHeader, sizeof(BitmapInfoHeader));        //读信息头
    if (m_pBitmapFileHeader->bfType == 0x4d42)                    //bm,bmp 文件标识符
    {
        //读入图像数据
        size = m_pBitmapFileHeader->bfSize - sizeof(BitmapFileHeader) - sizeof(BitmapInfo-
Header);

        pbmp = new BYTE[size];
        bmpfile.read((char *)pbmp, size);
        bmpfile.close();
        m_pRGB = (RGBQUAD *)(pbmp);
        m_numberOfColors = getnumofcolors();
        if (m_pBitmapInfoHeader->biColors != 0){ m_pBitmapInfoHeader->biColors = m_num-
berOfColors; }
        DWORD colorTableSize = m_numberOfColors * sizeof(RGBQUAD);
        m_pData = pbmp + colorTableSize;
        if (m_pRGB == (RGBQUAD *)m_pData)            //没有调色板
        {
            m_pRGB = NULL;
        }
        m_pBitmapInfoHeader->biDataSize = getsize();
        m_bmptest = true;
        cout << "载入成功!" << endl;
    }
    else
    {
        m_bmptest = false;
        cerr << "载入失败!";
```

```
        }
    }

    //保存 bmp 文件
    void LSB::savefile(const char * filename)
    {
        ofstream bmpfile;
        bmpfile.open(filename, ios::out | ios::binary);
        bmpfile.write((char *)m_pBitmapFileHeader, sizeof(BitmapFileHeader));
        bmpfile.write((char *)m_pBitmapInfoHeader, sizeof(BitmapInfoHeader));
        bmpfile.write((char *)pbmp, size);
        cout << "文件保存成功" << endl;
        bmpfile.close();
    }
```

函数 LSB::Code(const char * textFileName)将文本文件掩藏于.bmp 文件中。函数将先判断.bmp 文件是否有足够的低位供.txt 文件隐藏。在隐藏时,函数将.txt 文件的长度存放在.bmp 文件数据区的前 4 个字节。

```
    int    LSB::Code(const char * textFileName)
    {
        ifstream txtfile;
        txtfile.open(textFileName, ios::in | ios::binary);
        txtfile.seekg(0, txtfile.end);
        DWORD txtfile_len = txtfile.tellg();
        //判断位图是否够存储隐藏的信息
        DWORD colorTableSize = m_numberOfColors * sizeof(RGBQUAD);
        if ((size - colorTableSize)<txtfile_len * 8)
        {
            return 0;                                    //不够隐藏
        }
        BYTE * pTextFile = new BYTE[txtfile_len + 1];
        txtfile.seekg(0, txtfile.beg);
        txtfile.read((char *)pTextFile, txtfile_len);
        txtfile.close();
        BYTE txtdata;
        for (int i = 0, k = 0; i< txtfile_len; ++i)
        {
            for (int j = 0; j<8; ++j)
            {
                txtdata = pTextFile[i] >> j;
                txtdata = txtdata & 0x01;
                if (txtdata == 0)
                {
                    pbmp[k + 32] = pbmp[k + 32] & 0xfe;
                }
                else
                {
                    pbmp[k + 32] = pbmp[k + 32] | 0x01;
                }
                ++k;
            }
        }
    }
```

```cpp
    cout << "信息隐藏成功" << endl;
    //将文本长度写入前 4 个字节
    DWORD length;
    for (int i = 0; i<32; ++i)
    {
        length = txtfile_len >> i;
        length = length & 0x00000001;
        if (length == 0)
        {
            pbmp[i] = pbmp[i] & 0x1e;
        }
        else
        {
            pbmp[i] = pbmp[i] | 0x01;
        }
    }

    return 1;
}
```

函数 LSB∷Decode(const char * textFileName)实现.bmp 文件中 LSB 隐藏信息的解密。函数首先读取文件的前 4 个字节,获取.txt 文本长度,然后获取 LSB 隐藏的.txt 文本信息。

```cpp
void  LSB∷Decode(const char * textFileName)
{
    DWORD length = 0x00000000;
    BYTE bit;
    //获取 bmp 文件中 txt 文件长度
    for (int i = 0; i<32; ++i)
    {
        bit = pbmp[i] & 0x01;
        if (bit == 0)
        {
            length = length & 0x7fffffff;
        }
        else
        {
            length = length | 0x80000000;
        }
        if (i<31)  length = length >> 1;
    }

    BYTE * pTextFile = new BYTE[length];
    BYTE textData;
    for (int i = 0, k = 0; i<length * 8; ++i)          //读取隐藏文本数据
    {
        if (i && i % 8 == 0){ ++k; }
        textData = pbmp[i + 32] & 0x01;
        if (textData == 0)
        {
            pTextFile[k] = pTextFile[k] & 0x7f;
        }
        else
```

```
            {
                pTextFile[k] = pTextFile[k] | 0x80;
            }
            if (i % 8 != 7) pTextFile[k] = pTextFile[k] >> 1;
        }
        cout << "解码成功" << endl;
        ofstream textFile;
        textFile.open(textFileName, ios::out | ios::binary);
        textFile.write((char * )pTextFile, length);
        textFile.close();
        delete pTextFile;
}
```

通过调用 LSB 类提供的图像操作和 LSB 加解密操作，我们可以实现对 .bmp 文件的 LSB 信息隐藏。

```
    void main()
    {
        char * filename = new char;
        int cmd = 1;
        LSB bmp_lsb;
        cout << "LSB 信息隐藏" << endl;
        while (cmd)
        {
            cout << " 1.加密 .bmp 文件" << endl;
            cout << " 2.解密 .bmp 文件" << endl;
            cout << " 3.退出" << endl;
            cin >> cmd;
            switch (cmd)
            {
                case 1:
                    cout << "输入原始 bmp 文件名:";
                    cin >> filename;
                    bmp_lsb.loadfile(filename);
                    cout << "输入要加密的文本文件名:";
                    cin >> filename;
                    if (! bmp_lsb.Code(filename))
                    {
                        cout << " >>>文件长度过长<<<" << endl;
                        system("pause");
                        cmd = -1;
                        break;
                    }
                    cout << "新 bmp 文件保存为:";
                    cin >> filename;
                    bmp_lsb.savefile(filename);
                    break;
                case 2:
                    cout << "输入要解密的 bmp 文件名:";
                    cin >> filename;
                    bmp_lsb.loadfile(filename);
                    cout << "密文文本保存为:";
                    cin >> filename;
```

```
        bmp_lsb.Decode(filename);
        break;
    case 3:
        cmd = 0;
        break;
    default:
        cout << "错误输入,请重新选择" << endl;
    }
}
system("PAUSE");
delete filename;
}
```

新建 code.txt 作为想要隐藏的.txt 文件(如图 8-12 所示),对 1.bmp 图像文件进行 LSB 算法(如图 8-13 所示)。添加完隐藏信息的图片保存为 1coded.bmp(如图 8-14 所示)。

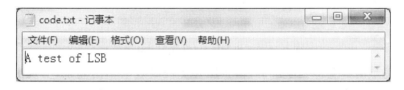

图 8-12　想要隐藏的信息(txt 文件)

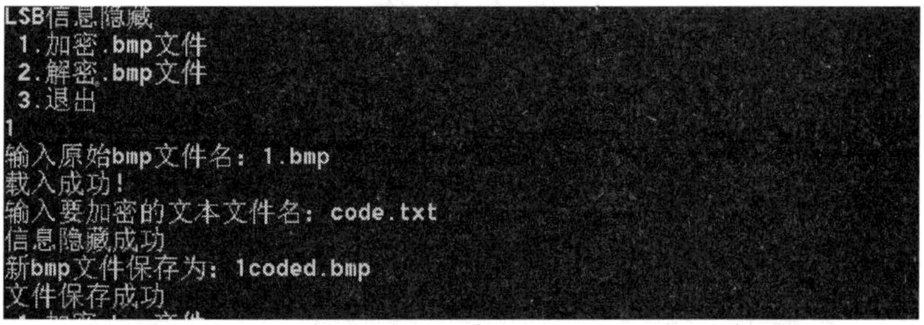

图 8-13　执行隐藏过程

(a) 原bmp文件　　　　　　　　(b) 带有隐藏信息的bmp文件

图 8-14　原 bmp 文件和带有隐藏信息的 bmp 文件

对 1coded.bmp 图像进行 LSB 解码,提取隐藏信息生成 code2.txt(如图 8-15、8-16 所示)。

图 8-15 读取隐藏信息的过程

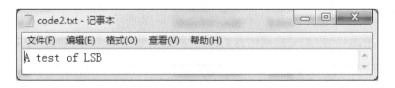

图 8-16 读出的信息（保存为.txt 文件）

可以看出隐藏的信息得到了解码,两张图片凭肉眼观察不出差别,实现了对.bmp 文件 LSB 信息隐藏以及读取隐藏信息的功能。

深入思考

设计编写一个基于能够实现多种加密解密算法的软件(如图 8-17 所示)。可以支持如下功能：

a. 具有窗口界面,用户界面友好；

b. 支持几种加密解密算法,并对算法进行比较。

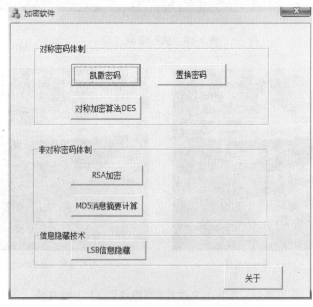

图 8-17 可实现多种加密解密算法的软件

第9章 压缩编解码

数据压缩是指在不丢失信息的前提下,缩减数据量以减少存储空间,提高其传输和存储效率的一种技术方法。按照一定的算法对数据进行重新组织编码,减少数据的冗余和存储的空间。由于计算机中的数据都是经过二进制编码存储的,所以根据数据特征,对数据进行更高效的编码,就实现了数据压缩的目标。

数据压缩包括有损压缩和无损压缩。一般来说,对于文档类的数据采用无损压缩;对于音频、视频、图像类的数据采用有损压缩。

本章介绍常用的无损压缩算法:Huffman、LZ77、LZ78 和 LZW 等算法,并进行实现。

9.1 Huffman 压缩算法

9.1.1 Huffman 编码

Huffman 编码是 1952 年最先由 Huffman 提出来的广泛应用于数据压缩的一种有效的编码方法。例如,JPEG 中就应用了 Huffman 编码。Huffman 编码的核心部分为 Huffman 编码树(Huffman Coding Tree)。Huffman 编码树是一棵带权路径长度最短的二叉树。

树的带权路径长度记为

$$WPL = (W_1 * L_1 + W_2 * L_2 + W_3 * L_3 + \cdots + W_n * L_n)$$

其中,N 个权值 $W_i (i=1,2,\cdots,n)$ 构成一棵有 N 个叶结点的二叉树,相应的叶结点的路径长度为 $L_i (i=1,2,\cdots,n)$。可以证明 Huffman 编码树的 WPL 是最小的。

Huffman 编码根据字符出现的概率来构造平均长度最短的编码。它是一种变长的编码。它的基本原理是频繁使用的数据用较短的代码代替,较少使用的数据用较长的代码代替,每个数据的代码各不相同,但最终编码的总长度是最小的。

建立 Huffman 编码树的过程相对简单,首先按照权重值大小将符号集合进行排序,然后选权重值最小的两个集合元素作为叶结点组成一棵子树,子树的权重值等于两个叶结点的权重值和。然后,将新产生的子树放回原来的集合,并保持集合有序。重复上述过程,直到集合中只剩下一棵子树,则 Huffman 编码树构造完成。

下面举例来详细说明建立 Huffman 编码树的过程。

例如,一篇文档中只有 4 个字符,分别是 A,B,Z,C,每个字符出现的次数如表 9-1 所示,即每个字符出现的次数可看成是字符的权值,则建造 Huffman 树的步骤如表 9-2 所示。

表 9-1 符号权重表

符号	A	B	Z	C
频度	9	6	2	3

表 9-2　构造 Huffman 树

步骤 1	A9　B6　Z2　C3	初始状态,将每个符号看作一棵只有一个叶结点的子树
步骤 2	A9　B6　5／Z2　C3	将权重值最小的两个叶子结点 Z 和 C 组合成一棵子树
步骤 3	A9　11／5 B6／Z2 C3	再次将两个权重值最小的元素组合成一棵子树
步骤 4	20／A9 11／5 B6／Z2 C3	组合最后两个元素,编码树构造完成

然后,根据 Huffman 树进行编码。Huffman 编码的规则是从根结点到叶结点(包含原信息)的路径,向左孩子前进编码为 0,向右孩子前进编码为 1,当然也可以反过来规定。例如,图 9-1 所示的 Huffman 编码。

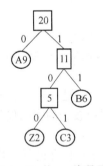

图 9-1　Huffman 编码示例

根据 Huffman 树得到字符 A,B,Z,C 的编码分别为 0,11,100,101。只要使用同一棵 Huffman 树,就可把编码还原成原来那组字符。显然 Huffman 编码是前缀编码,即任一个字符的编码都不是另一个字符的编码的前缀。

下面来验证 Huffman 编码的压缩效果。表 9-1 中的字符如果按照定长编码,则 A,B,Z,C 的编码最短为:00,01,10,11,按照这个编码方式,该文档的大小为

$$(9+6+3+2)\times 2 = 40 \text{ bit}$$

按照 Huffman 编码得到的文档大小为

$$9\times 1+6\times 2+(2+3)\times 3 = 36 \text{ bit}$$

当然,如果与按照 ASCII 编码的文档比较,压缩效果就更加明显。

9.1.2　Huffman 算法实现

Huffman 编码需要将待编码的数据扫描两遍。第一遍:统计原数据中各字符出现的频率,利用得到的频率值创建 Huffman 编码树,并把树的信息保存起来,以便解压时创建同样的 Huffman 树进行解压。第二遍:根据第一遍扫描得到的 Huffman 树进行编码,并把编码后得到的码字存储起来。所以首先设计 Huffman 编码类,包括创建编码树、建立编码表以及编码

和译码整个过程。

Huffman 编解码的实现由 main.cpp、huffman.h 和 huffman.cpp 3 个文件组成,其中 main.cpp 文件用来进行测试。

(1) 实现 main.cpp 中的 main() 函数对 Huffman 编解码的算法进行测试。

```cpp
#include "huffman.h"
void main()
{
    Huffman huf;          //建立 Huffman 类对象
    huf.Init();           //读取文件、建树和编码表
    int n = 0;            //保存压缩后的总比特数
    huf.Encode(n);        //压缩文件
    huf.Decode(n);        //解压缩文件
}
```

(2) 实现 Huffman 类的声明,该部分包含在 huffman.h 文件中。Huffman 编码的 C++ 描述如下:

```cpp
#include <fstream>       //包含用于文件读写的库文件
using namespace std;
```

首先,定义 Huffman 编码树的结点存储结构 HNode 结构。只有度为 0 和 2 的结点的二叉树为正则二叉树。Huffman 树就是一棵正则二叉树。根据二叉树的性质,一棵有 n 个叶子的 Huffman 树共有 $2 \times n - 1$ 个结点,可以用一个大小为 $2 \times n - 1$ 的一维数组存放 Huffman 树的各个结点。由于每个结点同时还包含其双亲信息和孩子结点的信息,所以可以使用一个静态三叉链表来存储 Huffman 树。

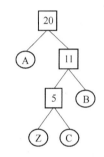

图 9-2　Huffman 树

静态三叉链表 C++ 描述如下:

```cpp
struct HNode
{
    int weight;           //结点权值
    int parent;           //双亲指针
    int LChild;           //左孩子指针
    int RChild ;          //右孩子指针
};
```

其次,定义 Huffman 编码的存储结构 HCode,如图 9-3(a) 所示的 Huffman 树,其对应的编码表可以是如图 9-3(b) 所示的结构,实际上字符的编码应该用 bit 表示,即对于 1 个字符 "Z" 使用 3 个 bit 001 表示。编码表仅用来记录每个字符的编码,因此字符编码采用纯字符串形式,即对 "Z" 的编码是 "100",使用 3 个字符表示。

因此,Huffman 编码表 C++ 描述如下:

```cpp
struct HCode
{
    char   data;
    char   code[100];
};
```

最后,我们定义 Huffman 类的声明如下:

```cpp
class Huffman
{
private:
```

```
        HNode * HTree;                              //Huffman 树
        HCode * HCodeTable;                         //Huffman 编码表
        int len;                                    //叶子结点数

        void SelectMin( int &x, int &y, int s, int e );   //辅助函数 1
        void Reverse( char * s );                   //辅助函数 2
        char * FindCharCode( char ch );             //辅助函数 3
    public:
        void Init();                                //读取文件生成权重表 a[]
        void CreateHTree( int a[] );                //创建 Huffman 树
        void CreateCodeTable( char b[] );           //创建编码表
        void Encode( int& n );                      //编码
        void Decode( int n );                       //解码
        ~ Huffman();
    };
```

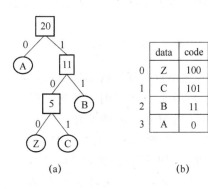

(a)   (b)

图 9-3 Huffman 编码

（3）Huffman 编解码算法的实现包含在 huffman. cpp 文件中，主要包含建树、建立编码表、压缩和解压缩 4 个部分，以及这 4 个部分需要的辅助函数。

```
♯ include "huffman. h"
```

① 读取待压缩的源文件，获取字符权重信息函数 Init()的实现。

```
void Huffman∷Init()
{
    int num[256] = {0};
    int a[256];                    //字符权重数组,用于创建 Huffman 树的参数
    char b[256];                   //对应字符权重数组的字符,用于创建 Huffman 编码的参数
    len = 0;                       //叶子结点数

    ifstream in("source. txt");    //待压缩的文本文件
    char ch = in. get();
    while(!in. eof())
    {
        num[(int)ch] ++ ;          //统计字符出现的频度
        ch = in. get();
    }
    in. close();

    for ( int i = 0;i<256;i ++ )
    {
        if ( num[i]>0)             //过滤掉未出现的字符
```

```
        {
            a[len] = num[i];  b[len] = (char)i;  len++;
        }
    }
    CreateHTree(a);                    //创建 huffman 树
    CreateCodeTable(b);                //建立 huffman 编码表
}
```

② 创建 Huffman 树的算法 CreateHTree() 的实现。

例如,假设文件中只出现 a、b、c、d 四个字符,并且每个字符出现的次数依次为{2,3,6,9},则创建 Huffman 树的过程如图 9-4 所示。

	weight	LChild	RChild	parent
0	2	-1	-1	-1
1	3	-1	-1	-1
2	6	-1	-1	-1
3	9	-1	-1	-1
4				
5				
6				

(a) 初始化Huffman树

	weight	LChild	RChild	parent
0	2	-1	-1	4
1	3	-1	-1	4
2	6	-1	-1	5
3	9	-1	-1	6
4	5	0	1	5
5	11	4	2	6
6	20	3	5	-1

(b) 创建好的Huffman树

图 9-4　创建 Huffman 树的过程

如何生成这样一棵 Huffman 树呢?假设我们已知需要编码的数据中每种字符的权值,则可以按照 9.1.1 小节描述的 Huffman 树的建树方法对静态三叉链表进行处理。

```
void Huffman::CreateHTree(int a[])        //a[]存储每种字符的权值,由前述的 Init()函数提供
{
    HTree = new HNode[2 * len - 1];       //根据权重数组 a[0..len-1]初始化 Huffman 树
    for(int i = 0; i < len; i++)
    {
        HTree[i].weight = a[i];
        HTree[i].LChild = HTree[i].RChild = HTree[i].parent = -1;
    }
    int x, y;
    for(int i = len; i < 2 * len - 1; i++)//开始建 Huffman 树
    {
        SelectMin(x, y, 0, i);            //从~i 中选出两个权值最小的结点
        HTree[x].parent = HTree[y].parent = i;
        HTree[i].weight = HTree[x].weight + HTree[y].weight;
        HTree[i].LChild = x;
        HTree[i].RChild = y;
        HTree[i].parent = -1;
    }
}
```

其中,创建 Huffman 树需要一个辅助函数 SelectMin(),即在所有字符权重数组中选择 2个最小的并且未使用过的字符进行建树,该函数的实现如下:

```
void Huffman::SelectMin(int &x, int &y, int s, int e)
{
    int i;
    for( i = s; i<=e;i++)
        if(HTree[i].parent == -1)
```

```
        {
            x = y = i;        break;               //找出第一个有效权值 x,并令 y=x
        }
    for ( ; i<e;i++)
        if (HTree[i].parent == -1)               //该权值未使用过
        {
            if ( HTree[i].weight< HTree [x].weight)
            {
                y = x;    x = i;                 //迭代,依次找出前两个最小值
            }
            else if ((x==y) || (HTree[i].weight< HTree [y].weight) )
                y = i;                           //找出第二个有效权值 y
        }
}
```

③ 创建编码表的算法 CreateCodeTable()的实现。

由 Huffman 树生成编码表参照 9.1.1 小节的编码方法,采用自下向上的方式,由于每一个字符对应一个 Huffman 树的叶子结点,因此,创建编码表从叶子结点开始,若该结点是其父结点的左分支则编码"0",若是右分支编码"1";然后将该结点的父结点当成叶子结点来分析,直到根结点为止,一个字符编码结束。由于该编码是自下而上生成,因此,每个字符的编码顺序是反序的,所以还需要将编码逆置一下。

生成编码表的 C++描述如下:

```
void Huffman::CreateCodeTable(char b[])
{
    HCodeTable = new HCode[len];                 //生成编码表
    for (int i = 0;i<len;i++)
    {
        HCodeTable[i].data = b[i];
        int child = i;                           //孩子结点编号
        int parent = HTree[i].parent;            //当前结点的父结点编号
        int k = 0;
        while(parent!= -1)
        {
            if (child==HTree[parent].LChild)     //左孩子标'0'
                HCodeTable[i].code[k] = '0';
            else
                HCodeTable[i].code[k] = '1';      //右孩子标'1'
            k++;
            child = parent;                      //迭代
            parent = HTree[child].parent;
        }
        HCodeTable[i].code[k] = '\0';
        Reverse(HCodeTable[i].code);              //将编码字符逆置,辅助函数
    }
}
```

其中,创建编码表需要调用一个辅助函数 Reverse()进行编码字符串的逆置,具体实现如下:

```
void Huffman::Reverse(char * s)
{
    char * t = s;
```

```
while ( * t!= '\0') t ++ ;
t -- ;
while (s<t)
{
    char ch = * s;   * s = * t;   * t = ch;   s ++ ;  t -- ;   //交换首尾字符
}
}
```

④ 准备工作全部完成,下面开始进行文件压缩算法 Encode()的实现。

本例中待压缩的文件是文本文件 source.txt,使用输入文件流一个字符一个字符地读取该源文件的文本,比如"ACCZBBBAAACBBZABAAAA",每读出一个字符,只要在编码表中找出对应的编码即可。由于文件的最小读取单位是字节,但压缩编码时每个字符的编码是以bit 为单位的,所以需要预置一个空字节,然后将字符的编码一个比特一个比特地从低位移至高位,直到满一个字节为止,再存入压缩后的二进制文件 encode.huf。关键代码如下:

```
void Huffman::Encode(int& n)                    //n 为编码后总比特数
{
    unsigned char  ch = 0x0;                    //预置空字节
    int bitlen = 0;                             //控制 8bit 写一个文件
    n = 0;

    ifstream in("source.txt");                  //待压缩的文件
    ofstream out("encode.huf",ios::binary);     //压缩后的文件

    char c = in.get();
    while(! in.eof())
    {
        char * sCode = FindCharCode(c);         //在编码表中查找对应的字符
        while( * sCode!= '\0')
        {
            if ( * sCode == '1')    ch = ch | 0x1;
            else     ch = ch | 0x0;

            bitlen ++ ;
            if (bitlen == 8)
            {
                out.put(ch);   bitlen = 0;    ch = 0x0;   n += 8;
            }
            ch = ch<<1;
            sCode ++ ;
        }
        c = in.get();
    }
    if (bitlen>0)                               //最后一个字符的编码不足 8bit 的处理
    {
        ch = ch<<(7 - bitlen);    out.put(ch);    n += bitlen;
    }
    in.close();
    out.close();
}
```

例如,源字符串:ACCZBBBAAACBBZABAAAA

压缩后: 01011011 00111111 00010111 11100011 00000000 共 5 字节(前 36 bit 为有

效编码)

压缩文件需要用到一个辅助函数 FindCharCode(),用来查找字符 ch 在编码表中的编码,该函数实现代码如下:

```cpp
char * Huffman::FindCharCode(char ch)
{
    for (int i = 0;i<len;i++)
        if (HCodeTable[i].data == ch)        //遍历编码表,查找 ch
            return HCodeTable[i].code;
    return NULL;
}
```

注意:本例中仅将压缩后的字符编码进行了存储,实际应用中,Huffman 树也应该写入压缩后的文件中,这样才能将压缩后的文件信息进行解压缩,还原出文件。Huffman 树可以使用明文存储在压缩后的文件中,此外还需要存储一个总比特数,以方便后面的解压缩。

该部分由读者根据需要自己进行改进。

⑤ 解压缩算法 Decode()的实现。

对于解压缩(或称为解码),其基本思想是将编码串从左到右逐位判别,直到确定一个字符。即从 Huffman 树的根结点开始,根据每一位是"0"还是"1",确定选择左分支还是右分支——直到到达叶子结点为止,一个字符解码结束。然后,再从根结点开始下一个字符的解码。所以上述编码串的解码结果为"ACCZBBB……"。

解码算法的 C++描述如下:

```cpp
void Huffman::Decode(int n)                    //n 为压缩后总比特数
{
    int i = 0;
    ifstream in("encode.huf",ios::binary);     //压缩后的文件
    ofstream out("decode.txt");                //还原的文件
    unsigned char ch = in.get();
    while(!in.eof() && n>0)
    {
        int parent = 2*len-2;                  //根结点在 HTree 中的下标
        while (HTree[parent].LChild!=-1)       //如果不是叶子结点
        {
            if ((ch & 0x80) == 0)
                parent = HTree[parent].LChild;
            else
                parent = HTree[parent].RChild;
            ch = ch<<1;    i++;    n--;
            if (i==8)
            {
                ch = in.get();    i = 0;
            }
        }
        out.put(HCodeTable[parent].data);
    }
    in.close();
    out.close();
}
```

注意:本例使用的是从初始化待压缩文件的操作获取的 Huffman 树,实际中该 Huffman 树应当保存在压缩后的文件中,由解压缩程序从压缩后的文件中提取出来,重新生成

Huffman 树,然后进行解压缩。

⑥ 注意内存泄露的问题,即析构函数需要释放 Huffman 树和编码表所占用的内存空间。

```
Huffman::~Huffman()
{
    delete []HTree;
    delete []HCodeTable;
}
```

用户可以任意选择一个文本文件作为 source.txt,该文件放在工程目录下,即与 main.cpp、huffman.h 和 huffman.cpp 放在同一个目录下。运行该程序,则会在该目录下生成 encode.huf 文件和 decode.txt 文件,其中 encode.huf 为二进制文件,可以使用 UltraEdit 等软件打开,decode.txt 使用记事本打开即可。对比 source.txt 和 decode.txt,如果这两个文件内容完全一致,则测试通过。

Huffman 算法作成压缩软件,必须要将 Huffman 编码树、编码后的字节串、编码后的总比特数全部保存到文件中,才能在解压缩的时候将文件完整无误地解压出来。因此,Huffman 编码的平均压缩比在 1.5∶1 左右。

9.2 基于字典的压缩算法

9.2.1 LZ77 算法

1. 算法原理

gzip 软件核心算法 deflate 是 LZ77 和 Huffman 压缩的结合。1977 年,Jacob Ziv 和 Abraham Lempel 描述了一种基于滑动窗口缓存的技术,该缓存用于保存最近刚刚处理的文本。这个算法一般称为 LZ77。

LZ77 应用于自适应字典模型。自适应模型在压缩前不预先建立字典,而是在压缩过程中建立和维护字典,也就是说,将已经编码过的信息作为字典,如果要编码的字符串曾经出现过,就输出该字符串的出现位置及长度,否则输出新的字符串。

算法输出三个标记的序列,用一个三元组(off,len,c)表示信息。

① 匹配短语在窗口中的偏移量(off);

② 匹配短语的长度(len);

③ 向前看窗口中跟在匹配短语后面的第一个符号。

在研究 LZ77 的细节之前,先看一个简单的例子(如图 9-5 所示),考虑这样一句话:the brown fox jumped over the brown foxy jumping frog。这个短语的长度总共是 53 个八位组共 424 bit。算法从左向右处理这个文本。初始时,每个字符被映射成 9 bit 的编码,二进制的 1 跟着该字符的 8 bit ASCII 码。在处理进行时,算法查找重复的序列。当碰到一个重复时,算法继续扫描直到该重复序列终止。换句话说,每次出现一个重复时,算法包括尽可能多的字符。碰到的第一个这样的序列是 the brown fox。这个序列被替换成指向前一个序列的指针和序列的长度。在这种情况下,前一个序列的 the brown fox 出现在 26 个字符之前,序列的长度是 13 个字符。对于这个例子,假定存在两种编码选项:8 bit 的指针和 4 bit 的长度,或者 12 bit的指针和 6 bit 的长度。使用 2 bit 的首部来指示选择了哪种选项,00 表示第一种选项,01 表示第二种选项。因此,the brown fox 的第二次出现被编码为 <00b><26d><13d>,

或者 00 00011010 1101。

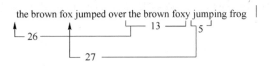

图 9-5 LZ77 算法示例

压缩报文的剩余部分是字母 y；序列＜00b＞＜27d＞＜5 d＞替换了由一个空格跟着 jump 组成的序列，以及字符序列 ing frog。

压缩过的报文由 35 个 9 bit 字符和两个编码组成，总长度为 $35 \times 9 + 2 \times 14 = 343$ bit。和原来未压缩的长度为 424 bit 的报文相比，压缩比为 1.24。

（1）编码基本流程

从滑动窗口左边缘开始，考察未编码的数据，遍历历史窗口，尝试在历史窗口中查找出最长的匹配字符串。如果找到，输出编码方式＜00＞或＜01＞以及三元符号组（off, len, c）；将整个窗口向后滑动 len ＋ 1 个字符。如果找不到匹配串，输出二进制标记 1 和原有字符，并将整个窗口向后扩展 1 个字符。

（2）解码基本流程

在解压过程中不断维护压缩时那样的滑动窗口，读入三元组，根据三元组给出的偏移 off、匹配长度 len，在窗口中找到相应的匹配串，缀上后继字符，然后输出，即可解压出原始数据。

2. LZ77 算法的优缺点及理论性能分析

LZ77 算法应用自适应性字典模型，比 Huffman 等基于对信息中单个字符出现频率统计的压缩算法，在压缩效果上有了长足的提高，并且由于采用了自适应性的字典模型，因此也不会对系统资源和时间需求造成太大的负担。而且由于其算法的特殊性，其在解压的时候速度极快，因此被广泛应用于图像文件的压缩保存中。

但是其缺点也是显而易见的，首先，在压缩的过程中，寻找最优最长匹配串的查找算法决定了其压缩比与压缩速率。最大匹配串长度越长，压缩率显而易见地会越高，但同时也会极大地降低压缩速率，这个矛盾也成为制约 LZ77 算法发展的因素。

9.2.2 LZ78 算法

1. 算法原理

LZ78 的编码思想是不断地从字符流中提取新的缀-符串（String），通俗地理解为新"词条"，然后用"代号"也就是码字（Code Word）表示这个"词条"。这样一来，对字符流的编码就变成用码字去替换字符流（Charstream），生成码字流（Codestream），从而达到压缩数据的目的。

在编码开始时词典是空的，不包含任何词条。在这种情况下编码器就输出一个表示空字符串的特殊码字（常量 NULL_SIGN，值为 0）和字符流中的第一个字符 C，并把这个字符 C 添加到词典中作为一个由一个字符组成的词条。在编码过程中，如果出现类似的情况，也照此办理。在词典中已经包含某些词条之后，如果"当前前缀 P ＋ 当前字符 C"已经在词典中，就以此作为新的前缀，将当前字符 C 包含了进来，这样的前缀扩展操作一直重复到获得一个在词典中没有的词条为止。此时就输出表示当前前缀 P 的码字和字符 C,并把 P+C 添加到词典中作为新的词条,然后开始处理字符流中的下一个字符。图 9-6 是 LZ78 算法的数据结构图。

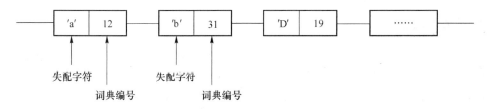

图 9-6　LZ78 数据结构图

在译码开始时译码词典是空的,它将在译码过程中从码字流中重构。每当从码字流中读入一对码字-字符(W,C)对时,码字就参考已经在词典中的缀-符串,然后把当前码字的缀-符串 string. W 和字符 C 输出到字符流(Charstream),而把当前缀-符串(string. W+C)添加到词典中。在译码结束之后,重构的词典与编码时生成的词典完全相同。

(1) 编码基本流程

① 在开始时,词典和当前前缀 P 都是空的。

② 当前字符 C =字符流中的下一个字符。

③ 判断 P+C 是否在词典中。

    a. 如果"是":用 C 扩展 P,让 P= P+C。

    b. 如果"否":

        • 输出与当前前缀 P 相对应的码字和当前字符 C。

        • 把词条 P+C 添加到词典中。

        • 清空 P。

④ 判断字符流中是否还有字符需要编码。

a. 如果"是":返回到步骤②。

b. 如果"否":若当前前缀 P 不是空的,输出相应于当前前缀 P 的码字,结束编码。

(2) 解码基本流程

① 在开始时词典是空的。

② 当前码字 W=码字流中的下一个码字。

③ 当前字符 C=紧随码字之后的字符。

④ 查词典得到当前码字 W 对应的字符串,将其输出,然后输出字符 C。

⑤ 把词条 W+C 添加到词典中。

⑥ 判断码字流中是否还有码字要译:

    a. 如果"是",返回到步骤②。

    b. 如果"否",结束译码。

2. LZ78 的优缺点及理论性能分析

LZ78 算法的主要时间消耗发生在查找词典处。本程序采用了 STL 中的 map 容器来存储词典,并使用其自带的 find( )函数进行查找。map 的实现为红黑树,查找的时间复杂度为 $O(\log(N))$。

与 LZ77 相比,LZ78 的最大优点是在每个编码步骤中减少了缀-符串比较的数目,压缩较快,而压缩率与 LZ77 类似。

解码步骤中,由于需要在词典中查找匹配的词典项,LZ78 的效率明显较直接按偏移量读取匹配串的 LZ77 低。

9.2.3 LZW 算法

LZW(Lempel-Ziv-Welch)是 Abraham Lempel、Jacob Ziv 和 Terry Welch 提出的一种无损数据压缩算法。它在 1984 年由 Terry Welch 改良 Abraham Lempel 与 Jacob Ziv 在 1978 年发表的 LZ78 的版本而来。这种算法的设计着重在实现的速度,由于它并没有对数据做任何分析,所以并不一定是最好的算法。

在详细介绍算法之前,先列出一些与该算法相关的概念和词汇。

- 'Character':字符。一种基础数据元素,在普通文本文件中,它占用 1 个单独的 Byte,而在图像中,它却是一种代表给定像素颜色的索引值。
- 'CharStream':数据文件中的字符流。
- 'Prefix':前缀。如这个单词的含义一样,代表着在一个字符最直接的前一个字符。一个前缀字符长度可以为 0,一个 Prefix 和一个 Character 可以组成一个字符串(String)。
- 'Suffix':后缀。是一个字符,一个字符串可以由(A,B)来组成,A 是前缀,B 是后缀,当 A 长度为 0 的时候,代表 Root,根。
- 'Code:码。用于代表一个字符串的位置编码。
- 'Entry':一个 Code 和它所代表的字符串(String)。

(1)LZW 压缩原理

LZW 压缩算法是一种新颖的压缩方法,它采用了一种先进的串表压缩方法,将每个第一次出现的串放在一个串表中,用一个数字来表示,压缩文件只存储数字,而不存储串,从而使文件的压缩效率得到较大的提高。最巧妙的是,这个串表能够在解压缩的过程中独立、正确地被建立,所以这个串表在压缩或解压缩完成后不需要存储,这也大大减少了压缩过程所产生的开销。

LZW 算法中,首先建立一个字符串表,把每一个第一次出现的字符串放入串表(也称为字典)中,并用一个数字来表示,也就是字符串在串表中的位置编码,并将这个位置编码存入压缩文件中,这个字符串再次出现时,即可用表示它的位置编码来代替,而不是将整个字符串都存储。如"print"字符串,如果在压缩时用 266 表示,只要再次出现,均用 266 表示,并将"print"字符串存入串表中,在文件解压缩时遇到数字 266,即可从串表中查出 266 所代表的字符串"print"。解压缩时,也是建立一个字符串表,然后把每一个第一次出现的字符串放入串表中,由于算法精妙的设计,总是可以还原出编码时所对应的串表,因此原来的内容就可以被完整精确地翻译出来。

(2)LZW 算法的适用范围

为了区别代表串的值(Code)和原来的单个的数据值(String),需要使它们的数值域不重合。字符型数据可以用 8bit 来表示,那么就认为原始的数据的范围是 0~255,压缩程序生成的标号的范围就不能为 0~255(如果是 0~255,就与字符的位置编码重复了)。串表的编码只能从 256 开始,但是这样一来就超过了 8 位的表示范围了,所以必须要扩展数据的位数,至少扩展一位,即用 9 位以上的编码长度来表示字符串。尽管这样做增加了几个 bit 用于存储串表的编码,但是这样做却可以用一个字符代表几个字符,比如原来 255 是 8bit,但是现在用 9bit 的 256 来表示 8bit 的 254,255 两个数,还是划得来的。从这个原理可以看出,LZW 算法的适用范围是原始数据串最好有大量的子串多次重复出现,重复得越多,压缩效果越好。反之则越差,可能真的不减反增了。

（3）LZW算法中特殊标记

随着新的串（String）不断被发现,标号也会不断地增长,如果原数据过大,生成的标号集（String Table）会越来越大,这时候查找或者遍历这个集合就会产生效率问题。如何避免这个问题呢？GIF格式文件在采用LZW算法时的做法是当标号集足够大时,就不能增大了,干脆从头开始再来,重新开始构造字典,以前的所有标记作废,开始使用新的标记,当标号集达到足够大时,要在压缩文件中存入一个标号,就是清除标志CLEAR,表示从这里重新开始构造字典。

这时候又有一个问题出现,足够大是多大？这个标号集的大小为多少比较合适呢？理论上是标号集大小越大,则压缩比率就越高,但开销也越高。通常,标号集的大小根据处理速度和内存空间两个因素来选定。GIF格式文件规定的是12位,超过12位的表达范围就推倒重来,并且GIF为了提高压缩率,采用的是变长的字长。比如说原始数据是8位,那么一开始,先加上一位再说,开始的字长就成了9位,然后开始加标号,当标号加到512时,也就是超过9为所能表达的最大数据时,也就意味着后面的标号要用10位字长才能表示了,那么从这里开始,后面的字长就是10位了。依此类推,到了2^{12}也就是4 096时,在这里插一个清除标志,从后面开始,从9位再来。

GIF规定的清除标志CLEAR的数值是原始数据字长表示的最大值加1。如果原始数据字长是8bit,其最大值为255,那么清除标志就是256;如果原始数据字长为4bit,那么就是16。另外GIF还规定了一个结束标志END,它的值是清除标志CLEAR再加1。由于GIF规定的位数有1位（单色图）、4位（16色）和8位（256色）,而1位的情况下如果只扩展1位,只能表示4种状态,那么加上一个清除标志和结束标志就用完了,所以1位的情况下就必须扩充到3位。其他两种情况初始用于给串表编码的字长就为5位和9位。

例如,原输入数据如下：

A B A B A B A B B B A B A B A A C D A C D A D C A B A A A B A B…

采用LZW算法对其进行压缩,注意原数据中只包含4个character：A、B、C、D。用两bit即可表述,根据LZW算法,首先扩展一位变为3位,Clear＝2的2次方＋1＝4;End＝4＋1＝5;初始标号集如表9-3所示。

表9-3　初始标号集

0	1	2	3	4	5
A	B	C	D	Clear	End

压缩过程如表9-4所示。

表9-4　压缩过程

步骤	前缀 s	输入 c	Entry(s+c)	认识(Y/N)	输出	标号
1		A	(,A)			
2	A	B	(A,B)	N	A	6
3	B	A	(B,A)	N	B	7
4	A	B	(A,B)	Y		
5	6	A	(6,A)	N	6	8
6	A	B	(A,B)	Y		

步骤	前缀 s	输入 c	Entry(s＋c)	认识(Y/N)	输出	标号
7	6	A	(6,A)	Y		
8	8	B	(8,B)	N	8	9
9	B	B	(B,B)	N	B	10
10	B	B	(B,B)	Y		
11	10	A	(10,A)	N	10	11
12	A	B	(A,B)	Y		

当进行到第 12 步的时候,标号集如表 9-5 所示。

表 9-5　当进行到第 12 步时的标号集

0	1	2	3	4	5	6	7	8	9	10	11
A	B	C	D	Clear	End	AB	BA	6A	8B	BB	10A

根据上面的编码过程,可以得出 LZW 算法的编码算法步骤如下:

```
void Encode()
{
    s = 读入第一个字符;
    while(文件不结束)
    {
        c = 读入下一个字符;
        if(s＋c)in 字典中
            s = (s＋c)字符串所对应的编码值;
        else
            输出 s 的编码值;
            (s＋c)放入字典中;
            s = c;
    }
    输出 s 的编码
}
```

假设我们只需要对"ＡＢＡＢＡＢＡＢＢＢＡＢ"12 个字符进行编码,则 LZW 算法的编码输出为"ＡＢ6 8 Ｂ10 6",则解压缩过程如表 9-6 所示。

表 9-6　解压缩过程

步骤	前缀 s	输入 k	Entry	认识(Y/N)	输出	标号
1		A	(,A)		A	
2	A	B	(A,B)	N	B	6
3	B	6	(B,A)	N	AB	7
4	6	8	(6,A)	N	ABA	8
5	8	B	(8,B)	N	B	9
6	B	10	(B,B)	N	BB	10
7	10	6	(10,A)	N	AB	11
8	6	EOF				

解压缩过程中生成的标号集与编码过程一致,这也就是 LZW 算法最精华的地方所在。根据上述的过程,则 LZW 算法的解码算法步骤如下:

```
void   Decode()
{
    s = NULL;
    while (文件不结束)
    {
        k = 读入下一个编码;
        entry = k 对应的字典项;
        if (entry == NULL)                //如果 k 对应的字典项为空
            entry = s + s[0];             //①
        输出 entry 字符串;
        if   (s!= NULL)
            (s + entry[0])放入字典;        //②
        s = entry;
    }
}
```

注:① 把 s 作为前项,加上 s 所代表字符串的首字符作为新的字符串项存入 entry 中。
② 把 s 作为前项,把 k 对应字典项所代表字符串的首字符作为字符项存入字典。

9.2.4 LZW 算法实现

LZW 算法在实际应用中,将一个文本看作是字符组成的集合,采用 ACSII 编码方式,每个字符所占大小为 8bit,其字典表分配如表 9-7 所示。

表 9-7 字典分配表

值	0~255	256	257	258~4 095
说明	ASCII 字符	Clear	End	字典表

LZW 的算法实现代码由三个文件组成:main. cpp、LZW. h 和 LZW. cpp。

(1) main. cpp 用来对算法 LZW 进行测试,代码如下:

```
#include "LZW.h"
using namespace std;
void main()
{
    LZW lzw;
    lzw.EnCode();
    lzw.DeCode();
}
```

(2) LZW 算法的类声明,代码包含在 LZW. h 文件中,其中首先定义了字典的结构 ENTRY,以方便 LZW 类的实现。

```
#include <iostream>
#include <fstream>
using namespace std;
struct ENTRY                              //字典表结构
{
    int pre_code;                         //前缀
    char character;                       //当前字符
```

```
    };

    class LZW
    {
    private:
        ENTRY dict[4096];                               //字典表;
        int dict_index;                                 //字典表的索引;

        unsigned char high,middle,low;                  //用于转换输出的三个字节;
        bool half_flags;                                //用于转换输出的标志位;

        int code[2];                                    //用于转换输出的两个整形数;
        int code_index;                                 //用于转换输出的索引;
        void ParaConfiguration();                       //参数初始化
        int Locate(int s,char c);                       //用于查找 s+c 是否在字典表项中
        void Push(ofstream& of,int code);               //转换输出;

        void InputCode(ifstream& fin);                  //转换输入;
        void OutPutString(ofstream& fout,ENTRY Entry);  //输出 entry 中存放的字符串;
        char GetFirstCharOfPreCode(ENTRY Entry);        //查找 entry 字符串的首字符;
    public:
        void ReconstrucionDict();                       //用于初始化字典表;
        void EnCode();
        void DeCode();
    };
```

（3）LZW 算法的实现在 LZW.cpp 文件中，代码较多，但主要可以分为三大部分，分别是参数初始化，用于编码算法的辅助函数实现和编码算法，用于解码算法的辅助函数实现和解码算法。

```
    # include "LZW.h"
```

首先，进行参数和字典表 dict 的初始化，代码如下：

```
void LZW::ParaConfiguration()                           //参数初始化
{
    half_flags = true;
    code[0] = 0;
    code[1] = 0;
    code_index = 0;
}
void LZW::ReconstrucionDict()                           //字典表初始化;
{
    dict_index = 258;
    for (int i = 0;i<256;i++)                           //字典项前 256 项存放 ACSII 码表;
    {
        dict[i].pre_code = -1;
        dict[i].character = i;
    }
    for (int i = 256;i<4096;i++)                        //字典项 257～4 096 项存放 LZW 编码表;
    {
        dict[i].pre_code = -1;
        dict[i].character = NULL;
    }
}
```

其次，实现用于编码算法的两个辅助函数 Locate()和 Push()。其中，定位函数 Locate()，功能是寻找 s+c 是否在字典中，就是一个简单的查询函数，代码如下：

```
int LZW::Locate(int s, char c)
{
    for (int i = 0;i<dict_index;i++)
    {
        if ((dict[i].pre_code == s)
            &&(dict[i].character == c))       //搜索前项为s,本项为c的表项,并返回其位置;
        {
            return i;
        }
    }
    return -1;       //找不到则返回-1;
}
```

输出函数，由于文件最小输出单位为 1 Byte＝8 bit，而每次编码是 12 bit，占 1.5 Byte，因此每编码两次输出一次，一次输出共 3 Byte，分为 low、middle 和 high 这 3 个部分，其中第一个输出的编码占 low 和 middle 的前 4 个字节；第二个输出的编码占 middle 的后四个字节和 high。具体输出代码如下：

```
void LZW::Push(ofstream& of,int code)
{
    if (half_flags)
    {
        middle = 0;//使用之前要清零,防止上次残留的信息影响下次运算;
        middle = (char)((code&0x0000000f)<<4);        //位运算;
        low = (char)(code>>4);
        half_flags^ = 1;
    }
    else
    {
        high = (char)code;
        middle| = (char)((code&0x00000f00)>>8);
        of<<low<<middle<<high;
        half_flags^ = 1;
    }
}
```

然后，根据编码算法的伪代码，实现 LZW 的编码算法。其中测试的未压缩的文件为 source.txt，LZW 压缩后的输出文件为 encode.lzw，输出文件为二进制文件，具体代码如下：

```
void LZW::EnCode()
{
    ReconstrucionDict();
    ParaConfiguration();
    ifstream fin("source.txt");
    ofstream fout("encode.lzw",ios::binary);        //二进制文件输出
    char Character = 0;
    int Location = -1;
    int PreCode = fin.get();
    while (!fin.eof())
    {
        Character = fin.get();
```

```
        Location = Locate(PreCode,Character);
        if (Location!= -1)
        {
            PreCode = Location;
        }
        else
        {
            Push(fout,PreCode);
            dict[dict_index].pre_code = PreCode;
            dict[dict_index].character = Character;
            dict_index++;
            if (dict_index == 4096)                  //编码表到达 4 096 项,设置 clear 位;
            {
                Push(fout,256);
                ReconstrucionDict();
                PreCode = Character;
                Character = 0;
                Location = 0;
                continue;
            }
            PreCode = Character;
        }
    }
    if (!half_flags)                                 //填充结束字符;
    {
        Push(fout,257);   Push(fout,257);
    }
    else
        Push(fout,257);
    fin.close();
}
```

实现用于解码算法的 3 个辅助函数。

① 输入转化函数。由于压缩后的文件是 12bit 一个编码的二进制文件,而读入的时候需要按字节为单位读入,因此需要一次读入 3 个字节,分成 2 个编码进行处理。

```
void LZW::InputCode(ifstream& fin)
{
    code[0] = 0;
    code[1] = 0;                                     //每次使用都要把这两个数清零,因为要进行移位运算;
    low = fin.get();
    middle = fin.get();
    high = fin.get();                                //取三个字节;
    int Temp = 0;                                    //将字节扩展成整形数时使用的备份;
    Temp = (int)low;
    code[0]| = Temp<<4;
    Temp = (int)middle;
    code[0]| = (Temp&0x000000f0)>>4;
    code[1]| = (Temp&0x0000000f)<<8;
    Temp = (int)high;
```

```
        code[1]| = Temp;
    }
```

② 根据 InputCode()得到的编码,在字典表中进行查找,找出该编码在字典表中对应的字符串并输出。根据字典表的存储结构,使用递归算法实现。

```
void LZW∷OutPutString(ofstream& fout,ENTRY Entry)
{
    if (Entry.pre_code<258)
    {
        if (Entry.pre_code!= -1)                    //前项编码为空,则不输出前项字符;
        {
            fout<<(char)Entry.pre_code;
        }
    }
    else                                             //前项编码对应 LZW 编码表项,则继续遍历该表项;
    {
        OutPutString(fout,dict[Entry.pre_code]);
    }
    fout<<Entry.character;                           //输出本项字符;
}
```

③ 根据解码算法的思想,获取字典表 Entry 对应字符串的首字母。根据字典表的存储结构,使用递归算法实现。

```
char LZW∷GetFirstCharOfPreCode(ENTRY Entry)
{
    char a = 0;
    if (Entry.pre_code == -1)                        //如果没有前向编码,则输出本项字符;
        a = Entry.character;
    else
    {
        if (Entry.pre_code<258)                      //前向编码为单字符,则输出此字符;
            a = (char)Entry.pre_code;
        else                                         //否则查找前向编码所对应字典项的首字符;
            a = GetFirstCharOfPreCode(dict[Entry.pre_code]);
    }
    return a;
}
```

最后,根据解码算法的伪代码,实现 LZW 的解码算法。其中编码算法中的输出文件 encode.lzw为压缩后的文件,解压后的文件为 decode.txt,LZW 解压后的输出文件为文本文件,具体代码如下:

```
void LZW∷DeCode()
{
    ReconstrucionDict();
    ParaConfiguration();
    ifstream fin("encode.lzw",ios∷binary);           //按二进制文件读取;
    ofstream fout("decode.txt");
    int PreCode = -1;
    int CrtCode = 0;
    ENTRY Entry;
```

```
        InputCode(fin);
        while (!fin.eof())
        {
            if (code[code_index] == 257)  break;
            if (code[code_index] == 256)
            {
                ReconstrucionDict();
                PreCode = -1;
                CrtCode = 0;
                code_index++;
                if (code_index == 2)
                {
                    code_index = 0;  InputCode(fin);
                }
                continue;
            }
            //above is read k value;
            CrtCode = code[code_index];
            code_index++;
            if (code_index == 2)
            {
                code_index = 0;  InputCode(fin);
            }
            Entry = dict[CrtCode];
            if (Entry.character == NULL)
            {
                Entry.pre_code = PreCode;
                Entry.character = GetFirstCharOfPreCode(dict[PreCode]);
            }
            OutPutString(fout,Entry);
            if (PreCode!= -1)
            {
                dict[dict_index].pre_code = PreCode;
                dict[dict_index].character = GetFirstCharOfPreCode(Entry);
                dict_index++;
            }
            PreCode = CrtCode;
        }
        fin.close();
}
```

  LZW 算法虽然使用了字典,但字典能够在编码和解码的过程中自动生成,因此压缩文件中无须存储字典,LZW 压缩技术对于可预测性不大的数据具有较好的处理效果,常用于 TIF 格式的图像压缩,其平均压缩比在 2∶1 以上,最高压缩比可达到 3∶1。对于数据流中连续重复出现的字节和字串,LZW 压缩技术具有很高的压缩比。除了用于图像数据处理以外,LZW 压缩技术还被用于文本程序等数据压缩领域。

深入思考

设计编写一个能够实现基于多种压缩算法的文件压缩软件,可以支持如下功能:

a. 能够对各种数据文件进行压缩;

b. 能够对压缩后的文件进行还原;

c. 能够计算压缩比;

d. 具有窗口界面,用户界面友好;

e. 能够对一个目录进行压缩。

第10章 通信编码

通信中涉及各种编码，分为信源编码和信道编码。

因为计算机只能识别0和1，现实生活中的信息都需要数字化，比如图片、视频、录音，都需要采样/量化/编码。以最简单的图片文件为例，怎么样编码能够在存储时占用的磁盘空间较少？怎样使通信中传输的信息尽可能地少？这就是信源编码研究的问题。

通信传输时，信道会导致一定的误码，所以需要信道编码，进行检错、纠错。

本章演示如何模拟信道错误，编写一个简单的模拟程序。另外还设计、实现了一个简单的信道编解码程序，能够检测和纠正信道误码。限于篇幅，本章的程序是基本的控制台应用程序。涉及的知识点包括：

- 为什么需要信源编码；
- 为什么需要信道编码，简单的编解码方法；
- 程序模拟信道错误（或磁盘错误）。

10.1 项目分析和设计

10.1.1 需求分析

1. 功能需求

（1）对简单信息，比如数字0～9以及a～f进行信源编码，转换成二进制序列；

（2）在通信传输时可能会出错，会有误码，编程实现篡改个别的比特位，模拟信道错误；

（3）采用一种简单的信道编码进行纠错，实现编解码程序。

2. 工作过程

系统工作过程如图10-1所示。

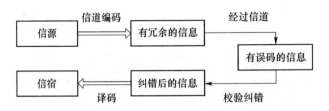

图10-1　系统工作过程

系统能够完成任意文件（以.txt文件为例）读入，再转化为二进制，进而信道编码，再模拟信道误码，最后经过纠错校验，从而接收到正确的信息。

从图 10-1 可以看出，先将需传输的信息经过信道编码增加校验冗余（可靠性增加，但有效性降低），然后再经过信道传送，由于信道中有各种干扰和噪声，导致传输的信息会出现误码，如果没有信道编码，接收端只能根据收到的信息来译码得到输入的信息，从而会有错误，但是，有了信道编码，可对误码进行纠错和校验，从而能够提高译码的正确性，即信宿与信源的一致性，从而提高系统的可靠性。

3. 性能需求

如果误码率很低，可以采用(7,4)汉明码，虽然纠错性能不是很好，但是随着现在信道性能的提高，还是可以满足实际的需求的。

10.1.2 系统设计

1. 工作流程图

工作流程图如图 10-2 所示。

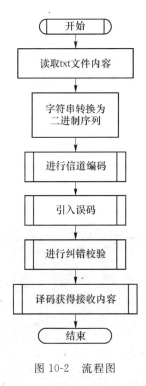

图 10-2　流程图

2. 类设计

在实际应用中，编码程序、解码程序、信道模拟程序应该是独立的三个软件，这里作为一个简化的例子，采用的也是最简单的编解码方法，所以在一个程序中实现了整个过程。程序中设计了一个类进行封装，三个主要功能分别设计成类的三个函数，应用中可以通过类对象调用这些函数。

类的数据成员：

int source_num；待传输的字符个数
string binary_data；待传输的字符对应的二进制序列
string coded_data；编码后的二进制序列
char * received_data；经过信道传输，接收到的二进制序列（有个别位出错）
char * * check_code；经过纠错得到的二进制码组

类的公有成员函数：

```
HMCoding(int num,string str)构造函数
{
    source_num = num;
    binary_data = str;
};
~HMCoding()析构函数
void Initializing();编解码算法的初始化
void Encoding();    //汉明码编码,将字符的4bit码转换为7bit码
void Gaussian();信道模拟
void Checking();    //汉明码校码
void Decoding();    //汉明码译码
```

3. 界面设计

首先,读取文件中的内容,在屏幕上显示这些字符,如果字符不属于 $0\sim9,a\sim f,A\sim F$ 的范围,则忽略该字符,并输出"跳过非法字符"。

接下来,输出汉明码算法的参数。

然后,进行编码,输出编码前的二进制序列,编码后的二进制序列。

再后,模拟信道传输,接收到的序列可能有个别"位"出错,如果一组码组(7bit)中出现一位错则可纠错,多于一位就超出汉明码的检错纠错能力了,无法恢复了。输出接收码组和对应的校正码组。

最后,输出译码结果,二进制序列和对应的字符,如图 10-3 所示。

图 10-3　界面图

10.2　信源编码基础知识

10.2.1　0和1的世界

计算机只认识 0 和 1,文件存储在磁盘上只是比特序列,为了有序组织信息,文件还要有一定的格式。

首先,文字、声音、图像都需要编码,如 ASCII 码、汉字内码,就连"数"都得有编码格式,如带符号数、浮点数。"Hello world!"在磁盘上保存的是:48 65 6C 6C 6F 20 77 6F 72 6C 64 21;"该回家吃饭了!"在磁盘上保存的是:B8 C3 BB D8 BC D2 B3 D4 B7 B9 C1 CB A3 A1。把这两句话保存在文本文件中,然后用 UltraEdit 打开,看到的信息如图 10-4 所示。

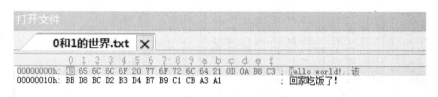

图 10-4　用 UltraEdit 查看.txt 文件的内容

其次,文件要按一定的格式存储,如 html 网页文件、Word 文件、.bmp 文件、.pdf 文件,它们各自有自己的格式,如果要在 Windows Office 下打开.pdf 文件,那是无法正确浏览的。把前面的两句话保存在.bmp 文件中,如图 10-5 所示。

图 10-5　文字信息保存在.bmp 文件中

然后,用 UltraEdit 打开,看到的信息如图 10-6 所示。由于该.bmp 文件比较大,图 10-6 只截取了部分文件内容进行展示。

关于.bmp 文件格式的知识请参考本书 6.2.2 小节。

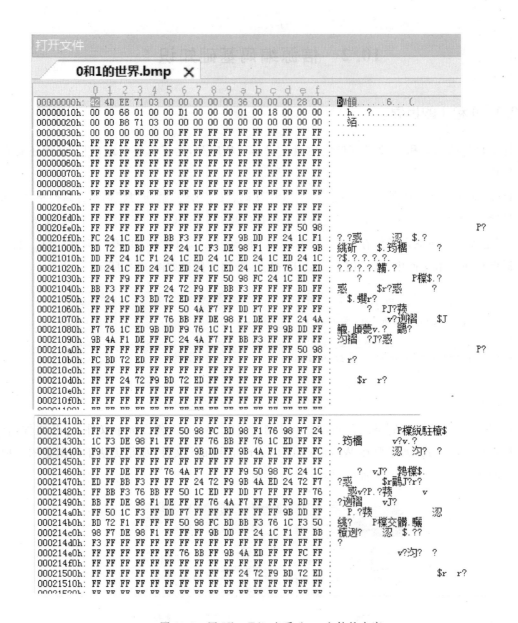

图 10-6　用 UltraEdit 查看 .bmp 文件的内容

10.2.2　理解信源编码

因为计算机只能识别 0 和 1,现实生活中的信息都需要数字化,信源编码的作用之一是将信源的模拟信号转化成数字信号,以实现模拟信号的数字化传输或存储。信源编码的作用之二是设法减少传输码元数目。

以最简单的图片文件为例,怎么样编码能够在存储时占用较少的磁盘空间? 同样道理,希望在通信中传输的信息少点,这就是信源编码研究的问题。

信源编码可以减少信源输出符号序列中的冗余度、提高符号的平均信息量。具体说,就是针对信源输出符号序列的统计特性来寻找某种方法,把信源输出符号序列变换为最短的码字序列,使后者的各码元所载荷的平均信息量最大,同时又能保证无失真地恢复原来的符号序列。所以,信源编码常常需要压缩编码。

压缩编码时需要讨论该编码方式是无损的,还是有损的,因为编码得到的内容要么保存在磁盘上,要么通信传输给接收方,之后一定是还需要查看的,这时就需要解码,恢复信息的原貌,如果编码方法是有损压缩,就不可能完全恢复了,图片有时候可以采用有损压缩,只要恢复后失真不严重,能够满足应用需求即可,这样可以减小文件的大小,或者减少通信的传输量。

第 9 章介绍的 Huffman 编码就是一种压缩编码方式,且是无损的。

10.3 信道编码基础知识

10.3.1 理解信道错误

我们每天都使用电脑,对磁盘相当依赖,因为我们知道磁盘出错的概率非常小,所以我们很少担心这个问题。但是在通信中,传输信道就不那么可靠了,各种不同的传输信道出错概率各不相同,且有不同的特点、性能和统计特性。

这里使用最简单的方式,用随机数模拟一定的概率作为误码率即 BSC 信道。

具体程序代码如下:

```
srand((unsigned)time(NULL));
for(int i = 0;i<r_num;i++)
    if ((rand()/(double)RAND_MAX) < 0.07)          //误码率为 7%;(可以改变)
        received_data[i] = (~coded_data[i]) & 0x01;  //若有错,则 0 变 1,1 变 0
    else
        received_data[i] = coded_data[i];
```

10.3.2 理解信道编码

因为信道有误码,所以希望多保存几位,即使发生了个别错误也还能识别原始信息。信道编码就是在信源编码的基础上,按一定规律加入一些新的监督码元,以实现纠错的编码。

主要数字信道编码方式:汉明码、二进制码、Turbo 码等。

1. 汉明码编码原理

假设需要传输的信息是由字符 0~9,A~F 组成,用 4bit 给它们编码,转换为二进制,存盘或传输,即信息码元为 4。

Hamming 码是一种线性分组码,对于码组长度为 n、信息码元为 k 位、监督码元为 $r=n-k$ 位的分组码,常记作 (n,k) 码,如果满足 $2^r-1 \geqslant n$,则有可能构造出纠正一位或一位以上错误的线性码。

下面通过 $(7,4)$ 汉明码的例子来说明如何具体构造这种码。设分组码 (n,k) 中,$k = 4$,为能纠正一位误码,要求 $r \geqslant 3$。现取 $r=3$,则 $n=k+r=7$。用 $a_0a_1a_2a_3a_4a_5a_6$ 表示这 7 个码元,用 S_1、S_2、S_3 表示由三个监督方程式计算得到的校正子,并假设三位 S_1、S_2、S_3 校正子码组与误码位置的对应关系如表 10-1 所示。

表 10-1　校正子和错码位置关系

$S_1 S_2 S_3$	错码位置	$S_1 S_2 S_3$	错码位置
001	a_0	101	a_4
010	a_1	110	a_5
100	a_2	111	a_6
011	a_3	000	无错码

由表 10-1 可知,当误码位置在 a_2、a_4、a_5、a_6 时,校正子 $S_1 = 1$;否则 $S_1 = 0$。因此有 $S_1 = a_6 \oplus a_5 \oplus a_4 \oplus a_2$,同理有 $S_2 = a_6 \oplus a_5 \oplus a_3 \oplus a_1$ 和 $S_3 = a_6 \oplus a_4 \oplus a_3 \oplus a_0$。在编码时 a_6、a_5、a_4、a_3 为信息码元,a_2、a_1、a_0 为监督码元。监督码元可由以下监督方程唯一确定。

$$\begin{cases} a_6 \oplus a_5 \oplus a_4 \oplus a_2 = 0 \\ a_6 \oplus a_5 \oplus a_3 \oplus a_1 = 0 \\ a_6 \oplus a_4 \oplus a_3 \oplus a_0 = 0 \end{cases} \tag{10-1}$$

也即

$$\begin{cases} a_2 = a_6 \oplus a_5 \oplus a_4 \\ a_1 = a_6 \oplus a_5 \oplus a_3 \\ a_0 = a_6 \oplus a_4 \oplus a_3 \end{cases} \tag{10-2}$$

由上面方程可得到表 10-2 所示的 16 个许用码组。在接收端收到每个码组后,计算出 S_1、S_2、S_3,如果不全为 0,则表示存在错误,可以由表 10-1 确定错误位置予以纠正。举个例子,假设收到码组为 0000011,可算出 $S_1 S_2 S_3 = 011$,由表 10-1 可知在 a_3 上有一误码。通过观察可以看出,上述 (7,4) 码的最小码距为 $d_{\min} = 3$,纠正一个误码或检测两个误码。如果超出纠错能力则反而会因"乱纠"出现新的误码。

表 10-2　(7,4) 汉明码的许用码组

信息位	监督位	信息位	监督位
$a_6 a_5 a_4 a_3$	$a_2 a_1 a_0$	$a_6 a_5 a_4 a_3$	$a_2 a_1 a_0$
0000	000	1000	111
0001	011	1001	100
0010	101	1010	010
0011	110	1011	001
0100	110	1100	001
0101	101	1101	010
0110	011	1110	100
0111	000	1111	111

线性码是指信息位和监督位满足一组线性代数方程的码,式 (10-1) 就是这样的例子,现在将它改写成:

$$\begin{cases} 1 * a_6 \oplus 1 * a_5 \oplus 1 * a_4 \oplus 0 * a_3 \oplus 1 * a_2 \oplus 0 * a_1 \oplus 0 * a_0 = 0 \\ 1 * a_6 \oplus 1 * a_5 \oplus 0 * a_4 \oplus 1 * a_3 \oplus 0 * a_2 \oplus 1 * a_1 \oplus 0 * a_0 = 0 \\ 1 * a_6 \oplus 0 * a_5 \oplus 1 * a_4 \oplus 1 * a_3 \oplus 0 * a_2 \oplus 0 * a_1 \oplus 1 * a_0 = 0 \end{cases} \tag{10-3}$$

可以将式 (10-3) 表示成如下的矩阵形式:

$$\begin{pmatrix} 1 & 1 & 1 & 0 & 1 & 0 & 0 \\ 1 & 1 & 0 & 1 & 0 & 1 & 0 \\ 1 & 0 & 1 & 1 & 0 & 0 & 1 \end{pmatrix} \begin{pmatrix} a_6 \\ a_5 \\ a_4 \\ a_3 \\ a_2 \\ a_1 \\ a_0 \end{pmatrix} = \begin{pmatrix} 0 \\ 0 \\ 0 \end{pmatrix} \tag{10-4}$$

式(10-4)还可以简记为

$$\boldsymbol{H} * \boldsymbol{A}^{\mathrm{T}} = \boldsymbol{0}^{\mathrm{T}} \text{ 或 } \boldsymbol{A} * \boldsymbol{H}^{\mathrm{T}} = \boldsymbol{0} \tag{10-5}$$

上角"T"表示将矩阵转置。

$\boldsymbol{H}$ 称为监督矩阵(Parity-check Matrix)。只要监督矩阵 $\boldsymbol{H}$ 给定,编码时监督位和信息位的关系就完全确定了。由式(10-4)可以看出,$\boldsymbol{H}$ 的行数就是监督关系式的数目 r,$\boldsymbol{H}$ 的每一行中的"1"的位置表示相应码元之间存在的监督关系。式(10-4)中的 $\boldsymbol{H}$ 矩阵可以分为两部分。

$$\boldsymbol{H} = \begin{pmatrix} 1 & 1 & 1 & 0 & 1 & 0 & 0 \\ 1 & 1 & 0 & 1 & 0 & 1 & 0 \\ 1 & 0 & 1 & 1 & 0 & 0 & 1 \end{pmatrix} = (\boldsymbol{P} \boldsymbol{I}_r) \tag{10-6}$$

其中,$\boldsymbol{P}$ 为 $r \times k$ 阶矩阵;$\boldsymbol{I}_r$ 为 $r \times r$ 阶单位方阵。

$\boldsymbol{H}$ 矩阵的各行应该是线性无关的,否则将得不到 r 个线性无关的监督关系式,从而也得不到 r 个独立的监督位。如果一个矩阵可以写成 $\boldsymbol{P} \boldsymbol{I}_r$ 的矩阵形式,则其各行一定是线性无关的。因为容易验证 $\boldsymbol{I}_r$ 的各行是线性无关的,故 $\boldsymbol{P} \boldsymbol{I}_r$ 的各行也是线性无关的。

类似于式(10-1)改成式(10-4)那样,式(10-2)可以改写成

$$\begin{pmatrix} a_2 \\ a_1 \\ a_0 \end{pmatrix} = \begin{pmatrix} 1 & 1 & 1 & 0 \\ 1 & 1 & 0 & 1 \\ 1 & 0 & 1 & 1 \end{pmatrix} \begin{pmatrix} a_6 \\ a_5 \\ a_4 \\ a_3 \end{pmatrix} \tag{10-7}$$

或者

$$(a_2 a_1 a_0) = (a_6 a_5 a_4 a_3) \begin{pmatrix} 1 & 1 & 1 \\ 1 & 1 & 0 \\ 1 & 0 & 1 \\ 0 & 1 & 1 \end{pmatrix} = (a_6 a_5 a_4 a_3) \boldsymbol{Q} \tag{10-8}$$

其中,$\boldsymbol{Q}$ 为一个 $k \times r$ 阶矩阵,它为 $\boldsymbol{P}$ 的转置,即 $\boldsymbol{Q} = \boldsymbol{P}^{\mathrm{T}}$。

式(10-8)表示,在信息位给定后,用信息位的行矩阵乘矩阵 $\boldsymbol{Q}$ 就产生出监督位。

将 $\boldsymbol{Q}$ 的左边加上一个 $k \times k$ 阶单位方阵,就构成一个矩阵 $\boldsymbol{G}$:

$$\boldsymbol{G} = (\boldsymbol{I}_k \boldsymbol{Q}) = \begin{pmatrix} 1 & 0 & 0 & 0 & 1 & 1 & 1 \\ 0 & 1 & 0 & 0 & 1 & 1 & 0 \\ 0 & 0 & 1 & 0 & 1 & 0 & 1 \\ 0 & 0 & 0 & 1 & 0 & 1 & 1 \end{pmatrix} \tag{10-9}$$

$\boldsymbol{G}$ 称为生成矩阵(Generator Matrix),因为由它可产生整个码组,即有

$$(a_6 a_5 a_4 a_3 a_2 a_1 a_0) = (a_6 a_5 a_4 a_3) \boldsymbol{G} = \boldsymbol{A} \tag{10-10}$$

2. 汉明码纠错原理

当数字信号编码成汉明码(A)后在信道中传输,由于信道中噪声的干扰,可能由于干扰引入差错,使得接收端收到错码,因此在接收端进行汉明码纠错,以提高通信系统的抗干扰能力及可靠性。

一般来说,由于信道误码,接收码组与 A 不一定相同。若接收码组是一个 n 列的行矩阵 B,即

$$B = (b_6 b_5 b_4 b_3 b_2 b_1 b_0) \tag{10-11}$$

则发送码组和接收码组之差为

$$B - A = E \tag{10-12}$$

E 就是传输中产生的错码行矩阵

$$E = (e_6 e_5 e_4 e_3 e_2 e_1 e_0) \tag{10-13}$$

若 $e_i = 0$,表示接收码元无错误;若 $e_i = 1$,则表示该接收码元有错。式(10-12)可改写成

$$B = A + E \tag{10-14}$$

若 $E = 0$,即接收码组无错,则 $B = A + E = A$,将它代入式(10-5),该式仍成立,即有

$$B * H^T = 0 \tag{10-15}$$

当接收码组有错时,$E \neq 0$,将 B 代入式(10-5)后,该式不一定成立。在未超过检错能力时,式(10-15)不成立。假设此时式(10-15)的右端为 S,即

$$B * H^T = S \tag{10-16}$$

将式(10-14)代入式(10-16),可得

$$S = (A + E)H^T = A * H^T + E * H^T$$

由式(10-4)可知,

$$S = E * H^T \tag{10-17}$$

此处 S 与前面的 $S_1 S_2 S_3$ 有着一一对应关系,则 S 能代表错码位置。

因此,纠错原理即:接收端收到码组后按式(10-16)计算出 S,再根据表 10-1 判断错码情况,进行差错纠正。

当错误达到 1 位以上时,无法纠错,只能检错,从而知道此码字有错误。

10.4　信道模拟和编解码程序的实现

10.4.1　类的设计

```
const int n = 7, k = 4, r = 3;

class HMCoding{
private:
    int H[r][n], * * G;
    string H_Column[n + 1];
    int source_num;
    string binary_data, coded_data;
    char * received_data, * * check_code;

    void Show_H(int, int);
```

```
    void Get_G();
    void Show_G(int,int);
    void Get_H_Column();                    //获取汉明码监督矩阵的每一列

public:
    HMCoding(int num,string str)
    {
        source_num = num;
        binary_data = str;
    };
    ～HMCoding()
    {
        delete []G;
        delete []received_data;
        delete []check_code;
    };
    void Initializing();
    void Encoding();                        //汉明码编码
    void BSC();
    void Checking();                        //汉明码校码
    void Decoding();                        //汉明码译码
};
```

10.4.2 类的实现

1. 汉明码算法初始化模块

```
void HMCoding::Initializing()
{
    int h[r][n] = {
        1,1,1,0,1,0,0,
        1,1,0,1,0,1,0,
        1,0,1,1,0,0,1};
    for (int i = 0;i<r;i++)
        for (int j = 0;j<n;j++)
            H[i][j] = h[i][j];

    cout<<"监督矩阵 H["<<n-k<<"]["<<n<<"]为:"<<endl;
    Show_H(n-k,n);
    cout<<"该监督矩阵对应的生成矩阵 G["<<k<<"]["<<n<<"]为:"<<endl;
    Show_G(k,n);

    Get_H_Column();                         //获取监督矩阵的每一列
}

//获取监督矩阵的每一列,用于汉明码校码
void HMCoding::Get_H_Column()
{
    int i,j;
    string temp;
    for(i = 0;i<n;i++)
    {
        temp = "";
```

```
            for(j = 0;j<r;j++)
            {
                if(!H[j][i])
                    temp += (char)0;
                else
                    temp += (char)1;
            }
            H_Column[i] = temp;
        }
        temp = "";
        for(j = 0;j<r;j++)
            temp += (char)0;
        H_Column[n] = temp;
}
void HMCoding::Show_H(int x,int y)
{
        for(int i = 0;i<x;i++)
        {
            for(int j = 0;j<y;j++)
                cout<<H[i][j]<<" ";
            cout<<endl;
        }
}
void HMCoding::Get_G()
{
        G = new int * [k];
        for(int i = 0;i<k;i++)
            G[i] = new int[n];
        for(int i = 0;i<k;i++)
            for(int j = 0;j<k;j++)
            {
                if(i == j)
                    G[i][j] = 1;
                else
                    G[i][j] = 0;
            }
        for(int i = 0;i<r;i++)
            for(int j = 0;j<k;j++)
                G[j][i + k] = H[i][j];
}
void HMCoding::Show_G(int x,int y)
{
        Get_G();
        for(int i = 0;i<x;i++)
        {
            for(int j = 0;j<y;j++)
                cout<<G[i][j]<<" ";
            cout<<endl;
        }
}
```

2. 汉明码编码模块

```
void HMCoding::Encoding()
```

```
{
    cout<<"进行("<<n<<","<<k<<")汉明码编码前的二进制序列为:"<<endl;
    for (int i = 0;i<source_num * k;i++)
        cout<<(int)binary_data[i];
    cout<<endl;

    int * X;
    X = new int[n + 1];
    for(int j = 0;j<n + 1;j++)
        X[j] = 0;

    coded_data = "";
    for(int i = 0;i<source_num * k;i = i + k)
    {
        for(int j = 0;j<k;j++)/ * 获取 k 位信息元 * /
        {
            if(binary_data[i + j] == 0)   //'0')
                X[j] = 0;
            else
                X[j] = 1;
        }
        int temp;
        string partial_str = "";
        for(int t = 0;t<n;t++)
        {/ * 用 k 位信息元组成的向量与生成矩阵作矩阵乘法,得到对应 n 元码组 * /
            temp = 0;
            for(int j = 0;j<k;j++)
                temp += X[j] * G[j][t];
            if(temp % 2 == 0)
                partial_str += (char)0;  //'0';
            else
                partial_str += (char)1;  //'1';
        }
        coded_data += partial_str;
    }

    delete []X;

    cout<<"进行("<<n<<","<<k<<")汉明码编码后的二进制序列为:"<<endl;
    for (int i = 0;i<source_num * n;i++)
        cout<<(int)coded_data[i];
    cout<<endl;
}
```

3. 汉明码校码和译码模块

```
//利用汉明码校码
void HMCoding∷Checking()
{
    int i,j;
    check_code = new char * [source_num];
    for(i = 0;i<source_num;i++)
        check_code[i] = new char[n];
    for(i = 0;i<source_num;i++)
```

```
{/* 每次取 n 个码元进行校正 */
    for(j = 0;j<n;j++){
        check_code[i][j] = received_data[i*n+j];                //received_str[i*n+j];
    }
}


int temp;
int flag;
string partial_str;
cout<<"("<<n<<","<<k<<")汉明码校码结果如下:"<<endl;
cout<<"接收码组          状态                      校正后"<<endl;
for(int t = 0;t<source_num;t++)
{
    flag = 0;
    partial_str = "";
    for(i = 0;i<r;i++)
    {
        temp = 0;
        for(j = 0;j<n;j++)
            temp += H[i][j]*check_code[t][j];
        if(temp % 2 == 0)
            partial_str += (char)0;
        else
            partial_str += (char)1;
    }
    //对 partial_str 进行判断
    for(i = 0;i<n+1;i++){
        if(H_Column[i] == partial_str)
        {
            flag = 1;
            break;
        }
    }
    if(flag&&i<n)//表示第 i 个码元出错,将其改正
    {
        for(j = 0;j<n;j++)
            cout<<(int)check_code[t][j];
        cout<<"        第"<<i+1<<"位错,可纠正                    ";
        check_code[t][i] = (check_code[t][i]+1)%2;//1 变 0,0 变 1
        for(j = 0;j<n;j++)
            cout<<(int)check_code[t][j];
    }
    if(flag&&i == n)//表示全对
    {
        for(j = 0;j<n;j++)
            cout<<(int)check_code[t][j];
        cout<<"        全对                    ";
        for(j = 0;j<n;j++)
            cout<<(int)check_code[t][j];
    }
    cout<<endl;
}
```

282

```
}
//译码
void HMCoding::Decoding()
{
    int i,j;
    int * decode_data = new int[source_num];

    cout<<"("<<n<<","<<k<<")汉明码译码结果为:"<<endl;
    for(i = 0;i<source_num;i++)
    {
        decode_data[i] = 0;
        for(j = 0;j<k;j++)
        {
            cout<<(int)check_code[i][j];
            decode_data[i] += check_code[i][j]<<(k-1-j);
        }
    }
    cout<<endl;

    for (i = 0;i<source_num;i++)
        cout<<hex<<decode_data[i];
    cout<<endl;
    delete []decode_data;
}
```

4. 模拟信道错误

```
void HMCoding::BSC()
{
    int r_num = source_num*n;
    received_data = new char[r_num];

    srand((unsigned)time(NULL));
    for(int i = 0;i<r_num;i++)
        if ((rand()/(double)RAND_MAX) < 0.07)          //误码率为7%;(可以改变)
            received_data[i] = (~coded_data[i]) & 0x01;   //若有错,则0变1,1变0
        else
            received_data[i] = coded_data[i];
}
```

10.4.3 信源编码和汉明码类的使用

```
void main()
{
    int count = 0;
    string s = "";

    char filename[80];
    cout<<"请输入要传输的源文件:";
    cin>>filename;
    int x;
    char c;
    ifstream ifile(filename,ios::binary);
    while (ifile>>c)
```

```cpp
{//简单的信源编码,从文件中读取字符,把 ASCII 码转换为数。
    if (c >= '0' && c <= '9')
        x = c - 0x30;
    else if (c >= 'A' && c <= 'F')
        x = c - 0x41 + 10;
    else if (c >= 'a' && c <= 'f')
        x = c - 0x61 + 10;
    else
    {
        x = -1;
        cout<<"跳过非法字符";
    }

    if (x >= 0)
    {
        cout<<hex<<x;
        count ++ ;
        for (int i = 0;i<k;i++)
        {//每一位 0 - a 的数用 4bit 表示,构造一个二进制序列。
            int n = x;
            n = n>>(k - 1 - i);
            s += n&0x01;
        }
    }
}
cout<<endl;
if (count <= 0)
{
    cout<<"输入文件不正确,没有读取到合法字符"<<endl;
    return;
}

HMCoding hm74(count,s);                              //定义汉明码类对象
hm74.Initializing();

cout<<endl<<"使用汉明码的情况:对文件中的内容进行编码 -> 模拟信道(可能有错误)-> 对
接收到的内容进行纠码、译码"<<endl<<endl;

hm74.Encoding();                                     //使用汉明码进行编码
hm74.BSC();                                           //模拟信道误码
hm74.Checking();
hm74.Decoding();                                     //使用汉明码进行译码
}
```

【例 10-1】汉明码编解码和信道模拟程序。

解　可以把前面的代码复制到一个源文件里,注意要包含如下头文件:

```cpp
# include<iostream>
# include<fstream>
# include<string>
# include<cmath>
using namespace std;
```

程序运行结果如图 10-3 所示。

深入思考

实现一个有多种通信编码的软件,可以支持如下功能:

a. 具有窗口界面,用户界面友好;

b. 支持几种信道编码算法,并对算法进行比较;

c. 支持几种信源编码算法,并对算法进行比较。

程序设计实践

设

计

报

告

课题名称：＿＿＿＿＿＿＿＿＿＿＿

学生姓名：＿＿＿＿＿＿＿＿＿＿＿

班　　级：＿＿＿＿＿＿＿＿＿＿＿

班内序号：＿＿＿＿＿＿＿＿＿＿＿

学　　号：＿＿＿＿＿＿＿＿＿＿＿

日　　期：＿＿＿＿＿＿＿＿＿＿＿

1. 课题概述

1.1 课题目标和主要内容

简述本课题实现的主要内容和目标,使用的开发平台,采用的主要工具。

1.2 系统的主要功能

功能列表或功能框图,以及功能的简要说明。

2. 系统设计

2.1 系统总体框架

包括系统框架图或层次逻辑图,设计思想等。

2.2 系统详细设计

[1] 模块划分图及描述
[2] 类关系图及描述
[3] 程序流程图及描述
[4] 存储结构、内存分配
上述 4 项内容也可以按照模块划分分别设计。

2.3 关键算法分析

算法 1:函数名
[1] 算法功能
[2] 算法基本思想
[3] 算法空间、时间复杂度分析
[4] 代码逻辑(可用伪代码描述)
算法 2:函数名
……

2.4 其他

包括使用了哪些面向对象的知识,以及继承、多态、模板类、STL 等有助于提高代码简洁度和效率的方法说明。

3. 程序运行结果分析

包括输入数据来源和格式、输出显示方式、主要界面、操作流程、运行时间、运行效果等。

4. 总结

4.1 课题的难点和关键点

例如，调试方法、程序优化和改进、消息机制、屏幕刷新、网络传输等方面，以及用什么方法解决了什么问题。

4.2 本课题的评价

包括课题本身的评价，还有对自己完成情况的评价，哪些地方有不足，为什么，如何改进等。

4.3 心得体会

5. 参考文献